Digital System Principles and Design

数字系统原理与设计

张振娟 黄静 周晶 陆慧琴 编著

清华大学出版社

北京

内 容 简 介

本书分上、下两篇：上篇为数字电子技术基础，共分为 9 章，分别是：数字系统概论，逻辑代数，集成逻辑门，组合逻辑电路，锁存器和触发器，时序逻辑电路，存储器和可编程逻辑器件，脉冲波形的变换与产生，数/模和模/数转换。下篇为硬件描述语言 Verilog HDL，共分为 7 章，分别是：初步了解 Verilog HDL，Verilog HDL 模块的结构，Verilog HDL 语言要素，运算符与表达式，Verilog HDL 行为语句，Verilog HDL 模型的不同抽象级别描述，Verilog HDL 有限状态机的设计。

本书针对本科工程教育对数字系统原理与设计的教学要求而编写。上篇着重阐述基本原理和基本概念等基础知识，内容由浅入深、循序渐进，便于自学。下篇注重应用能力的培养，介绍了传统的数字系统设计方法和现代 EDA 设计方法，既有对基本逻辑器件的简单硬件描述语言实例，又有用于数字系统设计的较为复杂实例。另外，本书每个章节均给出了丰富的例题、复习题。

本书可作为高等院校电子信息类、电气类、自动化类专业本科生教材，也可供相关工程技术人员学习和参考。

图书在版编目(CIP)数据

数字系统原理与设计/张振娟等编著. —北京：清华大学出版社，2018(2024.2 重印)
ISBN 978-7-302-50496-2

Ⅰ．①数…　Ⅱ．①张…　Ⅲ．①数字系统　Ⅳ．①TP271

中国版本图书馆 CIP 数据核字(2018)第 135523 号

责任编辑：许　龙
封面设计：常雪影
责任校对：赵丽敏
责任印制：沈　露

出版发行：清华大学出版社
　　　网　　址：https://www.tup.com.cn，https://www.wqxuetang.com
　　　地　　址：北京清华大学学研大厦 A 座　　　　邮　　编：100084
　　　社 总 机：010-83470000　　　　　　　　　　邮　　购：010-62786544
　　　投稿与读者服务：010-62776969，c-service@tup.tsinghua.edu.cn
　　　质量反馈：010-62772015，zhiliang@tup.tsinghua.edu.cn
印 装 者：三河市人民印务有限公司
经　销：全国新华书店
开　本：185mm×260mm　　印　张：19.5　　　　字　数：472 千字
版　次：2018 年 8 月第 1 版　　　　　　　　　印　次：2024 年 2 月第 6 次印刷
定　价：55.00 元

产品编号：072980-02

"数字系统原理与设计"课程主要讲述数字电路设计和分析方法,是高等院校电子信息类、电气类、自动化类、计算机类等本科专业的一门技术基础课程。

针对南通大学在电类一些专业基础课和专业选修课的课程内容部分重复的情况,结合高校电类相关专业的培养目标和行业需求,经南通大学数字系统原理与设计教学研究组集体研究讨论,编写本课程的适用教材,阐述数字电路的基本原理、概念等基础知识,介绍中小规模数字集成电路的设计和分析方法,并逐步引导读者进行大规模集成电路的学习和探讨。

"数字系统原理与设计"课程整合了"数字电子技术"和"硬件描述语言"两门课程内容和课时,分为上、下两篇。上篇为数字电路基础,共分为9章,着重阐述基本原理、概念等基础知识,数字电路设计和分析的基本方法;下篇为硬件描述语言 Verilog HDL,共分为7章,介绍传统的数字系统设计方法和现代 EDA 设计方法,注重培养读者的工程应用能力,既有基本逻辑器件的设计实例,又有用于数字系统设计的较为复杂实例。本书内容由浅入深、循序渐进,便于自学。可作为高等院校教材,也可供相关工程技术人员学习和参考。

本书编写采用集体备课、集体讨论、分工编写、交叉修改的方式进行。课程组拥有一支高素质教师队伍,具有一定的学术研究水平,在教学研究方面取得了优异的成绩,通过多年的教学,积累了大量的教学经验,特别在实验和课程设计中积累了较多的设计案例、教学成果和优秀学生作业。本书由张振娟、黄静、周晶、陆慧琴编著。上篇第1、2、4章由周晶编写,第3、7章由黄静编写,第5、6、9章由张振娟编写,第8章由陆慧琴编写;下篇由张振娟编写。全书由张振娟统稿。

本书在编写过程中得到了江苏高校品牌专业建设工程——南通大学电子信息工程专业资助项目的大力支持,得到了本课程组教学团队黄颖辉、黄勖等老师的大力支持,得到了电子工程系老师的大力支持。在此,全体编写人员向所有对本书的编写、出版等工作给予大力支持的各位同仁和领导表示真诚的感谢!

因编者水平有限,书中难免存在不足和错误之处,殷切期望读者提出批评和建议。

编著者
2017 年 12 月

CONTENTS 目 录

上篇　数字电子技术基础

下篇 硬件描述语言 Verilog HDL

上篇

数字电子技术基础

数字电子技术基础

第1章

数字系统概论

随着数字电子技术的飞速发展,数字技术已遍及人类生活的各个领域,被广泛应用于广播、电视、通信、测量以及日常生活等方面。数字系统是用数字信号完成对数字量进行算术运算和逻辑运算的电路,又称为数字电路或数字逻辑电路。由于现代信息的存储、分析和传输越来越趋向于数字化,在常用的计算机、电视机、电子仪器等电子系统中无一不采用数字电路或数字系统。因此,数字系统的发展正在改变着人类的生产方式、生活方式及思维方式,数字系统的应用将越来越广泛。

本章首先介绍数字信号与数字系统的基本概念,然后讨论数字电路的分类和分析方法,最后介绍数制、编码,以及二进制数的算术运算。

1.1 数字信号与数字系统

1.1.1 数字信号

1. 数字信号的概念

在自然界中有一类物理量,它们是在一系列离散的时刻取值,数值的大小和每次的增减都是某个量化单位的整数倍,即它们是时间离散、数值也离散的信号。这一类物理量称为数字量,表示数字量的信号称为数字信号。例如,计算公交车站候车人数的系统,每来一个人就给系统一个信号,使之加 1,没有人来时就给系统 0 信号。候车人数无论在时间上还是在数量上都是不连续的。

2. 二值数字逻辑与逻辑电平

数字信号在时间上和数值上均是离散的,常用数字 0 和 1 表示。这里的 0 和 1 不是十进制数中的 0 和 1,而是逻辑 0 和逻辑 1,因而称为二值数字逻辑或数字逻辑。

逻辑 0 和逻辑 1 没有大小区分,只是表示自然界中的是与非、真与假、开与关等相互对立的两种状态。在数字电路中,这两种状态可以用电子器件的开关特性来实现,由此形成数字电压。这些数字电压又称为逻辑电平。逻辑电平不是物理量,而是物理量的相对表示。表1.1列出了在正逻辑体系下逻辑电平与电压值的关系。

表1.1　逻辑电平与电压值的关系

电压/V	二值逻辑	逻辑电平
+5	1	H
0	0	L

3. 数字波形

数字波形是逻辑电平对时间的图形表示。

数字波形可分为周期性数字波形和非周期性数字波形。周期性数字波形通常用周期 T 或频率 f 来描述。图1.1所示为这两类数字波形。

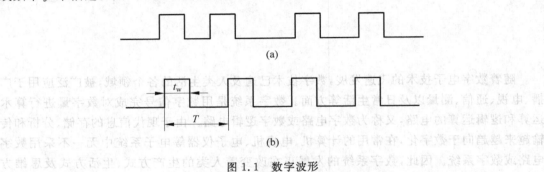

(a)

(b)

图1.1　数字波形

(a) 非周期性数字波形；(b) 周期性数字波形

脉冲波形的脉冲宽度用 t_w 表示,它表示脉冲的作用时间。脉冲波形的占空比 q 表示脉冲宽度 t_w 占整个周期 T 的百分比,常用下式表示:

$$q(\%) = \frac{t_w}{T} \times 100\%　　　　　　　　　　(1-1)$$

1.1.2　数字系统

数字系统已经成为人们日常生活的重要组成部分。数字系统是实现数字信号的传输、变换和处理的电路。精确地解释数字系统的组成是一件很繁杂的事情。从基本意义上讲,数字系统是仅仅用数字来"处理"信息以实现计算和操作的电子电路。但是数字系统中所用的数字是来自于特别的数制系统,该数制系统只有两个可能的值,0或者1。此特征定义了二进制或基-2的数制系统。由于只使用0和1来完成所有的计算和操作,所以数字系统的设计实际上是相当复杂的。

数字系统必须完成以下任务:

- 将现实世界的信息转换成数字电路可以理解的二进制"语言"。
- 仅用数字0和1完成所要求的计算和操作。
- 将处理的结果以我们可以理解的方式返回给现实世界。

1. 数字电路的发展

数字电路的发展和模拟电路一样,经历了由电子管、半导体分立器件到集成电路的过程。由于集成电路的发展非常迅速,因此,数字电路的主流形式是数字集成电路。从 20 世纪 60 年代开始,数字集成器件以双极型工艺制成了小规模逻辑器件,随后发展到中规模;70 年代末,微处理器的出现使数字集成电路的性能有了质的飞跃;从 80 年代开始,专用集成电路制作技术趋于成熟,标志着数字集成电路发展到了一个新的阶段。

逻辑门是一种重要的逻辑单元电路,按照结构和工艺分为双极型、MOS 型和双极-MOS 型。TTL 逻辑门电路问世较早,其工艺经过不断改进,至今仍是主要的基本逻辑器件之一。随着 CMOS 工艺的发展,TTL 的主导地位被 CMOS 器件所取代。

可编程逻辑器件(PLD)特别是现场可编程门阵列(FPGA)的飞速发展使得数字集成电路有了新的长足发展,它将硬件与软件相结合,使器件的功能更完善,也使器件的设计更灵活方便。

专用集成电路(ASIC)是将一个复杂的数字系统制作在一块半导体芯片上,构成体积小、重量轻、功耗低、成本低且具有良好地保密性的系统级芯片。用户可通过软件编程,将自己设计的数字系统制作在可编程逻辑器件半成品芯片上,便可方便快捷地得到所需的系统级芯片。

2. 数字电路的分类

数字电路从其结构特点及对输入信号响应规则的不同,可以分成组合逻辑电路和时序逻辑电路。从集成度来说,数字集成电路可以分为小规模(SSI)、中规模(MSI)、大规模(LSI)、超大规模(VLSI)和甚大规模(ULSI)五类。所谓集成度,是指每一片芯片所包含的门的个数。表 1.2 所示为数字集成电路的分类依据。

表 1.2 数字集成电路的分类依据

分 类	门 的 个 数	典型的集成电路
小规模	最多 12 个	基本逻辑门、触发器
中规模	12～99 个	计数器、运算器
大规模	100～9999 个	小型存储器
超大规模	10000～99999 个	大型存储器
甚大规模	10^6 个	可编程逻辑器件、多功能专用集成电路

3. 数字电路的分析方法

数字电路又称为逻辑电路,在电路结构和功能等方面不同于模拟电路。数字电路的主要研究对象是电路的输出与输入之间的逻辑关系。因此,数字电路采用的分析工具是逻辑代数,表达电路输出与输入之间的关系主要用真值表、功能表、逻辑表达式或波形图。

随着计算机技术的发展,运用计算机仿真软件,数字电路的分析可以更直观、更全面。不仅可以仿真电路的功能,显示逻辑输出的波形结果,而且可以进行时序仿真,检测电路中存在的竞争冒险、时序错误等问题。

1.2 数制

表示数值大小的各种方法统称为数制。数字电路中经常使用的数制有二进制、八进制和十六进制。

1.2.1　二进制

在二进制数中,只有 0 和 1 两个字符,所有数值都是用 0 和 1 的字符串表示。二进制的计数基数为 2,低位和高位之间的进位关系是"逢二进一"。

任意二进制数可以表示为

$$(N)_B = \sum_{i=-\infty}^{\infty} K_i \times 2^i \tag{1-2}$$

式中,K_i 为基数 2 的第 i 次幂的系数,它可以是 0 或者 1。式(1-2)也可以作为二进制数转换为十进制数的转换公式。

例 1.1　试将二进制数$(10010)_B$转换成相等的十进制数。

解:将每位二进制字符与其位权相乘,然后相加便得到相等的十进制数。

$$(10010)_B = 1 \times 2^4 + 0 \times 2^3 + 0 \times 2^2 + 1 \times 2^1 + 0 \times 2^0 = (18)_D$$

1.2.2　八进制

在八进制数中,每一位有 8 种不同字符,分别用 0~7 表示。八进制的计数基数为 8,低位和高位之间的进位关系是"逢八进一"。

任意八进制数可以表示为

$$(N)_O = \sum_{i=-\infty}^{\infty} K_i \times 8^i \tag{1-3}$$

式中,K_i 为基数 8 的第 i 次幂的系数,它可以是 0~7 中任一字符。式(1-3)也可以作为八进制数转换为十进制数的转换公式。

例 1.2　试将八进制数$(53)_O$转换成相等的十进制数。

解:将每位八进制字符与其位权相乘,然后相加便得到相等的十进制数。

$$(53)_O = 5 \times 8^1 + 3 \times 8^0 = (43)_D$$

1.2.3　十六进制

在十六进制数中,每一位有 16 种不同字符,分别用 0~9、A、B、C、D、E、F 表示。十六进制的计数基数为 16,低位和高位之间的进位关系是"逢十六进一"。

任意十六进制数可以表示为

$$(N)_H = \sum_{i=-\infty}^{\infty} K_i \times 16^i \tag{1-4}$$

式中,K_i 为基数 16 的第 i 次幂的系数,它可以是 0~9、A、B、C、D、E、F 中任一字符。式(1-4)也可以作为十六进制数转换为十进制数的转换公式。

例 1.3　试将十六进制数$(7C6)_H$转换成相等的十进制数。

解:将每位十六进制字符与其位权相乘,然后相加便得到相等的十进制数。

$$(7C6)_H = 7 \times 16^2 + C \times 16^1 + 6 \times 16^0 = (1990)_D$$

1.2.4　数制转换

1. 十-二进制之间的转换

十-二转换就是把已知的十进制数转换成等值的二进制数。在转换过程中,整数部分和小数部分的方法不同,下面分别介绍。

对于整数部分:采用除2取余法。

不难推导,将十进制整数每除以一次2,就可根据余数得到1位二进制数。因此,只要连续除以2直到商为0,就可由所有余数得到相应的二进制数。

例1.4 试将十进制数$(46)_D$转换为二进制数。

解: 根据上述方法,按如下步骤转换为二进制数

由上得$(46)_D=(101110)_B$。

对于小数部分:采用乘2取整法。

将十进制小数部分乘以2,所得乘积的整数即为b_{-1}。不难推导,将十进制小数每次所得乘积中的小数部分再乘以2,直到满足误差要求进行"四舍五入"为止,就可完成由十进制小数转换成二进制小数。

例1.5 试将十进制数$(0.712)_D$转换为二进制数,要求其误差不大于2^{-8}。

解: 根据上述方法,按如下步骤转换为二进制数

$$0.712 \times 2 = 1.424 \cdots \cdots 1 \quad b_{-1}$$
$$0.424 \times 2 = 0.848 \cdots \cdots 0 \quad b_{-2}$$
$$0.848 \times 2 = 1.696 \cdots \cdots 1 \quad b_{-3}$$
$$0.696 \times 2 = 1.392 \cdots \cdots 1 \quad b_{-4}$$
$$0.392 \times 2 = 0.784 \cdots \cdots 0 \quad b_{-5}$$
$$0.784 \times 2 = 1.568 \cdots \cdots 1 \quad b_{-6}$$
$$0.568 \times 2 = 1.136 \cdots \cdots 1 \quad b_{-7}$$
$$0.136 \times 2 = 0.272 \cdots \cdots 0 \quad b_{-8}$$

由于最后小数小于0.5,根据"四舍五入"的原则,b_{-8}应为0。所以,由上得$(0.712)_D=(0.10110110)_B$

2. 八-二进制之间的转换

八进制数转换为二进制数,把每一个八进制数字改写成等值的3位二进制数,且保持高低次序不变。八进制数字与等值二进制数的对应关系如下:

$$(0)_O=(000)_B \quad (1)_O=(001)_B \quad (2)_O=(010)_B \quad (3)_O=(011)_B$$
$$(4)_O=(100)_B \quad (5)_O=(101)_B \quad (6)_O=(110)_B \quad (7)_O=(111)_B$$

例 1.6 试将八进制数$(57)_O$转换成二进制数。

解:$(57)_O = (101\ 111)_B$

二进制数转换为八进制数,把二进制整数部分从低位向高位方向每三位用一个等值的八进制数来替换,最后不足三位时,在高位补 0,凑满三位,且保持高低次序不变;二进制小数部分从高位向低位方向每三位用一个等值的八进制数来替换,最后不足三位时,在低位补 0,凑满三位,且保持高低次序不变。

例 1.7 试将二进制数$(1001011000.0101)_B$转换成八进制数。

解:$(1001011000.0101)_B = (001 \vdots 001 \vdots 011 \vdots 000.010 \vdots 100)_B = (1130.24)_O$

3. 十六-二进制之间的转换

十六进制数转换为二进制数,把每一个十六进制数字改写成等值的 4 位二进制数,且保持高低次序不变。十六进制数字与等值二进制数的对应关系如下:

$$(0)_H = (0000)_B \quad (1)_H = (0001)_B \quad (2)_H = (0010)_B \quad (3)_H = (0011)_B$$
$$(4)_H = (0100)_B \quad (5)_H = (0101)_B \quad (6)_H = (0110)_B \quad (7)_H = (0111)_B$$
$$(8)_H = (1000)_B \quad (9)_H = (1001)_B \quad (A)_H = (1010)_B \quad (B)_H = (1011)_B$$
$$(C)_H = (1100)_B \quad (D)_H = (1101)_B \quad (E)_H = (1110)_B \quad (F)_H = (1111)_B$$

例 1.8 试将十六进制数$(4C.2E)_H$转换成二进制数。

解:$(4C.2E)_H = (0100\ 1100.0010\ 1110)_B = (1001\ 100.0010111)_B$

二进制数转换为十六进制数,把二进制整数部分从低位向高位方向每四位用一个等值的十六进制数来替换,最后不足四位时,在高位补 0,凑满四位,且保持高低次序不变;二进制小数部分从高位向低位方向每四位用一个等值的十六进制数来替换,最后不足四位时,在低位补 0,凑满四位,且保持高低次序不变。

例 1.9 试将二进制数$(11101.01)_B$转换成十六进制数。

解:$(11101.01)_B = (0001 \vdots 1101.0100)_B = (1D.4)_H$

1.3 编码

人们在交换信息时,可以通过一定的信号或符号来进行,这些信号或符号的含义是人们事先约定而赋予的。利用数码来作为某一特定信息的代号叫做代码。以一定的规则编制代码,用以表示十进制数值、字母、符号等的过程称为编码。为了便于处理,在编制代码时需要遵循的规则就称为码制。

若需编码的信息有 N 条,则需要的二进制数码的位数 n 应满足如下关系:

$$2^n \geqslant N \tag{1-5}$$

1.3.1 二-十进制代码

采用二进制代码表示一个十进制数字符号的编码称为二-十进制代码(BCD),即 BCD 码。

由于十进制数共有 0、1、…、9 十个字符,因此至少需要 4 位二进制代码来表示 1 个十进制字符。4 位二进制代码共有 $2^4 = 16$ 种组合,根据不同规则从中选 10 种来表示 10 个十进制字符,其方案有很多种。表 1.3 中列出了几种常用的 BCD 代码。

表 1.3　几种常见的 BCD 代码

十 进 制 数	有　权　码			无　权　码
	8421 码	2421 码	5421 码	余 3 码
0	0000	0000	0000	0011
1	0001	0001	0001	0100
2	0010	0010	0010	0101
3	0011	0011	0011	0110
4	0100	0100	0100	0111
5	0101	1011	1000	1000
6	0110	1100	1001	1001
7	0111	1101	1010	1010
8	1000	1110	1011	1011
9	1001	1111	1100	1100

根据 BCD 代码中每一位的值是否有固定的位权,可以把 BCD 代码分成有权 BCD 码和无权 BCD 码。有权 BCD 码是指在 4 位二进制代码中,每位二进制代码都有固定的位权值。无权 BCD 码是指每位二进制代码没有固定的位权值。

8421BCD 码是最常用的一种有权码,其 4 位二进制代码从高位到低位的位权依次是 8、4、2、1。在 8421BCD 码中,1010～1111 这 6 种组合是无效的。

2421BCD 码也是一种有权码,其 4 位二进制代码从高位到低位的位权依次是 2、4、2、1。观察规律可得,在 2421BCD 码中,十进制字符 0 和 9,1 和 8,2 和 7,3 和 6,4 和 5 的各码位互为相反,这种特性称为自补性。具有自补特性的代码称为自补码。在 2421BCD 码中,0101～1010 这 6 种组合是无效的。

5421BCD 码也是一种有权码,其 4 位二进制代码从高位到低位的位权依次是 5、4、2、1。

一般情况下对于有权 BCD 码,可以根据位权展开求得所代表的十进制数。例如:

$$(0111)_{8421BCD} = 0 \times 8 + 1 \times 4 + 1 \times 2 + 1 \times 1 = (7)_D$$
$$(1101)_{2421BCD} = 1 \times 2 + 1 \times 4 + 0 \times 2 + 1 \times 1 = (7)_D$$

余 3 码是一种无权码,它与 2421BCD 码有相似的自补性。余 3 码是在每个 8421BCD 码上加上 $(3)_D = (0011)_B$ 得到的。

1.3.2　格雷码

格雷码也是一种常见的无权码,它具有相邻性,即任意两个相邻代码之间只有一位取值不同,其余各位都相同。格雷码常用于高分辨率的设备中,也用于卡诺图中。格雷码与二进制码的对应关系如表 1.4 所示。

表 1.4　格雷码

二进制码				格雷码				二进制码				格雷码			
b_3	b_2	b_1	b_0	G_3	G_2	G_1	G_0	b_3	b_2	b_1	b_0	G_3	G_2	G_1	G_0
0	0	0	0	0	0	0	0	1	0	0	0	1	1	0	0
0	0	0	1	0	0	0	1	1	0	0	1	1	1	0	1
0	0	1	0	0	0	1	1	1	0	1	0	1	1	1	1
0	0	1	1	0	0	1	0	1	0	1	1	1	1	1	0

续表

二进制码				格雷码				二进制码				格雷码			
b_3	b_2	b_1	b_0	G_3	G_2	G_1	G_0	b_3	b_2	b_1	b_0	G_3	G_2	G_1	G_0
0	1	0	0	0	1	1	0	1	1	0	0	1	0	1	0
0	1	0	1	0	1	1	1	1	1	0	1	1	0	1	1
0	1	1	0	0	1	0	1	1	1	1	0	1	0	0	1
0	1	1	1	0	1	0	0	1	1	1	1	1	0	0	0

格雷码和二进制码之间经常需要转换,具体转换方法如下。

1. 二进制码转换成格雷码

(1) 格雷码的最高位(最左边)与二进制码的最高位相同;

(2) 从左往右,逐一将二进制码相邻的 2 位相加(舍去进位),作为格雷码的下一位。

例 1.10   将二进制码 11011 转换成格雷码。

解:转换过程如下

所以,对应的格雷码为 10110。

2. 格雷码转换成二进制码

(1) 二进制码的最高位(最左边)与格雷码的最高位相同;

(2) 将产生的每一位二进制码,与下一位相邻的格雷码相加(舍去进位),作为二进制码的下一位。

例 1.11   将格雷码 10110 转换成二进制码。

解:转换过程如下

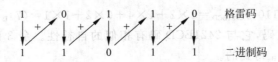

所以,对应的二进制码为 11011。

1.4   二进制数的算术运算

在数字电路中,当 0 和 1 表示数值时,两个二进制数之间可以进行数值运算,这种运算称为算术运算。

二进制数的加、减、乘、除四种运算与十进制数的四则运算类似,两者的唯一区别在于前者的进位规则是"逢二进一"、借位规则是"借一当二"。

无符号二进制数的加法规则是:$0+0=0$,$0+1=1$,$1+1=[1]0$。方括号中的 1 是进位,表示两个 1 相加"逢二进一"。

无符号二进制数的加法运算是基础,其他各种运算都通过它来进行。

现在我们来讨论带正负号的二进制数(即带符号二进制数)的算术运算。

1. 带符号二进制数的表示

在数字系统中,一般将数的最高位作为符号位,用 0 表示正数,用 1 表示负数。除去符号位以外,表示数值大小的二进制数值称为真值。将符号位和数值一起编码的二进制数称为机器码。例如:

$$(+9)_D = (\boxed{0}1001)_B, \quad (-9)_D = (\boxed{1}1001)_B$$

以上是用原码形式表示的数值位。在数字系统中常将负数用补码表示,以便将减法运算变换成加法运算。

2. 原码、反码和补码

原码:符号位用 0 或 1 表示,数值位保持不变。

反码:符号位用 0 或 1 表示,当符号位为 0 时,数值位与原码的数值位一致;当符号位为 1 时,数值位是原码的数值位按位取反。

补码:符号位用 0 或 1 表示,当符号位为 0 时,数值位与原码的数值位一致;当符号位为 1 时,数值位是在反码数值位的最后位加 1 而得。

值得注意的是:正数的原码、反码、补码相同;负数的原码、反码、补码各不相同。

3. 用补码进行减法运算

采用补码形式可以很方便地进行带符号二进制数的减法运算。减去一个正数相当于加上一个负数,即 A−B＝A+(−B),对(−B)求补码,然后再进行加法运算。进行二进制补码的加法运算时,必须注意加数补码和被加数补码的位数相等,确保两个二进制数补码的符号位对齐。

例 1.12 试用二进制补码计算 21−26。

解:因为$[21]_补 = 00010101$ $[-26]_补 = 11100110$

$$[21-26]_补 = [21]_补 + [-26]_补$$
$$= 00010101 + 11100110$$
$$= 11111011$$

所以 21−26＝−5。

习题

一、选择题

1. 十六进制数 1D.8 对应的二进制数为( )。
   A. 11101.1　　　　B. 100011.01　　　　C. 110101.01　　　　D. 1110101.1

2. 十六进制数 1D.8 对应的十进制数为( )。
   A. 28.5　　　　　B. 29.5　　　　　　C. 38.5　　　　　　D. 39.5

3. 二进制数 10111.01 对应的十六进制数为( )。
   A. 17.1　　　　　B. 17.4　　　　　　C. 27.2　　　　　　D. 27.4

4. 十六进制数 2B 对应的十进制数为( )。
   A. 33　　　　　　B. 43　　　　　　　C. 53　　　　　　　D. 63

5. 十六进制数 FE.4 对应的十进制数为( )。
   A. 252.25　　　　B. 254.25　　　　　C. 252.75　　　　　D. 254.75

6. 二进制数 10111.01 对应的 8421BCD 码为（　　）。
　　A. 100011.00100101　　　　　　　B. 00100011.00100101
　　C. 00100011.01100100　　　　　　D. 01000111.01100100

7. 十进制数 127 对应的 8421BCD 码为（　　）。
　　A. 000101000111　　B. 000101001111　　C. 000100100111　　D. 001000100111

8. 8421 BCD 码 000100100111.1000 对应的十进制数为（　　）。
　　A. 117.1　　　　　　B. 117.8　　　　　　C. 127.1　　　　　　D. 127.8

9. 8421BCD 码 01100000.00100101 对应的二进制数为（　　）。
　　A. 110100.01　　　　B. 110100.1　　　　C. 111000.01　　　　D. 111100.01

10. 已知四位带符号二进制数的原码为 01011,则其反码为（　　）。
　　A. 00100　　　　　　B. 00101　　　　　　C. 01011　　　　　　D. 10100

11. 已知四位带符号二进制数的原码为 01011,则其补码为（　　）。
　　A. 00100　　　　　　B. 00101　　　　　　C. 01011　　　　　　D. 01100

12. 十进制数 $[-105]$ 的补码为（　　）。
　　A. 10100110　　　　B. 10100111　　　　C. 10010110　　　　D. 10010111

二、填空题

1. 在正逻辑体系中,用低电平表示＿＿＿＿＿,用高电平表示＿＿＿＿＿。

2. 在数的符号表示方法中,通常最高位为符号位,0 表示＿＿＿＿＿数,1 表示＿＿＿＿＿数。

三、分析计算题

1. 试按表 1.2 所列的数字集成电路的分类为依据,指出下列 IC 器件属于何种集成度器件:(1)微处理器;(2)计数器;(3)逻辑门;(4)加法器;(5)4 兆位存储器

2. 某一周期性数字波形如图题 2 所示,试计算:(1)周期;(2)频率;(3)占空比。

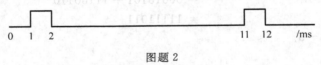

0　1　2　　　　　　　　　　　　　11　12　/ms

图题 2

3. 将下列二进制数转换为十进制数:
(1) $(10.01)_B$　(2) $(110.101)_B$　(3) $(1110.1001)_B$　(4) $(10111.01101)_B$

4. 将下列十进制数转换为二进制数、八进制数和十六进制数(要求转换误差不大于 2^{-4})。
(1) 43　(2) 127　(3) 254.25　(4) 2.718

5. 将下列数码分别作为自然二进制数和 8421BCD 码时,求出相应的十进制数。
(1) 10010111　(2) 100010010011　(3) 000101001001　(4) 10000100.10010001

6. 将下列格雷码转换为二进制码。
(1) 110　(2) 1111　(3) 10110　(4) 110111

7. 将下列二进制码转换为格雷码。
(1) 101　(2) 1011　(3) 11010　(4) 101101

8. 写出下列二进制数的原码、反码和补码。
(1) $(+1110)_B$　(2) $(+10110)_B$　(3) $(-1110)_B$　(4) $(-10110)_B$

第2章

逻 辑 代 数

在数字电路中,二值数字逻辑——逻辑 0 和逻辑 1 可以表示自然界中许多对立的逻辑状态。所以,在分析和设计数字电路时,常用"逻辑代数"这一工具。本章首先介绍逻辑代数基本概念、基本定律和定理,然后介绍逻辑代数的化简方法。

2.1 逻辑代数基础

逻辑代数是讨论逻辑关系的一门学科,1854 年由数学家乔治·布尔创立,故又称为布尔代数。逻辑代数中只有两个取值:逻辑 0 和逻辑 1,正好对应于数字电路中逻辑量的两种状态。

首先我们介绍几个概念。

逻辑代数:逻辑代数中的变量是二值逻辑(逻辑 0 或逻辑 1),不允许有其他值。0 和 1 只表示"真"和"假",即完全对立的两个状态。

逻辑函数:指逻辑因变量与逻辑自变量之间的因果关系。

逻辑表达式:用数学式子表示因果的逻辑关系。

真值表:用表格的形式表示逻辑关系。一般列出各个逻辑自变量的所有组合,并且按由小到大的顺序排列,最后写出逻辑函数的对应值。

逻辑符号:用规定的图形符号表示逻辑运算关系。

逻辑代数研究的内容就是逻辑函数与逻辑变量之间的关系。

2.1.1 基本逻辑运算

在逻辑代数中,有与、或、非三种基本逻辑运算。运算是一种函数关系,它可以用逻辑表达式描述,还可以用真值表和逻辑图描述。

1. 与运算

图 2.1(a)所示为一个简单的与逻辑电路。电压 V 通过开关 A 和 B 向灯泡 L 供电。

图 2.1(b)为与门的逻辑符号。

假设开关 A、开关 B 的打开状态用逻辑 0 表示,闭合状态用逻辑 1 表示,灯泡 L 的发光状态用逻辑 1 表示,不发光状态用逻辑 0 表示。根据电路结构,可以列出描述灯泡 L 与开关 A、B 间逻辑关系的真值表,如表 2.1 所示。

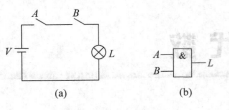

图 2.1　与逻辑运算
(a) 电路图;(b) 逻辑符号

表 2.1　与逻辑真值表

A	B	L
0	0	0
0	1	0
1	0	0
1	1	1

可以看出,开关 A、开关 B 与灯泡 L 的逻辑关系是:"只有当决定一件事情的所有条件全部具备时,这件事才会发生"。这种关系称为与逻辑。若用逻辑表达式来描述,则可以写为

$$L = A \cdot B = AB \tag{2-1}$$

2. 或逻辑

图 2.2(a)所示为一个简单的或逻辑电路。电压 V 通过开关 A 和 B 向灯泡 L 供电。图 2.2(b)为或门的逻辑符号。

同样假设开关 A、开关 B 的打开状态用逻辑 0 表示,闭合状态用逻辑 1 表示,灯泡 L 的发光状态用逻辑 1 表示,不发光状态用逻辑 0 表示。根据电路结构,可以列出描述灯泡 L 与开关 A、B 间逻辑关系的真值表,如表 2.2 所示。

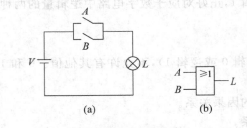

图 2.2　或逻辑运算
(a) 电路图;(b) 逻辑符号

表 2.2　或逻辑真值表

A	B	L
0	0	0
0	1	1
1	0	1
1	1	1

可以看出,开关 A、开关 B 与灯泡 L 的逻辑关系是:"在决定一件事情的各个条件中,只要一个或一个以上条件具备,这件事就会发生"。这种关系称为或逻辑。若用逻辑表达式来描述,则可以写为

$$L = A + B \tag{2-2}$$

3. 非逻辑

图 2.3(a)所示为一个简单的非逻辑电路。电压 V 通过开关 A 向灯泡 L 供电。图 2.3(b)为非门的逻辑符号。

开关 A 和灯泡 L 的逻辑假设与上相同。根据电路结构,可以列出描述灯泡 L 与开关

A 间逻辑关系的真值表,如表2.3所示。

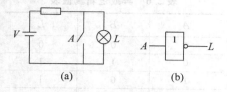

图 2.3 非逻辑运算
(a) 电路图;(b) 逻辑符号

表 2.3 非逻辑真值表

A	L
0	1
1	0

可以看出,开关 A 与灯泡 L 的逻辑关系是:"当某一条件具备时事情不会发生,当某一条件不具备时事情反而会发生"。这种关系称为非逻辑。若用逻辑表达式来描述,则可以写为

$$L = \overline{A} \tag{2-3}$$

4. 几种常用的逻辑运算

在实际逻辑运算中,除了与、或、非三种基本运算外,还经常使用一些复合逻辑运算。常见的复合逻辑运算有与非、或非、与或非、异或、同或等。

与非运算是与运算和非运算的组合。逻辑表达式可写成

$$L = \overline{A \cdot B} \tag{2-4}$$

与非运算的逻辑符号和真值表分别如图 2.4 和表 2.4 所示。

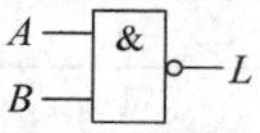

表 2.4 与非逻辑真值表

A	B	L
0	0	1
0	1	1
1	0	1
1	1	0

图 2.4 与非逻辑符号

或非运算是或运算和非运算的组合。逻辑表达式可写成

$$L = \overline{A + B} \tag{2-5}$$

或非运算的逻辑符号和真值表分别如图 2.5 和表 2.5 所示。

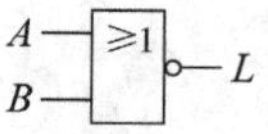

表 2.5 或非逻辑真值表

A	B	L
0	0	1
0	1	0
1	0	0
1	1	0

图 2.5 或非逻辑符号

异或运算的逻辑关系是:当 A、B 值不同时,输出 L 为1;而当 A、B 值相同时,输出 L 为0。异或运算的逻辑符号和真值表分别如图 2.6 和表 2.6 所示。

表 2.6　异或逻辑真值表

A	B	L
0	0	0
0	1	1
1	0	1
1	1	0

图 2.6　异或逻辑符号

由真值表可知,在 A、B 状态的 4 种组合中,只有第二($A=0,B=1$)和第三($A=1,B=0$)两种组合才能使 $L=1$。A、B 之间是与的关系,而两种状态组合之间是或的关系。不论变量 A、B 或输出 L,凡取 1 值时用原变量表示,取 0 值时用反变量表示。故异或运算的逻辑函数为

$$L = \overline{A}B + A\overline{B} = A \oplus B \tag{2-6}$$

这就是从逻辑真值表建立逻辑函数的过程。

$$L = (为 1 的与组合) + \cdots + (为 1 的与组合) \tag{2-7}$$

同或运算的逻辑关系是:当 A、B 值不同时,输出 L 为 0;而当 A、B 值相同时,输出 L 为 1。同或运算的逻辑符号和真值表分别如图 2.7 和表 2.7 所示。

表 2.7　同或逻辑真值表

A	B	L
0	0	1
0	1	0
1	0	0
1	1	1

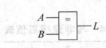

图 2.7　同或逻辑符号

同或运算的逻辑函数为

$$L = \overline{A}\overline{B} + AB = A \odot B \tag{2-8}$$

2.1.2　逻辑代数的基本定律

逻辑代数和普通代数一样,有一套完整的运算规则。根据逻辑变量的取值只有 0 和 1,以及逻辑变量的与、或、非 3 种基本逻辑运算法则,可推导出逻辑运算的基本公式和定理。用这些公式和定理可以对逻辑函数式进行处理,完成对数字电路的化简、变化、分析和设计。

常用的逻辑代数的基本公式见表 2.8。

表 2.8　逻辑代数的基本公式

基本定理	与	或
0-1 律	$A \cdot 1 = A$ $A \cdot 0 = 0$	$A + 1 = 1$ $A + 0 = A$
重叠律	$A \cdot A = A$ $A \cdot \overline{A} = 0$	$A + A = A$ $A + \overline{A} = 1$
对合律	$\overline{\overline{A}} = A$	

续表

基本定理	与	或
结合律	$A(BC)=(AB)C$	$A+(B+C)=(A+B)+C$
交换律	$AB=BA$	$A+B=B+A$
分配律	$A(B+C)=AB+AC$	$A+BC=(A+B)(A+C)$
反演律	$\overline{AB}=\overline{A}+\overline{B}$	$\overline{A+B}=\overline{A}\cdot\overline{B}$
吸收律	$A(A+B)=A$ $A(\overline{A}+B)=AB$ $(A+B)(\overline{A}+C)(B+C)=(A+B)(\overline{A}+C)$	$A+AB=A$ $A+\overline{A}B=A+B$ $AB+\overline{A}C+BC=AB+\overline{A}C$

以上这些公式的证明,最直接的方法是列出等式两边函数的真值表,看是否完全相同。也可以利用已知公式进行证明。

例 2.1　证明吸收律 $A+\overline{A}B=A+B$。

证：$A+\overline{A}B=A(1+B)+\overline{A}B=A+AB+\overline{A}B=A+B(A+\overline{A})=A+B$

例 2.2　证明恒等式 $AB+\overline{A}C+BC=AB+\overline{A}C$。

证：$AB+\overline{A}C+BC=AB+\overline{A}C+(A+\overline{A})BC=AB+\overline{A}C+ABC+\overline{A}BC$
$$=AB(1+C)+\overline{A}C(1+B)=AB+\overline{A}C$$

2.1.3　逻辑代数的基本规则

逻辑代数的运算顺序为:先括号内,后括号外,先与后或,最后整体非运算。

1. 代入规则

任何一个含有 A 的等式,如果将所有出现 A 的位置都用同一个逻辑函数代替,则等式依然成立。这个规则称为代入规则。

例如,已知等式 $\overline{A+B}=\overline{A}\cdot\overline{B}$,用函数 $A+C$ 代替等式中的 A,根据代入规则,等式仍然成立,即有 $\overline{(A+C)+B}=\overline{A+C}\cdot\overline{B}=\overline{ACB}$。

由此可以证明 n 变量的摩根定律。

2. 反演规则

对于任何一个逻辑表达式 L,如果将表达式中所有的"·"换成"+",所有的"+"换成"·",0 换成 1,1 换成 0,原变量换成反变量,反变量换成原变量,那么所得到的表达式就是函数 L 的反函数 $\overline{L}$,这个规则称为反演规则。

利用反演规则可以很容易地求出某一函数的反函数。需要注意的是,在运用反演规则求反函数时应保持原式中运算的先后顺序,否则容易出错;不属于单个变量上的非号应保留不变。

例 2.3　求函数 $L=\overline{A}+\overline{B}(C+\overline{D}\overline{E})$ 和函数 $F=\overline{\overline{A}\ \overline{B}\overline{C}}$ 的反函数。

解：$\overline{L}=A[B+\overline{C}(D+\overline{E})]$　　$\overline{F}=A+\overline{B}+\overline{\overline{C}}$

3. 对偶规则

对于任何一个逻辑表达式 L,如果将表达式中所有的"·"换成"+",所有的"+"换成

"·",0换成1,1换成0,且保持原表达式的运算顺序,则可以得到一个新的函数表达式 L',L'称为函数 L 的对偶式。

若两个逻辑表达式 L 和 F 相等,则其对偶式 L' 和 F' 也相等,这一规则称为对偶规则。

如果函数 L 的对偶式是 L',则 L' 的对偶式是 L,也就是说 L 和 L' 互为对偶函数。必须指出的是,在求某一函数的对偶式时应注意保持与原函数相同的运算顺序,必要时加上括号;若两个逻辑函数式相等,则其各自的对偶式相等,而非原式与对偶式相等。

例如,运用对偶规则 $F=\overline{A}B+\overline{B}(C+0)$ 的对偶式为

$$F'=(\overline{A}+B)[\overline{B}+C \cdot 1]=(\overline{A}+B)(\overline{B}+C)$$

2.2 逻辑函数的化简方法

一个逻辑函数通常有以下 5 种类型的表达式:

类型一:与或表达式

$$L=\overline{A}C+\overline{C}D$$

类型二:或与表达式

$$L=(\overline{A}+\overline{C})(C+D)$$

类型三:与非-与非表达式

$$L=\overline{\overline{AC} \cdot \overline{CD}}$$

类型四:或非-或非表达式

$$L=\overline{\overline{(\overline{A}+\overline{C})}+\overline{(C+D)}}$$

类型五:与-或-非表达式

$$L=\overline{AC+\overline{C}D}$$

在多种表达式中,与-或表达式是逻辑函数最基本表达形式。因此,在化简逻辑函数时,通常将逻辑函数化简成最简与-或表达形式,然后再根据需要转换成其他形式。

最简与-或表达式的标准:

(1) 与项(乘积项)的个数最少;

(2) 每个乘积项中变量的个数最少。

一般情况下,逻辑函数表达式越复杂,实现该逻辑函数的电路就越复杂,表达式中运算的种类越多,实现电路所需门电路的种类也就越多。所以,将烦琐的逻辑表达式进行化简,可使实现电路所用的元器件减少,从而使设计简单、费用少、可靠性高。

2.2.1 逻辑函数的代数化简法

代数化简法是运用逻辑代数的基本定律和恒等式对较复杂的逻辑函数进行化简的一种方法。常用以下几种方法。

1. 并项法

利用重叠律 $A+\overline{A}=1$,将两项合并成一项,消去一个变量。

例如:$L=A\overline{B}\overline{C}+AB\overline{C}$

$\qquad =A\overline{C}(\overline{B}+B)$

$\qquad =A\overline{C}$

2. 吸收法

利用吸收定律 $A+AB=A$，吸收多余项。

例如：$L = A\bar{C}+AB\bar{C}(D+E)$

$\quad\quad = A\bar{C}(1+BD+BE)$

$\quad\quad = A\bar{C}$

3. 消去法

利用公式 $A+\bar{A}B=A+B$，消去多余的因子。

例如：$L = AB+\bar{A}C+\bar{B}C$

$\quad\quad = AB+(\bar{A}+\bar{B})C$

$\quad\quad = AB+\overline{AB}C$

$\quad\quad = AB+C$

4. 配项法

先利用公式 $A+\bar{A}=1$，增加必要的乘积项，再利用并项法或吸收法消去多余的项。

例如：$L = AB+\bar{A}C+BCD$

$\quad\quad = AB+\bar{A}C+BCD(A+\bar{A})$

$\quad\quad = AB+\bar{A}C+ABCD+\bar{A}BCD$

$\quad\quad = AB(1+CD)+\bar{A}C(1+BD)$

$\quad\quad = AB+\bar{A}C$

在化简逻辑函数时，要灵活运用上述方法，才能将逻辑函数化为最简。代数化简法的优点是不受变量数目的限制，但需要熟练掌握各种公式和定律，需要一定的技巧和经验。

例 2.4 化简逻辑函数 $L=A\bar{C}+ABC+AC\bar{D}+CD$。

解：$L = A\bar{C}+ABC+AC\bar{D}+CD$

$\quad\quad = A(\bar{C}+BC)+C(A\bar{D}+D)$

$\quad\quad = A(\bar{C}+B)+C(A+D)$ （利用 $A+\bar{A}B=A+B$）

$\quad\quad = A\bar{C}+AB+AC+CD$

$\quad\quad = A+AB+CD$ （利用 $A+\bar{A}=1$）

$\quad\quad = A(1+B)+CD$

$\quad\quad = A+CD$

例 2.5 化简逻辑函数 $L=(A+B)(A+\bar{B})(B+C)(B+C+D)$。

解：方法一　$L = (A+B)(A+\bar{B})(B+C)(B+C+D)$

$\quad\quad = (A+B)(A+\bar{B})[(B+C)(B+C)+(B+C)D]$

$\quad\quad = (A+B)(A+\bar{B})[(B+C)(1+D)]$

$\quad\quad = (A+B)(A+\bar{B})(B+C)$

$\quad\quad = A(B+C)$

$\quad\quad = AB+AC$

方法二

先求 L 的对偶式 L' 并化简，$L' = AB+A\bar{B}+BC+BCD$

$\quad\quad\quad\quad\quad\quad\quad = A(B+\bar{B})+BC(1+D)$

$\quad\quad\quad\quad\quad\quad\quad = A+BC$

再求 $(L')'$，$(L')' = A(B+C) = AB + AC$，即 $L = AB + AC$。

如果用门电路实现前面介绍的逻辑函数，需要用到与门、或门和非门。通常在一片集成电路芯片中只有一种门电路，为了减少门电路的种类，需要对逻辑函数表达式进行变换。

例 2.6　已知逻辑函数表达式为 $L = \overline{A}B\overline{D} + A\overline{B}\,\overline{D} + \overline{A}BD + A\overline{B}\overline{C}D + A\overline{B}CD$

要求：(1) 求最简的与-或表达式，并画出相应的逻辑图；

(2) 仅用 2 输入与非门实现逻辑函数。

解： $L = \overline{A}B\overline{D} + A\overline{B}\,\overline{D} + \overline{A}BD + A\overline{B}\overline{C}D + A\overline{B}CD$

$= \overline{A}B(\overline{D} + D) + A\overline{B}\,\overline{D} + A\overline{B}(\overline{C} + C)D$

$= \overline{A}B + A\overline{B}\,\overline{D} + A\overline{B}D$

$= \overline{A}B + A\overline{B}$　（与-或表达式）

$= \overline{\overline{\overline{A}B + A\overline{B}}}$

$= \overline{\overline{\overline{A}B} \cdot \overline{A\overline{B}}}$　（与非-与非表达式）

例 2.6 的逻辑图如图 2.8 所示。

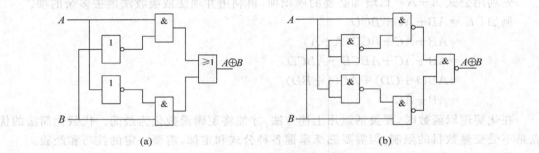

图 2.8　例 2.6 的逻辑图

(a) 与-或表达式的实现；(b) 与非门的实现

2.2.2　逻辑函数的卡诺图化简法

代数法化简逻辑函数尚无一套完整的方法可循，其化简技巧直接依赖于对逻辑代数公式和定律的熟悉程度，并且在化简过程中难以断定简化后的逻辑表达式是否最简。本小节介绍的卡诺图化简法能更简便、更直观地获得最简与或表达式，并且易于掌握。

1. 最小项的定义及其性质

(1) 最小项的定义

设 X_1、X_2、$\cdots$、X_n 是 n 个逻辑变量，P 是 n 个变量的一个乘积，如果在 P 中，每个变量都以原变量 X_i 或反变量 $\overline{X_i}$ 的形式出现一次，且仅出现一次，则称 P 为这 n 个逻辑变量的一个最小项。n 变量逻辑函数的全部最小项共有 2^n 个。

例如，三变量逻辑函数 $L = F(A, B, C)$ 的最小项共有 $2^3 = 8$ 个，分别为 ABC、$AB\overline{C}$、$A\overline{B}C$、$\overline{A}BC$、$A\overline{B}\,\overline{C}$、$\overline{A}B\overline{C}$、$\overline{A}\,\overline{B}C$、$\overline{A}\,\overline{B}\,\overline{C}$。

(2) 最小项的编号

最小项通常用 m_i 表示，下标 i 即最小项的编号，用十进制数表示。如 $A\overline{B}C$，它与 101 相对应，而 101 相当于十进制中的 5，所以把 $A\overline{B}C$ 记作 m_5。表 2.9 列出了三变量逻辑函数的全部最小项的真值表和编号。

表 2.9 三变量最小项真值表及编号

变量 \ 最小项编号			m_0	m_1	m_2	m_3	m_4	m_5	m_6	m_7
A	B	C	$\overline{A}\,\overline{B}\,\overline{C}$	$\overline{A}\,\overline{B}C$	$\overline{A}B\overline{C}$	$\overline{A}BC$	$A\overline{B}\,\overline{C}$	$A\overline{B}C$	$AB\overline{C}$	ABC
0	0	0	1	0	0	0	0	0	0	0
0	0	1	0	1	0	0	0	0	0	0
0	1	0	0	0	1	0	0	0	0	0
0	1	1	0	0	0	1	0	0	0	0
1	0	0	0	0	0	0	1	0	0	0
1	0	1	0	0	0	0	0	1	0	0
1	1	0	0	0	0	0	0	0	1	0
1	1	1	0	0	0	0	0	0	0	1

（3）最小项的性质

从表 2.9 中可以看出最小项具有以下性质：

① 对于任意一个最小项，只有一组变量的取值使得它的值为 1，而其余各种变量取值均使它的值为 0。

② 不同的最小项，使它的值为 1 的那一组变量取值也不同。

③ 对于变量的任一组取值，任意两个最小项的乘积恒为 0。

④ 对于变量的任一组取值，全体最小项之和为 1。

2. 逻辑函数的最小项表达式

任一个逻辑函数都可以转换成最小项之和的形式，称为"最小项表达式"，或称为"标准与或表达式"。

（1）从真值表求最小项表达式

根据给定的真值表，利用最小项性质①，可以直接写出最小项表达式。

例如：给定一个三变量逻辑函数的真值表如表 2.10 所示，求函数 L 的最小项表达式。

表 2.10 真值表

A	B	C	L	A	B	C	L
0	0	0	0	1	0	0	1
0	0	1	1	1	0	1	1
0	1	0	0	1	1	0	0
0	1	1	1	1	1	1	0

首先找出 L 为 1 的所有组合，001、011、100、101；然后写出每种组合对应的最小项，$\overline{A}\,\overline{B}C$、$\overline{A}BC$、$A\overline{B}\,\overline{C}$、$A\overline{B}C$；最后将这些最小项相或，即可得到最小项表达式，$L=\overline{A}\,\overline{B}C+\overline{A}BC+A\overline{B}\,\overline{C}+A\overline{B}C$。

（2）从一般表达式转换为最小项表达式

任何一个逻辑表达式都可以转换为最小项表达式。方法是对表达式中非最小项的与项

用所缺变量进行 $A+\bar{A}=1$ 的配项。

例 2.7 已知逻辑函数 $L=AB+\bar{B}C$,试求 L 的最小项表达式。

解: $L=AB+\bar{B}C$
$$=AB(C+\bar{C})+(A+\bar{A})\bar{B}C$$
$$=ABC+AB\bar{C}+A\bar{B}C+\bar{A}\bar{B}C$$
$$=m_7+m_6+m_5+m_1$$
$$=\sum m(1,5,6,7)$$

如果要把非"与或表达式"转换成最小项表达式,应先将该表达式转换成"与或表达式",再转换成最小项表达式。

例 2.8 已知逻辑函数 $L=\overline{AB+\bar{C}}+\bar{A}C$,求 L 的最小项表达式。

解: 先把 L 转换成与或表达式
$$L=\overline{AB+\bar{C}}+\bar{A}C$$
$$=\overline{AB}C+\bar{A}C$$
$$=(\bar{A}+\bar{B})C+\bar{A}C$$
$$=\bar{A}C+\bar{B}C$$

再把与或表达式转换成最小项表达式
$$L=\bar{A}C+\bar{B}C$$
$$=\bar{A}C(B+\bar{B})+(A+\bar{A})\bar{B}C$$
$$=\bar{A}BC+\bar{A}\bar{B}C+A\bar{B}C$$
$$=m_3+m_1+m_5=\sum m(1,3,5)$$

应该注意:对于任一逻辑表达式,它的真值表是唯一的,因而它的最小项表达式也是唯一的。

3. 逻辑函数的卡诺图表示

（1）卡诺图的构成

卡诺图是最小项的图形表示。一个逻辑函数展开成最小项表达式,就可以方便地用一个最小项方块图表示,这种最小项方块图就称为"卡诺图"。n 个变量的逻辑函数共有 2^n 个最小项,所以,n 个变量的逻辑函数的卡诺图有 2^n 个方格。

如果两个最小项中只有一个变量不同,则称这两个最小项为逻辑相邻。两个逻辑相邻的最小项出现在同一逻辑函数中时可以合并为一项,同时消去互为反变量的那个变量。如:
$$ABC+\bar{A}BC=(A+\bar{A})BC=BC$$

卡诺图就是利用相邻最小项可以消去变量的依据来化简逻辑函数的。

在卡诺图中,一个小方格代表一个最小项,然后将这些最小项按照逻辑相邻性排列起来,即各个小方格对应于各变量不同的组合,而且上下左右在几何位置相邻的方格内只有一个因子有差别。

图 2.9 分别表示二变量、三变量、四变量的卡诺图。

有关卡诺图的几点说明:

① 卡诺图中的每一个小方格代表一个最小项,方格内的数字表示相应最小项的下标,最小项的逻辑取值填入相应的方格内。

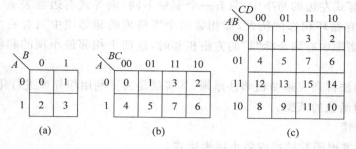

图 2.9 卡诺图

(a) 二变量；(b) 三变量；(c) 四变量

② 卡诺图方格外是输入变量及其相应逻辑取值，变量的排列顺序为 $(A,B,C,\cdots)$，先排竖行后排横行。变量的取值为先 0 后 1，每组变量取值组合按格雷码的规则排列。

③ 卡诺图中相邻的两个方格称为逻辑相邻项，相邻项中只有一个变量互为反变量，其余变量完全相同。除位置相邻的两个方格是逻辑相邻项外，卡诺图左右两侧、上下两侧、四个顶角相对的方格也是逻辑相邻项。如图 2.9(c) 中，4 和 6 是相邻项，3 和 11 是相邻项，0、2、8、10 也是相邻项。

（2）用卡诺图表示逻辑函数

若已知逻辑函数是最小项表达式，则按图 2.9 填入相应的卡诺图中。当逻辑函数中出现最小项 m_i，则在卡诺图对应的 m_i 方格内填 1，函数中没有出现的最小项，在对应卡诺图方格内填 0。若已知逻辑函数是非最小项表达式，可先转换成最小项表达式，再填入卡诺图。

例 2.9 画出逻辑函数 $L(A,B,C)=\overline{\overline{A}(B+\overline{C})}$ 的卡诺图。

解：L 是三变量逻辑函数，应填入图 2.9(b) 所示的卡诺图中。

先将函数 L 转换成最小项表达式：

$$L(A,B,C)=\overline{\overline{A}(B+\overline{C})}$$
$$=A+\overline{B}C$$
$$=A(B+\overline{B})(C+\overline{C})+(A+\overline{A})\overline{B}C$$
$$=ABC+AB\overline{C}+A\overline{B}\overline{C}+A\overline{B}C+\overline{A}\overline{B}C$$
$$=\sum m(1,4,5,6,7)$$

函数中出现的最小项，在对应的最小项方格内填 1，没有出现的最小项，在对应的最小项方格内填 0。最终如图 2.10 所示。

A\\BC	00	01	11	10
0	0	1	0	0
1	1	1	1	1

图 2.10 例 2.9 卡诺图

4. 逻辑函数的卡诺图化简

（1）化简依据

由逻辑代数定律 $A+\overline{A}=1$ 可以推出：

$AB+\overline{A}B=B$

$ABC+\overline{A}BC=BC$

$A\overline{B}C+\overline{A}\overline{B}C=\overline{B}C$

$BC+\overline{B}C=C$

　⋮

观察可得,等式左边的与项中,只有一个变量不同,而等式右边消去了一个变量。我们知道,卡诺图具有循环相邻的特性,即相邻两个方格内的相邻项中只有一个变量互为反变量。因此,若卡诺图中有两个标"1"的方格相邻时,这两个相邻最小项的和将可以消去1个变量。

卡诺图的画法排列应遵循相邻性原则,其实就是为了利用相邻项进行化简,这就是利用卡诺图化简逻辑函数的依据。

（2）化简步骤

第一步：将逻辑函数转换成最小项表达式。

第二步：按最小项表达式填写函数的卡诺图。函数中出现的最小项在相应最小项方格中填1,没有出现的最小项在相应方格中填0。

第三步：合并最小项。将相邻的1方格圈成一组,每一组含 2^n 个方格,对应每个包围圈写成一个新的乘积项。

第四步：将所有包围圈对应的乘积项相加,即可得到逻辑函数的最简与或表达式。

在画包围圈时应特别注意以下几点：

① 包围圈呈矩形,每个包围圈内含 2^n 个方格。

② 画包围圈时应遵循循环相邻性,即被包围的最小项方格应彼此相邻。相邻方格包括上下边相邻、左右边相邻、四角相邻。

③ 同一方格可以被不同包围圈重复包围,但新增包围圈中一定要有新的方格,否则该包围圈多余。

④ 包围圈所围的方格数要尽可能多,这样消去的变量就多。

⑤ 包围圈的个数要尽可能少,这样化简后的逻辑函数中与项就少。

由包围圈写成新的与项的方法是：在包围圈中,若某一变量取值全部为1,该变量用原变量表示,若某一变量取值全部为0,该变量用反变量表示,将这些变量相乘,即可得到新的与项。若某个变量同时取值0和1时,则该变量被消去。

例 2.10　用卡诺图化简逻辑函数 $F(A,B,C)=BC+A\overline{C}$。

解：步骤一：将逻辑函数转换成最小项表达式

$$F(A,B,C) = BC + A\overline{C} = ABC + \overline{A}BC + AB\overline{C} + A\overline{B}\overline{C}$$

步骤二：按最小项表达式填写函数的卡诺图,如图2.11所示。

步骤三：合并最小项,将相邻的1方格圈成一组,如图2.11所示。对应每个包围圈写成一个新的乘积项。

在卡诺图中, m_3 和 m_7 圈成一组,在该组中, A 变量既有0又有1, A 变量消去; B 变量均为1,用原变量表示; C 变量均为1,用原变量表示。所以,构成新的与项为 BC。同理, m_4 和 m_6 圈成一组,构成新的与项为 $A\overline{C}$。

步骤四：将所有包围圈对应的乘积项相加,得到逻辑函数的最简与或表达式

$$F = BC + A\overline{C}$$

例 2.11　用卡诺图化简逻辑函数 $F(A,B,C,D) = \sum m(1,2,4,9,10,11,13,15)$。

解：画出函数的卡诺图,圈出相邻项,如图2.12所示。

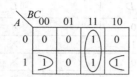

图 2.11 例 2.10 卡诺图

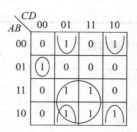

图 2.12 例 2.11 卡诺图

在卡诺图中，m_9、m_{11}、m_{13} 和 m_{15} 圈成一组，写成新的与项 AD，m_1 和 m_9 圈成一组，写成新的与项 $\overline{B}\overline{C}D$，$m_2$ 和 m_{10} 圈成一组，写成新的与项 $B\overline{C}\overline{D}$，$m_4$ 单独圈成一组，写成新的与项 $\overline{A}B\overline{C}\overline{D}$。

将所有新的与项相加即得函数最简与或表达式

$$F = AD + \overline{B}\overline{C}D + B\overline{C}\overline{D} + \overline{A}B\overline{C}\overline{D}$$

（3）含有无关项的逻辑函数化简

在有些逻辑函数中，对于输入变量的某些取值组合，逻辑函数值可以是任意的，或者这些取值组合根本不会出现。这样的取值组合所对应的最小项称为无关项或任意项。在逻辑函数中通常用 $\sum d(\cdots)$ 表示无关项。在卡诺图中，无关项用×表示。

无关项的意义在于，无论对其设为 0 或 1，对逻辑函数的取值结果均无影响。化简含有无关项的逻辑函数时，要充分利用无关项既可当 0 又可当 1 的特点，尽量扩大包围圈的面积，使得新的与项中能消去更多变量。下面举例说明含有无关项的逻辑函数的化简。

例 2.12 要求设计一个逻辑电路，能够判断 8421BCD 码表示的 1 位十进制数的奇偶性。当十进制数为奇数时，电路输出为 1，当十进制数为偶数时，电路输出为 0。

解：第一步：列出真值表。4 位 8421BCD 码分别用 A、B、C、D 表示，输出用 L 表示。得到表 2.11 所示真值表。

表 2.11 例 2.12 的真值表

对应十进制数	输 入 变 量				输 出
	A	B	C	D	L
0	0	0	0	0	0
1	0	0	0	1	1
2	0	0	1	0	0
3	0	0	1	1	1
4	0	1	0	0	0
5	0	1	0	1	1
6	0	1	1	0	0
7	0	1	1	1	1
8	1	0	0	0	0
9	1	0	0	1	1

续表

对应十进制数	输 入 变 量				输　　出
	A	B	C	D	L
无 关 项	1	0	1	0	×
	1	0	1	1	×
	1	1	0	0	×
	1	1	0	1	×
	1	1	1	0	×
	1	1	1	1	×

第二步：将真值表的内容填入卡诺图，画包围圈。

注意：在考虑无关项时，哪些无关项当作1，哪些无关项当作0，要以尽量扩大包围圈的面积、减少包围圈的个数为原则，如图 2.13 所示。

第三步：得到输出逻辑函数 $L=D$。

卡诺图化简法的优点是简单、直观，有一定的方法可循，容易化简到最简。

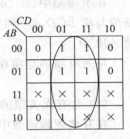

图 2.13　例 2.12 卡诺图

习题

一、选择题

1. $A \oplus B = ($ 　　$)$。

    A. $A\bar{B}+\bar{A}B$ 　　　　B. $AB+\bar{A}\bar{B}$ 　　　　C. AB 　　　　D. $\bar{A}B$

2. $A \odot B = ($ 　　$)$。

    A. $AB+\bar{A}\bar{B}$ 　　　　B. $A\bar{B}+\bar{A}B$ 　　　　C. AB 　　　　D. $\bar{A}B$

3. $\overline{A \cdot B} = ($ 　　$)$。

    A. $\bar{A} \cdot \bar{B}$ 　　　　B. $\bar{A}+\bar{B}$ 　　　　C. $A+B$ 　　　　D. $A \cdot B$

4. $\overline{A+B} = ($ 　　$)$。

    A. $\bar{A}+\bar{B}$ 　　　　B. $\bar{A} \cdot \bar{B}$ 　　　　C. $A+B$ 　　　　D. $A \cdot B$

5. 利用反演规则，函数 $F=A+\overline{B\bar{C}+\bar{D}}$ 的反函数为（　　）。

    A. $\bar{F}=\bar{A}\,\overline{(\bar{B}+C)\bar{D}}$ 　　　　　　　　B. $\bar{F}=\bar{A}\,\bar{B}+C\bar{D}$

    C. $\bar{F}=A\,\overline{(B+\bar{C})D}$ 　　　　　　　　D. $\bar{F}=A\,\bar{B}+\bar{C}D$

6. 逻辑函数 $F=A(A+B)$ 的最简与或表达式为（　　）。

    A. A 　　　　B. B 　　　　C. 1 　　　　D. 0

7. 逻辑函数 $F=A(\bar{A}+B)$ 的最简与或表达式为（　　）。

    A. $A+B$ 　　　　B. AB 　　　　C. $\bar{A}\bar{B}$ 　　　　D. $\bar{A}+\bar{B}$

8. 利用对偶规则，函数 $F=(A+\bar{B})(A+C)$ 的对偶式为（　　）。

    A. $F'=A\bar{B}+AC$ 　　　　　　　　B. $F'=\bar{A}B+\bar{A}C$

    C. $F'=A+\bar{B}C$ 　　　　　　　　D. $F'=(\bar{A}+B)(\bar{A}+\bar{C})$

9. 对于输入三变量逻辑函数,最小项 $A\bar{B}C$ 的标号为(　　)。

　　A. m_2 　　　　　　B. m_3 　　　　　　C. m_5 　　　　　　D. m_6

10. 对于输入三变量逻辑函数,使最小项 $A\bar{B}C$ 取值为 1 的对应变量取值为(　　)。

　　A. 000 　　　　　　B. 010 　　　　　　C. 101 　　　　　　D. 111

11. 对于输入 n 变量逻辑函数,最小项的个数共有(　　)个。

　　A. $\dfrac{n}{2}$ 　　　　　　B. $2n$ 　　　　　　C. 2^n 　　　　　　D. n^2

12. 对于输入 n 变量逻辑函数,其卡诺图的方格数共有(　　)个。

　　A. $\dfrac{n}{2}$ 　　　　　　B. $2n$ 　　　　　　C. 2^n 　　　　　　D. n^2

13. 下列对最小项性质描述正确的是(　　)。

　　A. 对于同一组变量取值,任意两个最小项的乘积恒为 1

　　B. 对于同一组变量取值,全体最小项的和恒为 0

　　C. 对于同一组变量取值,可能使两个最小项同时为 1

　　D. 对于任意一个最小项,只有输入变量的一组取值使得它的值为 1

14. 对于输入三变量逻辑函数,当变量 $ABC=110$ 时,对应下列哪个最小项的取值为 1
(　　)。

　　A. $\bar{A}\bar{B}\bar{C}$ 　　　　　B. $\bar{A}BC$ 　　　　　C. $AB\bar{C}$ 　　　　　D. ABC

15. 对于输入四变量逻辑函数,其卡诺图的方格数共有(　　)。

　　A. 4 个 　　　　　　B. 8 个 　　　　　　C. 16 个 　　　　　　D. 32 个

16. 下列对最小项性质描述错误的是(　　)。

　　A. 对于同一组变量取值,任意两个最小项的乘积恒为 0

　　B. 对于同一组变量取值,全体最小项的和恒为 1

　　C. 对于同一组变量取值,只能使一个最小项取值为 1

　　D. 对于任意一个最小项,只有输入变量的一组取值使得它的值为 0

二、填空题

1. 数字电路中,基本逻辑运算有三种:_____、_____和_____。

2. 逻辑代数的三条基本规则是指_____规则、_____规则和_____规则。

3. 对于输入四变量逻辑函数,其最小项共有_____个。

4. 化简逻辑函数,最常用的方法有公式法和_____法。

5. 逻辑函数 $F(A,B,C)=AB+AC$ 的最小项之和的形式为_____。

6. 利用反演规则,函数 $F=\bar{A}+B+\bar{C}D$ 的反函数为_____。

三、简答题

1. 简述逻辑代数的反演规则。

2. 简述逻辑代数的对偶规则。

3. 简述最小项的性质。

4. 简述逻辑函数化简中常用的方法,并说明判断最简与或表达式的条件。

5. 简述卡诺图化简性质。

6. 简述用卡诺图化简逻辑函数的步骤。

四、分析化简题

1. 应用反演规则和对偶规则,求下列函数的反函数和对偶函数。

(1) $L = AB + \overline{\overline{C} + D}$

(2) $L = \overline{A} \cdot \overline{B} + \overline{A} \cdot B \cdot \overline{C} \cdot D$

2. 用代数法将下列各式化简成最简的与-或表达式。

(1) $\overline{AB} + \overline{A}\overline{B} + \overline{A}B + A\overline{B}$

(2) $\overline{B} + ABC + \overline{AC} + \overline{AB}$

(3) $ABC\overline{D} + ABD + BC\overline{D} + ABCD + B\overline{C}$

3. 画出实现下列逻辑函数的逻辑电路图,限使用 2 输入与非门。

(1) $L = AB + AC$ (2) $L = \overline{D(A+C)}$ (3) $L = \overline{(A+B)(C+D)}$

4. 已知逻辑函数 $L(A,B,C) = A\overline{B} + B\overline{C} + \overline{A}C$,试用真值表、卡诺图和逻辑图(限用与非门和非门)表示。

5. 用卡诺图化简下列各式。

(1) $A\overline{B}CD + AB\overline{C}D + A\overline{B} + A\overline{D} + AB\overline{C}$

(2) $A\overline{B}CD + D(\overline{BC}D) + (A+C)B\overline{D} + \overline{A}\ \overline{(\overline{B}+C)}$

(3) $L(A,B,C,D) = \sum m(0,1,2,5,6,8,9,10,13,14)$

(4) $L(A,B,C,D) = \sum m(0,4,6,13,14,15) + \sum d(1,2,3,5,7,9,10,11)$

(5) $L(A,B,C,D) = \sum m(0,13,14,15) + \sum d(1,2,3,9,10,11)$

第3章

集成逻辑门

第 2 章介绍了基本的逻辑运算(与、或、非)和常用的复合逻辑运算(与非、或非、与或非、异或和同或等)的概念、逻辑功能和表达式,用于实现这些逻辑运算的电子电路就称为逻辑门电路。逻辑门是数字电路中最基本的逻辑单元,了解各类逻辑门的基本特性,是数字电路设计过程中合理选择和使用这些单元的基础。

将这些单元电路制作在一块半导体芯片上,再封装起来,便构成了集成逻辑门。集成逻辑门主要有 TTL 逻辑门和 CMOS 逻辑门两类,本章主要介绍 TTL 逻辑门和 CMOS 逻辑门的基本工作原理和主要外部特性。

3.1 数字集成电路的分类

3.1.1 按半导体器件分类

数字集成电路按采用的半导体器件不同,可以分为双极型数字集成电路和单极型数字集成电路两大类。

双极型数字集成逻辑门主要有晶体管-晶体管逻辑(Transistor Transistor Logic,TTL)、射极耦合逻辑(Emitter Coupled Logic,ECL)和集成注入逻辑(Integrated Injection Logic,I^2L)等几种类型。

TTL 主要由双极结型晶体管(Bipolar Junction Transistor,BJT)和电阻构成,具有速度快、驱动能力强等特点。74 系列是最早的 TTL 门电路,后来出现了速度和功耗性能逐渐优化的 74H 系列、74L 系列、74LS 系列、74AS 系列、74ALS 系列等。

ECL 电路的最大特点是其基本门电路工作在非饱和状态,具有相当高的速度,甚至可以达到纳秒数量级,这使得 ECL 集成电路在高速数字电路系统中充当重要角色。

I^2L 电路发展于 20 世纪 70 年代初,它是在常规双极结型集成电路工艺的基础上经过改进而成的。I^2L 电路无需隔离、结构紧凑、不用电阻、集成度高、功耗低。但开关速度较慢,截止频率较低,抗干扰能力差。

单极型数字集成逻辑门采用金属-氧化物-半导体场效应管（Metal Oxide Semiconductor，MOS）集成电路，是目前数字电路系统常用的半导体器件。根据沟道载流子的性质，MOS管可以分为 PMOS 和 NMOS 管两类。根据沟道的导通条件，MOS 管又可以分为增强型和耗尽型两类。在 CMOS（Complementary Metal Oxide Semiconductor，互补金属氧化物半导体）集成电路的制作中，耗尽型 MOS 管常用来制作电阻，增强型 MOS 管为更常用的器件。

早期生产的 CMOS 门电路为 4000 系列，工作电压范围宽，抗干扰能力强，与 TTL 不兼容。随后推出了高速 CMOS 器件的 HC/HCT 系列和更高速的 AHC/AHCT 系列。近年来，随着如手机、笔记本电脑等便携式设备的发展，要求使用体积小、功耗低的半导体器件，因此，又推出了低压 CMOS 器件（Low Voltage CMOS Logic，LVC）等。

双极金属氧化物半导体（Bipolar Metal Oxide Semiconductor，BiCMOS）是 CMOS 和双极器件同时集成在同一块芯片上的技术。BiCMOS 以 CMOS 器件为主要单元电路，而在要求驱动大电容负载之处加入双极器件或电路。因此 BiCMOS 电路既具有 CMOS 电路高集成度、低功耗的优点，又具有双极型电路高速、电流驱动能力强的优势，成为射频电路系统中用得最多的工艺技术。

3.1.2 按半导体规模分类

数字集成电路按照集成度分类，如表 3.1 所示，可以分为小规模集成电路（Small Scale Integration，SSI）、中规模集成电路（Medium Scale Integration，MSI）、大规模集成电路（Large Scale Integration，LSI）和超大规模集成电路（Very Large Scale Integration，VLSI）等四类。

表 3.1 数字集成电路的发展阶段

小规模集成电路（SSI）	<10 门/片
中规模集成电路（MSI）	10～99 门/片
大规模集成电路（LSI）	100～9999 门/片
超大规模集成电路（VLSI）	>10000 门/片

数字电路的发展与模拟电路一样经历了电子管、半导体分立器件到集成电路等几个时代，其发展比模拟电路更快。20 世纪 60 年代开始，数字集成电路以双极型工艺制成了小规模逻辑器件，随后发展到中规模逻辑器件。70 年代末，随着复杂的半导体及通信技术的发展，数字集成电路的性能发生了质的飞跃。超大规模集成电路设计，通常采用电子设计自动化的方式进行，已经成为计算机工程的重要分支之一。计算机里的控制核心微处理器就是超大规模集成电路的典型实例。

目前，常用的逻辑门和触发器属于 SSI，常用的译码器、数据选择器、加法器、计数器、移位寄存器等组件属于 MSI。常用的 LSI、VLSI 有只读存储器、随机存取存储器、微处理器、单片微处理机、高速乘法累加器、数字信号处理器以及各类专用集成电路 ASIC 芯片等。

3.1.3 按电路功能分类

另外，数字电路按功能分类，可以分为组合逻辑电路和时序逻辑电路两大类。前者在任何时刻的输出，仅取决于电路此刻的输入状态，而与电路过去的状态无关，不具有记忆功能。常用的组合逻辑器件有加法器、译码器、数据选择器等；后者在任何时候的输出，不仅取决于电路此刻的输入状态，而且与电路过去的状态有关，它们具有记忆功能，常用的时序逻辑器件有计数器、移位寄存器等。这部分内容会在后续章节中详述。

3.2 CMOS 集成逻辑门

CMOS 是 PMOS 管和 NMOS 管共同构成的互补型 MOS 集成电路。和 TTL 相比，CMOS 集成电路的优势在于集成度高、功耗低,同时随着制造工艺的不断发展,CMOS 工作速度也逐步可媲美 TTL,CMOS 电路以其优良的特性成为目前数字逻辑电路中应用最为广泛的集成电路。

3.2.1 MOS 管及其开关特性

1. N 沟道增强型 MOS 管的结构

N 沟道增强型 MOS 管的结构如图 3.1(a)所示,以现代典型的 N 阱硅栅 CMOS 工艺为例,NMOS 管的制作是先在 P 型硅衬底上生长一层二氧化硅绝缘层,再在氧化层顶部淀积一层多晶硅形成栅极,然后采用扩散或离子注入法形成高掺杂浓度的 N 型源漏区。图(b)为 N 沟道增强型 MOS 管的标准逻辑符号,也有教材或者软件中该符号中的箭头不标注在衬底上,而标注在源上,如简化逻辑符号(c)图,所示箭头方向与图(b)相反。

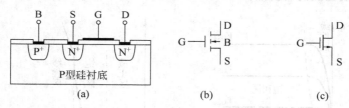

图 3.1 N 沟道增强型 MOS 管
(a) 结构示意图；(b) 标准逻辑符号；(c) 简化逻辑符号

2. N 沟道增强型 MOS 管的工作原理

如图 3.2 所示,在 NMOS 管上加上漏源电压 v_{DS} 和栅源电压 v_{GS},电路连接图如 3.3 所示。在 v_{GS} 的作用下,衬底中的少数载流子(电子)被吸引,聚集在栅极下方形成沟道,能形成 N 型沟道的最小栅源电压也就是开启电压,记作 V_{TH}。沟道形成以后,少数载流子(电子)就在沟道内流动形成电流,所以 MOS 管被称为单极性器件(只有一种载流子参与导电),而且是少子导电器件。

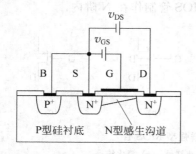

图 3.2 外加电压使 MOS 管形成导通沟道

图 3.3 共源极连接

因为 v_{DS} 存在,由 v_{GS} 在栅极和衬底之间形成的电场由源极到漏极逐渐减小,所以该 N 型感生沟道在图 3.2 中呈"楔形"。

3. N 沟道增强型 MOS 管的输出特性和转移特性

(1)当 $v_{GS} < V_{TH}$ 时,导通沟道还没有形成,MOS 管处于截止状态,漏源间相当于一个兆欧级的电阻。

(2)当 $v_{GS} \geqslant V_{TH}$ 时,产生导通沟道,此时若 $v_{DS} < v_{GS} - V_{TH}$,MOS 管可以看作是一个受 v_{GS} 控制的可变电阻,所以又称为线性区。该可变电阻在输出特性图上表现为曲线斜率的倒数,输出曲线越倾斜,等效电阻越小。

(3)当 $v_{GS} \geqslant V_{TH}$ 时,而 $v_{DS} \geqslant v_{GS} - V_{TH}$ 时,MOS 处于饱和区,随着 v_{DS} 继续增加,漏极电流 i_D 几乎不再增加。

输出特性曲线是指栅源电压 v_{GS} 一定的情况下,漏极电流 i_D 和漏源电压 v_{DS} 之间的关系。根据上面的分析,图 3.4(a)为 N 沟道增强型 MOS 管的输出特性曲线图,可以分为截止区、饱和区和线性区。

转移特性是指漏源电压 v_{DS} 一定的情况下,栅源电压 V_{GS} 对漏极电流 i_D 的控制作用。图 3.4(b)为沟道增强型 MOS 管的转移特性曲线图,其中,在"$v_{GS} = v_{DS} - V_{TH}$"处为晶体管工作在饱和区和线性区的转折点。

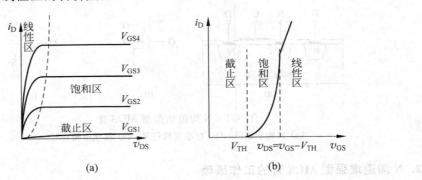

图 3.4 N 沟道增强型 MOS 管的特性曲线

(a)输出特性曲线;(b)转移特性曲线

4. P 沟道增强型 MOS 管的结构

如图 3.5 所示,P 沟道增强型 MOS 管和 N 沟道结构相似,但极性正好相反。N 阱硅栅工艺,NMOS 管直接做在 P 型的衬底上,而 PMOS 管制作在 N 阱内。

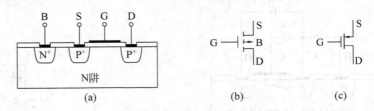

图 3.5 P 沟道增强型 MOS 管

(a)结构示意图;(b)标准符号;(c)简化符号

　　P 沟道增强型 MOS 管导电沟道为 P 型,参与导电的载流子为 N 阱内的少数载流子空穴,通常将衬底与源极相连或接电源,为吸引空穴形成沟道,v_{GSP} 为负值,开启电压 V_{THP} 也为负值。

5. P 沟道增强型 MOS 管的输出特性和转移特性曲线

　　PMOS 和 NMOS 管的特性曲线完全相似,只是电压、电流值都变成了负值,所以特性曲线由 NMOS 管的第一象限变成了 PMOS 管的第三象限,如图 3.6 所示。

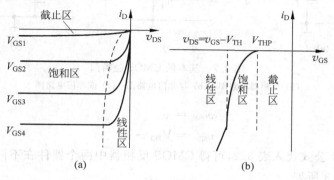

图 3.6　P 沟道增强型 MOS 管的特性曲线

(a) 输出特性曲线;(b) 转移特性曲线

　　在 CMOS 数模电路的分析中,确定 MOS 管工作在哪个区域非常关键。MOS 管的三个工作区可以分为截止区、线性区和饱和区。在数字电路中,MOS 管主要工作在饱和区和截止区。为了分析方便,实际分析时可以用下面的方法分析电路,将 P 管的开启电压 V_{THP} 用绝对值表示,改变 PMOS 器件中电压参考方向,栅源电压、漏源电源用源栅电压 v_{SGP},源漏电压用 v_{SDP} 表示,如表 3.2 所示,电压均用正值进行分析。

表 3.2　MOS 管三个工作区的电压关系

器件类型	截 止 区	线 性 区	饱 和 区
NMOS	$v_{GSN} < V_{THN}$	$v_{GSN} \geq V_{THN}$ $v_{DSN} < v_{GSN} - V_{THN}$	$v_{GSN} \geq V_{THN}$ $v_{DSN} \geq v_{GS} - V_{THN}$
PMOS	$v_{SGP} < \lvert V_{THP} \rvert$	$v_{SGP} \geq \lvert V_{THP} \rvert$ $v_{SDP} < v_{SGP} - \lvert V_{THP} \rvert$	$v_{SGP} \geq \lvert V_{THP} \rvert$ $v_{SDP} \geq v_{SGP} - \lvert V_{THP} \rvert$

3.2.2　CMOS 反相器的工作原理

　　CMOS 逻辑门基本的门电路,有反相器、与非门、或非门、异或门等,图 3.7(a)、(b)、(c)分别为 CMOS 反相器、与非门和或非门的电路图。

　　下面主要以图 3.7(a)所示 CMOS 反相器为例,分析电路的工作原理。CMOS 反相器由两个增强型的 MOS 管组成,其中 P 沟道 MOS 管为负载管,N 沟道 MOS 管为驱动管,两个 MOS 管的栅极接在一起作为输入端,漏极接在一起作为输出端。根据电路图,可以得到以下关系:

$$v_{GSN} = v_{GN} - v_{SN} = v_{I} \tag{3-1}$$

$$v_{SGP} = v_{SP} - v_{GP} = V_{DD} - v_{I} \tag{3-2}$$

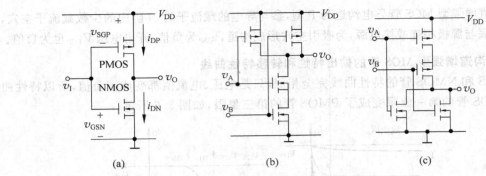

图 3.7　基本的 CMOS 逻辑门

(a) 反相器电路图；(b) 与非门电路图；(c) 或非门电路图

$$v_{DSN} = v_O \tag{3-3}$$

$$v_{SDP} = V_{DD} - v_O \tag{3-4}$$

将上面的四个公式代入表 3.2，可得 CMOS 反相器中两个器件在不同工作区域的电压约束关系，如表 3.3 所列。

表 3.3　CMOS 反相器三个工作区域 MOS 管的电压约束关系

反相器中器件	截 止 区	线 性 区	饱 和 区
NMOS	$v_I < V_{THN}$	$v_I \geqslant V_{THN}$ $v_O < v_I - V_{THN}$	$v_I \geqslant V_{THN}$ $v_O \geqslant v_I - V_{THN}$
PMOS	$V_{DD} - v_I < \mid V_{THP} \mid$	$V_{DD} - v_I \geqslant \mid V_{THP} \mid$ $v_I < v_O - \mid V_{THP} \mid$	$V_{DD} - v_I \geqslant \mid V_{TP} \mid$ $v_I \geqslant v_O - \mid V_{THP} \mid$

为了保证电路能够正常工作，电源电压 V_{DD} 须大于两个管子的开启电压之和，即：

$$V_{DD} > V_{THN} + \mid V_{THP} \mid \tag{3-5}$$

其次，我们来考虑反相器的两个稳定情况：

(1) 当输入 v_I 为逻辑低电平时，如图 3.8(a) 中的 AB 段，NMOS 管的栅源电压而 $v_{GSN} = v_I < V_{THN}$，NMOS 管截止，相当于一个兆欧级以上的电阻；而此时 $v_{SGP} = V_{DD} - v_I > \mid V_{THP} \mid$，PMOS 导通，且导通电阻很低，通常为几百欧姆，此时输出电压：$v_O = V_{OH} \approx V_{DD}$。

也就是说，输入电压低于 V_{THN} 时，输出为稳态，为逻辑高电平。

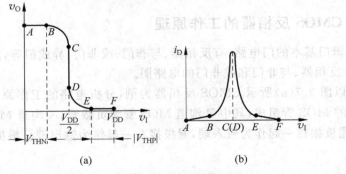

图 3.8　CMOS 反相器的传输特性

(a) 电压传输特性；(b) 电流传输特性

（2）当输入 v_I 为逻辑高电平时，如图 3.8（a）中的 EF 段，$v_I > V_{DD} - |V_{THP}|$，也即 $v_{SGP} = V_{DD} - v_I < |V_{THP}|$，PMOS 管截止，而 NMOS 管的栅源电压 $v_{GSN} > V_{THN}$，NMOS 管导通；因此反相器输出为低电平，输出电压：$v_O = V_{OL} \approx 0V$。

也即输入为高电平 $v_I > V_{DD} - |V_{THP}|$ 时，输出为稳态，为逻辑低电平。

上面两种情况是反相器处于稳态，PMOS 管和 NMOS 管总处于一个管子导通而另外一个管子截止的状态，截止管的等效电阻在兆欧以上，通过的静态电流非常小，因此 CMOS 在稳态时的静态功耗非常低。

下面讨论另外两种非稳定状态。

（3）在 BC 和 DE 段，PMOS 和 NMOS 两个管子，总有一个工作在饱和区，另一个工作在可变电阻区，此时输出电流比较大，传输特性变化比较快。

（4）而在 CD 段，由于 PMOS 和 NMOS 管都达到了饱和区，理论上，$v_I = V_{DD}/2$ 处电流 i_D 达到最大值。

从 B 到 E 之间，PMOS 管和 NMOS 管处于同时导通的过渡区域，传输特性急剧变化，产生一个较大的电流尖峰，因而导致有较大的功耗。这个功耗是因为输入信号发生变化而引起的，属于动态功耗。

3.2.3　CMOS 反相器的外部特性

1. 电压传输特性和电流传输特性

电压传输特性曲线是指反相器的输出电压与输入电压之间的对应关系曲线，它反映了电路的静态特性。电流传输特性是指反相器的输出电流与输入电压之间的对应关系，它反映了电路的动态特性。

如图 3.8（a）所示为 CMOS 反相器的电压传输特性曲线，v_I 由低电平变为高电平，即由"0"变为"1"，输出电压 v_O 由高电平变为低电平，即由"1"变为"0"，两者为"非"的关系；图 3.8（b）为 CMOS 反相器的电流传输特性曲线，漏极电流 i_D 在 AB、EF 段电流很小，也就是说 CMOS 反相器在稳态的时候功耗非常小，在 CD 段处达到一个瞬时的最大值，产生动态功耗。

2. 噪声容限

噪声容限（Noise Margin）是指在前一级驱动门输出为最坏情况下，为保证后一级负载门正常工作，所允许的最大噪声幅度（图 3.9）。噪声容限是与输入输出特性密切相关的参数，通常采用低电平噪声容限和高电平噪声容限来确定噪声容限的技术范围。

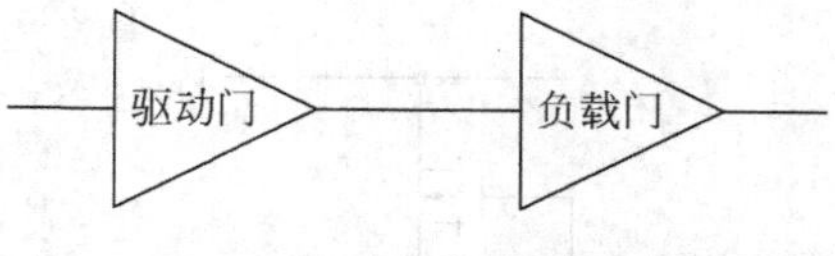

图 3.9　驱动门和负载门的连接示意图

低电平噪声容限为负载门输入低电平最大值与驱动门输出低电平最大值的差，公式记作：

$$NM_L = V_{IL,max} - V_{OL,max} \tag{3-6}$$

式（3-6）中，NM_L 表示低电平噪声容限，$V_{IL,max}$ 表示负载门的输入低电平最大值，$V_{OL,max}$ 为驱动门的输出低电平最大值。

高电平噪声容限为驱动门输出高电平最小值与负载门输入高电平最小值的差,公式记作:

$$NM_H = V_{OH,min} - V_{IH,min} \tag{3-7}$$

式(3-7)中,NM_H表示高电平噪声容限,$V_{OH,min}$表示驱动门的输出高电平最小值,$V_{IH,min}$为负载门的输入高电平最小值。

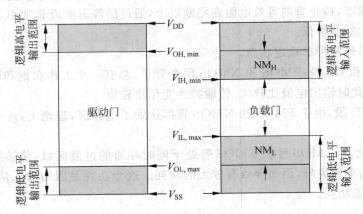

图 3.10　噪声容限示意图

3. 开关特性

在 CMOS 电路中,负载电容 C_L 的充电和放电时间限制了门的开关速度。如图 3.11 所示,驱动门为互补 CMOS 反相器,电容性负载用负载电容 C_L 表示,C_L 由负载门的输入电容、驱动门的输出电容和连线电容组成。

(1) 延迟时间 t_d

延迟时间,也就是输入 $v_I(t)$ 到输出 $v_O(t)$ 的逻辑转移时间。如图 3.12 中表示,$v_I(t)$ 的正跳变经过反相器后 $v_O(t)$ 变为负跳变的响应时间,取 $50\%V_{DD}$ 处的时间。

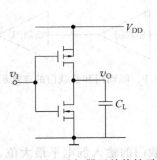

图 3.11　CMOS 反相器开关特性示意图

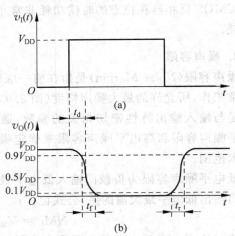

图 3.12　MOS 管开关电路电压波形
(a) 输入电压波形;(b) 输出电压波形

（2）上升时间 t_r

上升时间为输出 $v_O(t)$ 由 $10\%V_{DD}$ 上升到 $90\%V_{DD}$ 的时间。当 $v_I(t)$ 为高电平时，PMOS 管截止，NMOS 管导通，$v_O(t)$ 为 0（理想情况），负载电容 C_L 上的电压也为 0；当 $v_I(t)$ 变为低电平，PMOS 管导通，NMOS 管截止，但这时 $v_O(t)$ 不能马上变为高电平，需等负载电容 C_L 通过 PMOS 管进行充电，电压由 0 变为 V_{DD}，这个时间即为 t_r。

（3）下降时间 t_f

下降时间为输出 $v_O(t)$ 由 $90\%V_{DD}$ 下降到 $10\%V_{DD}$ 的时间。当 $v_I(t)$ 为低电平时，PMOS 管导通，NMOS 管截止，$v_O(t)$ 为高电平，负载电容 C_L 上的电压为 V_{DD}；当 $v_I(t)$ 变为高电平，PMOS 管截止，NMOS 管导通，同理 $v_O(t)$ 不能马上变为低电平，而需等待负载电容 C_L 放电时间，电压由 V_{DD} 变为 0，这个时间即为 t_f。

上升时间和 PMOS 管的导电能力有关，PMOS 导电能力越强，上升时间就越短。

$$k_P = \frac{1}{2} \mu_P C_{OX} \left(\frac{W}{L}\right)_P \tag{3-8}$$

式（3-8）中，k_P 表示 PMOS 管的导电因子，这个值越大，表示 PMOS 管的导电能力越强，μ_P 为空穴的迁移能力，C_{OX} 为单位面积电容值，$(W/L)_P$ 表示 PMOS 管的宽长比。

同理，下降时间与 NMOS 管的导电能力有关，NMOS 导电能力越强，下降时间就越短。

$$k_N = \frac{1}{2} \mu_N C_{OX} \left(\frac{W}{L}\right)_N \tag{3-9}$$

式（3-9）中，k_N 表示 NMOS 管的导电因子，$(W/L)_N$ 表示 NMOS 管的宽长比。μ_N 为电子的迁移能力，在相同情况下，μ_N 为 μ_P 的 $2\sim3$ 倍。所以一般将反相器的 PMOS 管的宽长比设计为 NMOS 管的 $2\sim3$ 倍，使得上升时间 t_r 和下降时间 t_f 一致，输出波形对称。

4. 功耗

CMOS 反相器的功耗由静态功耗（P_D）和动态功耗（P_S）两部分组成。

（1）静态功耗 P_D

如图 3.11 所示，在输入为"0"时，NMOS 管截止，PMOS 管导通，输出电压为逻辑"1"；在输入为"1"时，NMOS 管导通，PMOS 管截止，输出电压为逻辑"0"。无论逻辑门处于哪一种状态，两个 MOS 管中始终有一个管子是截止的，由于没有从电源到地的直流通路，栅极也没有电流，所以，静态功耗 P_D 几乎为零。

当然，器件存在反向漏电流，逻辑门仍然将产生很小的功耗，此时 CMOS 反相器的静态功耗就是器件的反向漏电流和电源电压的乘积。在室温情况下，CMOS 反相器的静态功耗的典型值为 $1\sim2nW$。

（2）动态功耗 P_S

动态功耗一般认为由交变功耗 P_A 和瞬态功耗 P_T 组成。输入从"0"到"1"，或从"1"到"0"，瞬变过程中，必然存在一个很短的时间间隔，NMOS 管和 PMOS 管都处于导通状态，使电源和地连通，形成交变功耗 P_A；对输出端负载电容 C_L 充电和放电，由此引起的功耗称为瞬态功耗 P_T。在实际电路中，总会存在多种内部固有电容，同时产生功耗，因此也可以把静态功耗以外的各种功耗成分统称为动态功耗 P_S。

3.3　TTL 集成逻辑门

3.3.1　TTL 与非门的工作原理

下面以一个简单的 TTL 与非门为例，了解 TTL 逻辑门的基本工作原理和主要外部特性。

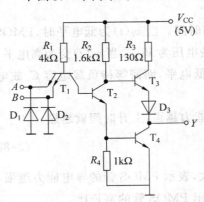

图 3.13　TTL 与非门电路图

如图 3.13 所示，TTL 与非门由三部分构成：由 R_1、T_1、D_1、D_2 构成的输入级，其中，D_1、D_2 为保护二极管，设置在输入端的目的是防止输入端电压过低；由 R_2、T_2、R_4 构成的中间级，用于驱动输出级晶体管 T_3、T_4；由 R_3、D_3、T_3、T_4 构成的输出级。

下面分情况讨论 TTL 与非门的工作过程。

1. 输入 A、B 均为低电平

当输入端均为低电平时，假设为 TTL 低电平的典型值，即 $V_{IL}=0.3V$，这时 T_1 管的发射结正偏，T_1 管的基极被钳在 1V。此时，T_1 的基极电流（i_{B1}）经过发射结流向低电平输入端，i_{B1} 电流大小为毫安级；而 T_2 的基极只可能有很小的反向基极电流（i_{B2}）流向 T_1 的集电极，即 $i_{C1}=i_{B2}\approx0$，此时 T_1 处于深饱和区，$V_{CES1}\approx0$，T_2 管的基极电压约为 0.3V，则 T_2、T_4 截止。T_3 的基极电压通过一个上拉电阻被接到电源电压 V_{CC} 上，足以使得 T_3 和 D_3 导通，如果 $V_{CC}=5V$，此时输出点 Y 的输出电平约为：

$$v_O=V_{OH}=5V-0.7V-0.7V=3.6V \tag{3-10}$$

2. 输入 A、B 任一为低电平

假设输入端 A 为低电平，即 $V_{IL,A}=0.3V$，这时 T_1 管的 A 对应的发射结正偏，T_1 管的基极被钳在 1V，这时与输入 B 相连的 T_1 管发射结反偏截止。根据上述输入 A、B 均为低电平时的分析，可见输入 A、B 任一为低电平时，输出点 Y 的电平也就约为 3.6V 的高电平。

3. 输入 A、B 均为高电平

当输入 A、B 均为高电平时，假设为 TTL 高电平的典型值，即 $V_{IH}=3.6V$，而 T_1 集电极、T_2 发射极、T_4 发射极正向偏置电压和仅为 2.1V，即 $v_{BC1}+v_{BE2}+v_{BE4}=2.1V$，也即 T_1 的基极电压被钳在 2.1V，此时，T_1 的发射极反偏。

图 3.14 为 TTL 的四种工作状态，T_1 管处于发射极反偏、集电极正偏的工作状态，称这种工作状态为 TTL 管反向工作状态，也称为倒置运用状态，即把实际的集电极用作发射极，而实际的发射极用作集电极，其电流放大倍数 $\beta_{反}$ 很小（$\beta_{反}<0.05$），因此 $i_{B2}=i_{C1}=(1+\beta_{反})i_{B1}\approx i_{B1}$，这个电流值的大小足以使 T_2 管饱和，T_2 管发射极向 T_4 管提供基流，使得 T_4 饱和，因此 T_2 的集电极压降为：

$$v_{C2}=v_{CES2}+v_{BE4}\approx0.3+0.7=1V \tag{3-11}$$

这个电压加至 T_3 管基极，不能驱动 T_3 和 D_3 管，此时，输出电压即为 T_4 管的饱和电压。

图 3.14　TTL 的四种工作状态

$$v_O = v_{CES4} = 0.3V \tag{3-12}$$

通过上面的分析,只有当输入 A、B 均为高电平时,输出才为低电平,其他都是高电平,此逻辑为"与非"逻辑,可以表示为 $Y = \overline{AB}$。

3.3.2 TTL 逻辑门的输入、输出特性

TTL 在实际应用中,有很多重要的工作参数需要了解,可以查阅器件说明手册。很多参数都和 CMOS 逻辑门一致,这里不再赘述。下面主要讲述 TTL 的输入输出参数。

1. 输入、输出电平

输入高电平 V_{IH} 指对应于逻辑"1"的输入电平,TTL 的典型值为 3.6V,一般来说输入高电平的最小值($V_{IH,min}$)为 2.0V,这个值又称为开门电平 V_{ON}。

输入低电平 V_{IL} 指对应于逻辑"0"的输入电平,典型值为 0.3V,输入低电平的最大值($V_{IL,max}$)为 0.8V,这个值又称为关门电平 V_{OFF}。

输出高电平 V_{OH} 对应于逻辑"1",V_{OH} 指逻辑门电路处于关门状态(即图 3.13 中的 T_4 管处于截止状态)时的输出电平,典型值也为 3.6V,输出高电平的最小值($V_{OH,min}$)为 2.4V。

输出低电平 V_{OL} 指门电路处于开门状态(即 T_4 管处于导通状态)时的输出电平,对应于逻辑"0",典型值为 0.3V,输出低电平的最大值($V_{IH,max}$)为 0.4V。

这里的"门"实际上指的是 T_4 管,开门和关门可以理解为 T_4 管的导通和截止。

2. 开门电阻 R_{ON}、R_{OFF}

以前面的 TTL 与非门为例,当输入端接入电阻(或者因输入信号存在内阻时),如图 3.15 所示,电路工作情况与该电阻的大小有关。

开门电阻 R_{ON} 指为了使得逻辑门可靠工作在开门状态(输出低电平 V_{OL})的输入电阻最小值。当输入电阻的阻值大于 R_{ON} 时,输入信号电平高于开门电平 V_{ON},相当于输入高电平。一般 TTL,R_{ON} 的值为 2～3kΩ。

关门电阻 R_{OFF} 指为了使逻辑门可靠工作在关门状态(输出高电平 V_{OH})的输入电阻最大值。当输入电阻的阻值小于 R_{OFF} 时,输入信号电平低于关门电平 V_{OFF},相当于输入低电平。R_{OFF} 的值约为几百欧姆。

下面,对 TTL 与非门的输入、输出特性参数与门电路工作状态进行总结,具体对应关系见表 3.4。

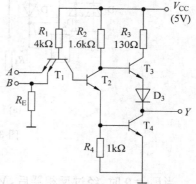

图 3.15 TTL 与非门输入端接入电阻

表 3.4 TTL 与非门输入、输出特性参数与门电路工作状态对应表

工作状态	输入信号	输出信号
开门状态	输入端 A、B 均为输入高电平 ≥开门电平 V_{ON} ≥开门电阻 R_{ON}	输出低电平 V_{OL}
关门状态	至少一个输入端为输入低电平 ≤关门电平 V_{OFF} ≤关门电阻 R_{OFF}	输出高电平 V_{OH}

3. 扇入系数和扇出系数

扇入系数 N_I 是指门的输入端数,它由厂家制造时确定,一般 $N_I \leqslant 5$。

扇出系数 N_O 是指一个门能驱动同类型门的个数。当驱动门为低电平时,驱动门承受负载门流入的灌电流,则低电平时候的扇出数为

$$N_{OL} = \frac{I_{OL, max}}{I_{IL, max}} \tag{3-13}$$

当驱动门为高电平时,驱动门承受负载门的拉电流,则高电平时候的扇出数为

$$N_{OH} = \frac{I_{OH, max}}{I_{IH, max}} \tag{3-14}$$

高、低电平的扇出数不一致时,扇出数则取小值。

3.3.3 三态门

三态门(Three State Logic Gate,TS)是在普通 TTL 逻辑门的基础上,增加使能控制信号和控制电路构成的。如图 3.16 所示,在上述 TTL 二输入与非门的基础上,增加了使能控制信号 $\overline{E_N}$ 和一个反相器构成的控制电路。

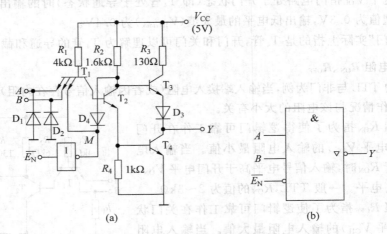

图 3.16　TTL 三态二输入与非门

(a) 电路结构图;(b) 逻辑符号图

当 $\overline{E_N} = 0$ 时,经过反相器后,M 点的逻辑为"1",二极管 D_4 截止,电路和图 3.13 所示的原 TTL 二输入与非一样,电路的逻辑可以表示为

$$Y = \overline{AB}$$

当 $\overline{E_N} = 1$ 时,经过反相器后输出为低电压,约为 0.3V,也就是 $M = 0$,此时与 M 点相连的 T_1 的发射结也会导通,T_1 的基极电位被钳在 1V 左右,T_2 和 T_4 不能导通,输出 Y 和地之间是断开的;而 $M = 0$,二极管 D_4 导通,T_3 的基极电位也为 1V,T_3 和 D_3 也截止,输出 Y 和电源之间也是断开的。此时,输出端和电源及地隔离,呈高阻态或悬浮状态,也称为禁止态。

1. 三态门注意点

普通 TTL 电路加上控制信号和控制电路后,可以变成三态门,也就是在原来输出正、

负逻辑的状态下,又增加了一个高阻状态(禁止态)。

当控制信号为有效信号时,三态门和普通 TTL 器件一样,如二输入与非门;当控制信号为无效信号时,不管输入信号处于什么状态,输出均为高阻状态。值得注意的是,高阻状态不是逻辑状态,三态门不是三值逻辑电路,仍然是两值逻辑电路。

可以注意到在控制信号 $\overline{E_N}$ 上有个非号,一般用这个非号表示低电平有效控制信号,同时我们也可以看到在逻辑符号图上 $\overline{E_N}$ 端有个小圆圈,也是提示我们该控制信号为低电平有效控制信号。

2. 三态门的应用

如图 3.17 所示,可以将多个三态门进行"线与",实现多路数据信号($D_1 \sim D_n$)在总线上的分时复用,n 个三态门的控制端口信号($A_1 \sim A_n$)在同一个时刻,仅有一个信号为有效控制信号(低电平),而其他未选中的三态门的输出为高阻状态,与总线上的电平信号是隔绝的。

除了这种典型应用外,三态门还可以实现双向开关、多路开关等。

3.3.4 集电极开路门

集电极开路门(Open Collector,OC)在普通 TTL 电路结构基础上,采用了输出晶体管集电极开路。如图 3.18 所示,在图 3.13 普通的 TTL 与非门的基础上,去掉了输出级和电源相连的 R_3、T_3、D_3,输出管 T_4 的集电极处于开路状态,也是 OC 门名字的由来。

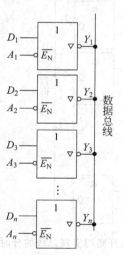

图 3.17 三态门实现总线的分时复用

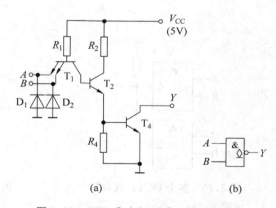

图 3.18 TTL 集电极开路二输入与非门
(a) 电路结构图;(b) 逻辑符号图

为了保证集电极开路门能够正常使用,需要在集电极的输出端接一个上拉电阻和电源 V_{CC} 相连,如图 3.19 所示,外接上拉电阻替换了门电路内的由晶体管构成的有源负载。

1. 集电极开路门注意点

像三态门一样,集电极开路门也可以直接"线与"(见图 3.20),仍需外接上拉电阻作为集电极的公共无源负载,电阻的大小将影响电路的开关速度。

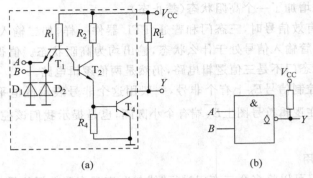

图 3.19　TTL 集电极开路门的使用

(a) 电路结构图；(b) 逻辑符号图

2. 集电极开路门的应用

还以总线的分时复用为例，如图 3.21 所示，可以将多个二输入集电极开路与非门进行"线与"。其中一个输入端接数据信号，实现多路数据信号（$D_1 \sim D_n$）在总线上的分时复用；另一个输入端接地址信号，n 个地址信号（$A_1 \sim A_n$）在同一个时刻，仅有一个信号为高电平，该地址信号输入端为高电平的集电极开路门将数据信号传送到总线上，而其他信号均为低电平，使得输出端为高电平，与数据信号无关。

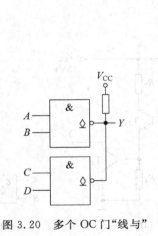

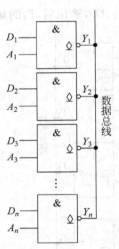

图 3.20　多个 OC 门"线与"　　　　图 3.21　集电极开路门实现总线的分时复用

3.4　TTL 逻辑门和 CMOS 逻辑门的接口电路

3.4.1　接口电路的用途及电平规范

在数字系统中，需要将很多电路单元级联，形成大规模数字电路系统，以实现复杂的电路功能。无论是用 TTL 电路驱动 CMOS 电路，还是用 CMOS 电路驱动 TTL 电路，驱动门都必须为负载门提供合乎标准的高、低电平和足够的驱动电流。表 3.5 列出了 TTL 电路和

CMOS 电路的输入、输出特性参数。

表 3.5 典型 TTL 电路和 CMOS 电路的输入、输出特性参数

系列 参数	TTL 74 系列	TTL 74LS 系列	CMOS 4000 系列	高速 CMOS 74HC 系列	高速 CMOS 74HCT 系列	高速 CMOS 74AHC 系列	高速 CMOS 74AHCT 系列
V_{DD}/V	5	5	3～18	2～6	5	2～6	5
$V_{OH,min}/V$	2.4	2.7	4.6	4.4	4.4	4.4	4.4
$V_{OL,max}/V$	0.4	0.5	0.05	0.1	0.1	0.1	0.1
$V_{IH,min}/V$	2	2	3.5	3.5	2	3.5	2
$V_{IL,max}/V$	0.8	0.8	1.5	1	0.8	1	0.8
$I_{OH,max}/mA$	0.4	0.4	0.51	4	4	8	8
$I_{OL,max}/mA$	16	8	0.51	4	4	8	8
$I_{IH,max}/\mu A$	40	20	0.1	0.1	0.1	0.1	0.1
$I_{IL,max}/\mu A$	1600	400	0.1	0.1	0.1	0.1	0.1

由表 3.5 可知,"TTL 电平规范"大部分采用 +5V 电源供电。以 TTL74 系列为例,输出高电平 $V_{OH} \geqslant 2.4V$,输出低电平 $V_{OL} \leqslant 0.4V$;输入高电平 $V_{IH} \geqslant 2.0V$,输入低电平 $V_{IL} \leqslant 0.8V$。输出高电平电流 $I_{OH} \leqslant 0.4mA$,输出低电平电流 $I_{OL} \leqslant 16mA$,输入高电平电流 $I_{IH} \leqslant 0.04mA$,输入低电平电流 $I_{IL} \leqslant 1.6mA$,驱动同类门的最大扇出数为 10。

CMOS 电路电源电压范围比较广泛,如 4000 系列 3～18V 供电;HC 系列 2～6V 供电;HCT 系列 5V 供电等。输出高电平 $V_{OH} \approx V_{DD}$,输出低电平 $V_{OL} \approx 0V$;输入高电平 $V_{IH} \geqslant 0.7V_{DD}$,输入低电平 $V_{IL} \leqslant 0.2V_{DD}$。这是"CMOS 电平规范"。CMOS 输出高、低电平时的最大电流 I_{OH}、I_{OL} 为 4mA 或 8mA。输入高、低电平电流 I_{IH}、I_{IL} 约为 $0.1\mu A$。

值得注意的是,无论是输入高电平还是低电平,CMOS 的输入电流值都很小,这就意味着 CMOS 作负载时,驱动门无论是 TTL 还是 CMOS,在扇出数有限的情况下,均能提供足够的灌电流和拉电流。

而不同系列的逻辑门相连时,主要考虑两个问题:

一是逻辑电平的兼容性问题,驱动器件的输出高、低电平需在负载器件的输入高、低电平的范围内,也即满足式(3-15)和式(3-16):

$$V_{OH,min} \geqslant V_{IH,min} \tag{3-15}$$

$$V_{OL,max} \leqslant V_{IL,max} \tag{3-16}$$

二是逻辑门的电流驱动能力,也就是扇出问题,驱动器件必须给负载器件提供足够的灌电流和拉电流,分别应满足式(3-17)和式(3-18)。

$$|I_{OL,max}| \geqslant |I_{IL,total}| \tag{3-17}$$

$$|I_{OH,max}| \geqslant |I_{IH,total}| \tag{3-18}$$

接口电路的作用就是使得驱动门和负载门的电压电流之间的关系满足上面的公式,使得不同系列或不同电源电压的逻辑门相连时,电平兼容,电流驱动正常。

3.4.2 TTL 电路驱动 CMOS 电路

为了确定 TTL 器件能否驱动 CMOS 器件,需要对比 TTL 电路的输出参数和 CMOS 电

路的输入参数是否匹配。结合表 3.5 和上面的分析,电平兼容、电流驱动问题总结如下:

(1) 用任何系列的 TTL 电路来驱动 CMOS 电路,不论接口是高电平还是低电平,接口电流均满足式(3-17)、式(3-18),且驱动能力较大。

(2) 前级 TTL 输出低电平(逻辑"0")时,$V_{OL,max} = 0.5V$,后级 CMOS 的 $V_{IL,max}$ 均大于 0.5V,为逻辑"0",不会逻辑混乱。

(3) 前级 TTL 输出高电平(逻辑"1")时,$V_{OH,min} = 2.7V$,如果后级 CMOS 电路是 HCT、AHCT 等与 TTL 兼容的系列,则 $V_{IH,min} = 2V$,也是逻辑"1"。如果后级是 4000 系列或者 HC、AHC 系列,则 $V_{IH,min}$ 均大于 2.7V,无法判断此时为逻辑"1",因此发生逻辑混乱,需要抬高前级 TTL 门的输出高电平,使其符合后级 CMOS 规范。

TTL 驱动 CMOS 电路,可以通过一个上拉电阻 R_L 实现电平兼容。如图 3.22 所示,当 TTL OC 门输出为高电平时,OC 门的输出管 T_4 管是关断的,流过电阻 R_L 的电流为 CMOS 电路的输入电流,只要选取合适的 R_L 值,就能确保输入点电平 V_P 在 CMOS 输入高电平的范围内。

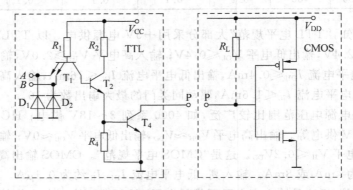

图 3.22 TTL 到 CMOS 的接口电路

当 TTL OC 门输出为低电平时,T_4 管是导通的,流过电阻 R_L 的电流几乎都流向 T_4。同样选择合适的 R_L 值,就能保证 T_4 处于饱和状态,使得输出点的电平 V_P 在 CMOS 输入低电平的范围内。

根据上面的分析,可以推算出 R_L 的选值范围:

$$\frac{V_{DD} - V_{IL,max}}{I_{OL,max} - I_{IL(total)}} \leqslant R \leqslant \frac{V_{DD} - V_{IH,min}}{I_{OZ(total)} + I_{IH(total)}} \tag{3-19}$$

式中,输出电压和电流指驱动门的参数,输入电压和电流指负载门的参数,$I_{OZ(total)}$ 为全部驱动门输出高电平时的漏电流总和。

还可以通过其他的电平转换电路,实现电平的移位,使得 TTL 的输出高电平在 CMOS 的输入高电平范围内。

3.4.3 CMOS 电路驱动 TTL 电路

同样,根据接口电路电平兼容和驱动能力要求,结合表 3.5,可以总结 CMOS 驱动 TTL 时的情况:

(1) 表中任何系列的 CMOS 电路来驱动任一系列 TTL 电路,接口电压都满足逻辑规范。

(2) 如果前级 CMOS 电路是 HC、HCT、AHC、AHCT 等系列,驱动能力基本符合要求；此类 CMOS 电路到 TTL 电路的接口电路非常简单。CMOS 的输出高、低电平均在 TTL 的输入高、低电平的噪声容限内，只要 V_{DD} 和 V_{CC} 取一样的电平，即可直接相连。如果是 4000 系列，则需要增大输出电流，以提高驱动能力。

3.5 集成逻辑门相关的几个实际问题

3.5.1 正负逻辑问题

在数字电路中，输入和输出高、低电平可以采用两种不同的逻辑体制表示。在前面的讨论中，用"1"表示高电平，"0"表示低电平，这种表示方法称为正逻辑体制，是比较常用的逻辑体制。而负逻辑体制正好相反，用"1"表示低电平，"0"表示高电平。在工程实践中，电路表述一般采用正逻辑体制，采用负逻辑体制表示的少。

对于同一电路的输入输出关系的描述，正、负逻辑都可以采用。值得注意的是，虽然正负逻辑体制描述的是同一件事情，但两种体制逻辑表达式会有不同。

表 3.6 表示某电路的输入输出电平，其中 H、L 分别表示为高、低电平。

表 3.6 某电路输入输出电平表

A	B	Y
L	L	H
L	H	H
H	L	H
H	H	L

如果采用正逻辑体制，电路的真值表如表 3.7 所示，用"1"表示输入、输出高电平，用"0"表示输入、输出低电平，根据真值表写出逻辑表达式，$L=\overline{AB}$。

表 3.7 正逻辑体制表示的真值表

A	B	Y
0	0	1
0	1	1
1	0	1
1	1	0

如果采用负逻辑体制，电路的真值表如表 3.8 所示，用"0"表示输入、输出高电平，用"1"表示输入、输出低电平，根据真值表写出逻辑表达式，$L=\overline{A+B}$。

表 3.8 负逻辑体制表示的真值表

A	B	Y
1	1	0
1	0	0
0	1	0
0	0	1

通过上面的实例分析,可以发现"正逻辑的与非"对应"负逻辑的或非";还可以参照上面的分析,得到"正逻辑的或非"对应于"负逻辑的与非"。

3.5.2　抗干扰措施

1. 多余输入端的处理

通过前面的分析,以多输入与非门为例,未使用的输入端悬空也相当于逻辑"1"。那么,从理论上来讲,与非门未使用的输入端直接悬空就可以了,而在实际应用中,为了避免干扰,输入端一般不悬空。尤其是 CMOS 逻辑门的多余输入端不允许悬空,由于它的输入电阻大,易引入干扰信号而造成逻辑混乱,甚至会造成栅极因感应静电而击穿。

那么,未使用的输入端如何处理呢? 与非门的多余输入端可以采用下面的方法进行处理:①将多余的输入端和其他端口合并,这种设计方法会增加电路的容性阻抗,对电路的工作速度有影响;②将多余的输入端通过上拉电阻接电源,获得逻辑"1",这种设计方法引入了上拉电阻,尤其是在特征尺寸比较小的集成电路中,引入电阻会增大电路的面积以及功耗。具体采用哪一种设计方法,得视电路情况而定。

2. 接地技术

噪声是集成电路设计中的一个难题,正确的接地技术对降低电路噪声非常重要。

在数字电路中,时钟信号由于寄生耦合电容导致串扰噪声,输入电平变化会引起电源总线噪声。信号地和电源地分开,可以避免含有多种脉冲波形的大电流引入到逻辑门的输入端而破坏电路逻辑。而在集成电路的版图设计中,常采用在敏感信号线两边都设计一条地线的方法,这样使得噪声干扰线发出的大部分电场线终止于地线而不是信号线。

在数模混合电路的设计中,数字地和模拟地分开、增大芯片上敏感的模拟模块和数字模块之间的距离,也可以有效减小数字信号对模拟信号的干扰。

另外,工艺上也可以采用 SOI 衬底、浅掺杂衬底、深 N 阱隔离等技术来减小电路衬底噪声。先进的封装技术(如 BGA、QFN 和倒装)或者多焊盘、多键合线、多管脚等技术也可以减小封装寄生效应带来的衬底耦合噪声。

习题

一、判断题

1. CMOS 是数字电路的主流工艺技术,但不适合用在射频和模拟电路中。（　　）
2. CMOS 器件只有一种载流子参与导电,且是多子导电。（　　）
3. TTL 是电流控制器件,CMOS 是电压控制器件。（　　）
4. CMOS 是电压控制电流器件,此处电压是指漏源电压,电流是指漏极电流。（　　）
5. TTL 与非门的多余输入端可以接固定电平。（　　）
6. 当 TTL 与非门的输入端悬空时相当于输入逻辑"1"。（　　）
7. CMOS 或非门和 TTL 或非门的逻辑功能完全相同。（　　）
8. 三态门的三种状态分别为高电平、低电平、不高不低的电平。（　　）
9. TTL 集电极开路门输出为 1 时由外接电源和电阻提供输出电流。（　　）

10. 一般 TTL 门电路的输出端可以直接相连,实现"线与"。　　　　　（　　）

11. CMOS 逻辑门可以直接"线与"。　　　　　　　　　　　　　　　　（　　）

12. CMOS 门电路的输入端可以悬空。　　　　　　　　　　　　　　　（　　）

13. 随着输入信号频率增大,CMOS 电路的静态功耗明显变大,动态功耗几乎不变。
　　　　　　　　　　　　　　　　　　　　　　　　　　　　　　（　　）

14. TTL 电路的输入电阻阻值大于开门电阻时,相当于输入高电平。　（　　）

15. 正负逻辑体制对同一电路输入、输出关系的描述,两者的逻辑表达式一样。（　　）

16. TTL OC 门驱动 CMOS 电路,可以通过一个上拉电阻作为接口电路。　（　　）

17. 不同电源电压的 CMOS 电路的接口电路,也可以通过一个电平转换器实现。
　　　　　　　　　　　　　　　　　　　　　　　　　　　　　　（　　）

18. 或非门多余的输入端可以和其他输入端并联或者接地。　　　　（　　）

二、不定项选择题

1. 三态门输出高阻状态,下面说法正确的是(　　)。
　　A. 用电压表测量指针不动　　　　　　　B. 相当于悬空
　　C. 电压不高不低　　　　　　　　　　　D. 测量电阻指针不动

2. 以下电路中可以实现"线与"功能的有(　　)。
　　A. 与非门　　　　　　　　　　　　　　B. 三态输出门
　　C. 集电极开路门　　　　　　　　　　　D. CMOS 与非门

3. TTL 电路中,以下各种输入中相当于输入逻辑"1"有(　　)。
　　A. 悬空　　　　　　　　　　　　　　　B. 通过 $2.7\text{k}\Omega$ 电阻接电源
　　C. 通过 $2.7\text{k}\Omega$ 电阻接地　　　　　　D. 通过 510Ω 电阻接地

4. 对于 TTL 与非门闲置输入端的处理,可以(　　)。
　　A. 接电源　　　　　　　　　　　　　　B. 通过电阻 $3\text{k}\Omega$ 接电源
　　C. 接地　　　　　　　　　　　　　　　D. 与有用输入端并联

5. 三极管作为开关使用时,要提高开关速度,可以(　　)。
　　A. 降低饱和深度　　　　　　　　　　　B. 加深饱和深度
　　C. 采用有源泄放回路　　　　　　　　　D. 采用抗饱和三极管

6. CMOS 数字集成电路与 TTL 数字集成电路相比,其优点是(　　)。
　　A. 功耗低　　　　B. 速度快　　　　C. 抗干扰能力强　　　D. 电源范围宽

7. 在 CMOS 数字电路中,晶体管主要工作在(　　)。
　　A. 饱和区　　　　B. 截止区　　　　C. 线性区　　　　D. 放大区

8. 下列四种类型的逻辑门中,其中一个选项取代另外三者的运算,它是(　　)。
　　A. 与门　　　　　B. 或门　　　　　C. 非门　　　　　D. 与非门

9. 在 TTL 电路中,高电平的典型值为(　　)。
　　A. 3.6V　　　　　B. 2.4V　　　　　C. 4.2V　　　　　D. 0.3V

三、综合题

1. 能否将两输入与非门、或非门、异或门作为反相器使用? 如果可以,各输入端如何连接,并画出具体电路图。

2. 试用 CMOS 电路实现下面的逻辑表达式，画出 CMOS 电路图。

(1) $Y = \overline{AB + CD}$

(2) $Y = \overline{(A+B)(C+D)}$

3. 请根据表 3.5，

(1) 计算 TTL74 LS 系列和 CMOS74HC 系列逻辑门高低电平的噪声容限，比较它们的抗干扰能力。

(2) 计算 TTL74 LS 系列和 CMOS74HC 系列驱动同类逻辑门的扇出数，比较它们的驱动能力。

4. TTL 与非门如图题 4 所示，如果在输入端接电阻 R_E，当 $R_E = 500\Omega$ 和 $3k\Omega$ 时，分别写出输出端 Y 的逻辑表达式。

5. TTL74 系列与非门输入端的四种接法：输入端悬空、输入端接 $2\sim5V$ 电压、输入端接 CMOS 输出端且为逻辑高电平、接大于 $2\sim3k\Omega$ 的大电阻，说明这四种接法都属于输入高电平（逻辑"1"）。

6. 写出图题 6 所示电路的逻辑表达式。

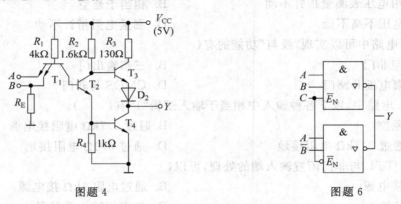

图题 4   图题 6

第4章

组合逻辑电路

数字电路按其逻辑功能和电路结构的特点可以分成两大类：组合逻辑电路和时序逻辑电路。本章首先介绍组合逻辑电路的特点、组合逻辑电路的分析和设计；然后介绍常用的中规模组合逻辑器件，即编码器、译码器、数据选择器、数据分配器、数值比较器和算术运算器的工作原理及其应用；最后介绍组合逻辑电路中的竞争冒险。

4.1 组合逻辑电路的分析

组合逻辑电路，是指电路在任意时刻的输出仅仅取决于该时刻的输入，而与电路原来的状态无关。组合逻辑电路由若干门电路组合而成，不具备记忆功能。时序逻辑电路，是指电路的输出不仅与当前的输入有关，而且还与电路原来的状态有关，即电路具有记忆功能。时序逻辑电路将在以后章节介绍。

组合逻辑电路的一般框图如图 4.1 所示。

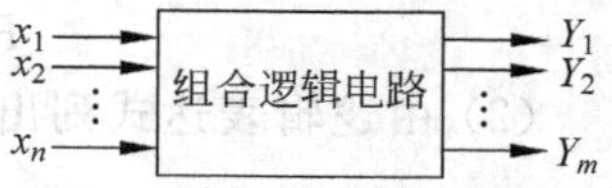

图 4.1　组合逻辑电路框图

在组合逻辑电路中，数字信号是单向传输的，即输出、输入之间没有反馈通路。输出和输入之间的逻辑关系可以用一组逻辑函数表示

$$\begin{aligned} Y_1 &= f(x_1, x_2, \cdots, x_n) \\ Y_2 &= f(x_1, x_2, \cdots, x_n) \\ &\vdots \\ Y_m &= f(x_1, x_2, \cdots, x_n) \end{aligned}$$

组合逻辑电路可以是多输入单输出的系统，也可以是多输入多输出的复杂系统。组合逻辑电路中没有反馈延时通路，没有记忆单元。

组合逻辑电路的分析是指由给定的逻辑电路或逻辑图，求真值表或逻辑表达式，从而判断电路的逻辑功能。组合逻辑电路的分析步骤如下：

(1) 根据逻辑电路图逐级写出各输出端的逻辑表达式；

（2）将逻辑表达式化简成最简逻辑表达式；

（3）根据逻辑表达式列出真值表；

（4）从真值表归纳出电路的逻辑功能，作出简要的文字描述。

例 4.1 试分析图 4.2 所示电路的逻辑功能。

解：为了方便写出逻辑表达式，借助中间变量 Z_1、Z_2、Z_3。

（1）由逻辑电路图逐级写出逻辑表达式，并化简。则有：

$$Z_1 = \overline{AB}, \quad Z_2 = \overline{A \cdot Z_1} = \overline{A \cdot \overline{AB}}$$

$$Z_3 = \overline{B \cdot Z_1} = \overline{B \cdot \overline{AB}}$$

$$S = \overline{Z_2 Z_3} = \overline{\overline{A \cdot \overline{AB}} \cdot \overline{B \cdot \overline{AB}}} = A\overline{B} + \overline{A}B = A \oplus B$$

$$C = \overline{Z_1} = AB$$

（2）由逻辑表达式列出真值表（表 4.1）。

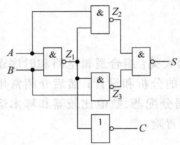

图 4.2 例 4.1 逻辑电路图

表 4.1 例 4.1 真值表

输 入		输 出	
A	B	S	C
0	0	0	0
0	1	1	0
1	0	1	0
1	1	0	1

（3）分析功能。当 A、B 均为 0 时，S 为 0，C 为 0；当 A、B 任一为 1 时，S 为 1，C 为 0；当 A、B 均为 1 时，S 为 0，C 为 1。符合二进制数相加的原则，即 A、B 为两个加数，S 为和，C 为进位。该电路的逻辑功能是半加器。

例 4.2 试分析图 4.3 所示电路的逻辑功能。

解：（1）根据逻辑电路图，逐级写出逻辑表达式并化简：

$$F = \overline{\overline{AB} \cdot \overline{BC} \cdot \overline{AC}} = AB + BC + AC$$

（2）由逻辑表达式列出真值表（表 4.2）。

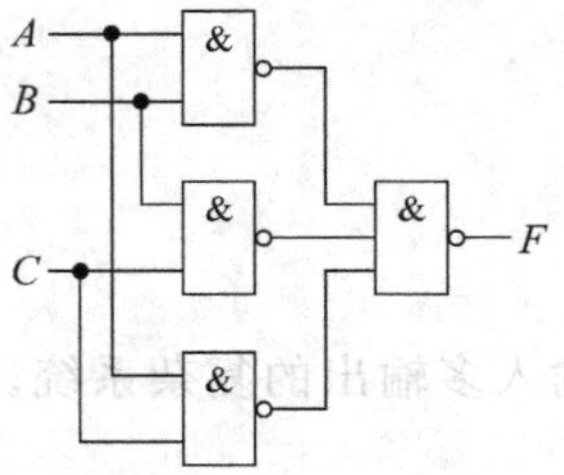

图 4.3 例 4.2 逻辑电路图

表 4.2 例 4.2 真值表

输 入			输 出
A	B	C	F
0	0	0	0
0	0	1	0
0	1	0	0
0	1	1	1
1	0	0	0
1	0	1	1
1	1	0	1
1	1	1	1

（3）功能分析。在三个输入变量中，只要有两个或两个以上的变量为1，则输出函数 F 为1，否则为0。它表示了一种"少数服从多数"的逻辑关系，因此，该电路为三变量多数表决器。

4.2 组合逻辑电路的设计

组合逻辑电路的设计是分析的逆过程，它是根据给定的逻辑功能要求，设计出实现该功能的最佳逻辑电路。用逻辑门实现组合逻辑电路的要求是使用的芯片个数和种类尽可能少。一般设计步骤如下：

（1）根据实际问题对逻辑功能的要求，确定输入逻辑变量和输出逻辑变量并赋予逻辑0和1的含义，列出真值表；

（2）由真值表写出逻辑表达式，并进行化简或变换；

（3）根据最简表达式或变换后的表达式，画出逻辑电路图。

4.2.1 不含无关项的组合逻辑电路的设计

例 4.3 在一个射击游戏中，每个射手打三枪，一枪打靶，一枪打苹果，一枪打兔子。规则是：命中不少于两枪，且其中一枪必须是兔子者得奖。试设计一个判别得奖的电路。

解：（1）根据给定命题，定义输入变量 A、B、C。A 表示是否打中兔子，B 表示是否打中苹果，C 表示是否打中靶，若打中用逻辑1表示，若没有打中用逻辑0表示。定义输出变量 L，若得奖用逻辑1表示，若没有得奖用逻辑0表示。列出真值表如表4.3所示。

表 4.3 例 4.3 真值表

A	B	C	L
0	0	0	0
0	0	1	0
0	1	0	0
0	1	1	0
1	0	0	0
1	0	1	1
1	1	0	1
1	1	1	1

（2）根据真值表写出逻辑表达式：

$$L = A\bar{B}C + AB\bar{C} + ABC$$

用卡诺图化简，如图4.4所示，可得

$$L = AC + AB$$

（3）如果要求用与非门实现该逻辑电路，就应将表达式转换成与非-与非表达式：

$$L = AC + AB = \overline{\overline{AB} \cdot \overline{AC}}$$

画出逻辑电路图如图4.5所示。

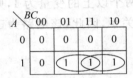

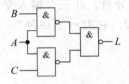

图 4.4 例 4.3 卡诺图　　　　　　　图 4.5 例 4.3 电路图

例 4.4 设计一个三人表决电路,多数人同意时提案通过;否则,提案不通过。

解:(1) 根据给定命题,定义输入变量为 A、B、C,分别代表参加表决的三人,并规定同意提案用逻辑 1 表示,不同意提案用逻辑 0 表示。定义输出变量为 F,规定提案通过用逻辑 1 表示,提案不通过用逻辑 0 表示。列出真值表如表 4.4 所示。

表 4.4 例 4.4 真值表

A	B	C	F
0	0	0	0
0	0	1	0
0	1	0	0
0	1	1	1
1	0	0	0
1	0	1	1
1	1	0	1
1	1	1	1

(2) 由真值表写出逻辑表达式:

$$F = \overline{A}BC + A\overline{B}C + AB\overline{C} + ABC$$

化简表达式,可得最简与或表达式,即

$$F = AC + BC + AB$$

(3) 如果要求用与非门实现该逻辑电路,就应将表达式转换成与非-与非表达式:

$$F = AC + BC + AB = \overline{\overline{AC} \cdot \overline{BC} \cdot \overline{AB}}$$

画出逻辑电路图如图 4.6 所示。

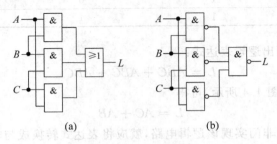

(a)　　　　　　　　　　(b)

图 4.6 例 4.4 电路图

(a) 与或门电路;(b) 与非门电路

4.2.2 含无关项的组合逻辑电路的设计

例 4.5 如图 4.7 为一工业用水容器示意图,图中虚线表示水位;A、B、C 为电极。试用与非门和反相器构成的电路来实现下述控制功能:水面在 A、B 之间为正常状态,点亮绿灯 G;水面在 B、C 之间或 A 以上为异常状态,点亮黄灯 Y;水面在 C 以下为危险状态,点亮红灯 R。

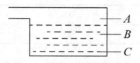

图 4.7 例 4.5 电路图

解:(1) 根据题意,输入变量为 A、B、C,输出变量为 R、Y、G。列出真值表如表 4.5 所示。

表 4.5 例 4.5 真值表

A	B	C	R	Y	G
0	0	0	1	0	0
0	0	1	0	1	0
0	1	0	×	×	×
0	1	1	0	0	1
1	0	0	×	×	×
1	0	1	×	×	×
1	1	0	×	×	×
1	1	1	0	1	0

(2) 根据真值表,由卡诺图化简,如图 4.8 所示。

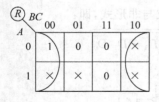 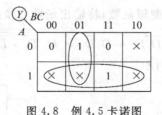 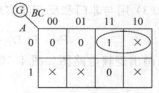

图 4.8 例 4.5 卡诺图

可得输出函数式:

$$R = \overline{A}\,\overline{B}\,\overline{C} = \overline{C}$$

$$Y = \overline{A}\,\overline{B}C + ABC = \overline{\overline{A + \overline{B}C}} = \overline{\overline{A} \cdot \overline{\overline{B}C}}$$

$$G = \overline{A}BC = \overline{\overline{\overline{A}B}}$$

(3) 用两输入与非门和反相器实现逻辑函数,画出逻辑电路图(略)。

例 4.6 设计一个 8421BCD 码的检验电路,要求当输入 BCD 码大于等于 2 小于 7 时,电路输出 1,否则输出 0。

解:（1）定义输入 8421BCD 码为 D_3、D_2、D_1、D_0,输出变量为 F。列出真值表如表 4.6 所示。

表 4.6 例 4.6 真值表

D_3	D_2	D_1	D_0	F
0	0	0	0	0
0	0	0	1	0
0	0	1	0	1
0	0	1	1	1
0	1	0	0	1
0	1	0	1	1
0	1	1	0	1
0	1	1	1	0
1	0	0	0	0
1	0	0	1	0
1	0	1	0	$\times$
1	0	1	1	$\times$
1	1	0	0	$\times$
1	1	0	1	$\times$
1	1	1	0	$\times$
1	1	1	1	$\times$

（2）根据真值表,由卡诺图化简,如图 4.9 所示。

可得输出函数式:

$$F = D_2\overline{D_1} + \overline{D_2}D_1 + D_1\overline{D_0}$$

（3）用与非门和反相器实现逻辑函数,将输出函数变换成与非形式,即:

$$F = D_2\overline{D_1} + \overline{D_2}D_1 + D_1\overline{D_0} = \overline{\overline{D_2\overline{D_1}} \cdot \overline{\overline{D_2}D_1} \cdot \overline{D_1\overline{D_0}}}$$

画出逻辑电路图如图 4.10 所示。

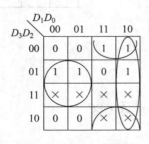

图 4.9 例 4.6 卡诺图

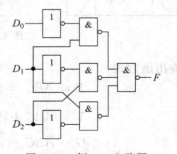

图 4.10 例 4.6 电路图

4.3 常用中规模组合逻辑器件及应用

随着半导体工艺的发展,许多常用的组合逻辑电路被制成中规模集成电路(MSI)芯片。这些器件具有通用性强、体积小、功耗低、设计灵活等优点,因而得到广泛的应用。下面介绍编码器、译码器、数据选择器、数据分配器、数值比较器、加法器等典型的中规模组合逻辑器件,着重分析它们的工作原理及基本应用。

4.3.1 编码器

将数字、符号、文字或特定含义的信息用二进制代码表示的过程称为编码。能够实现编码功能的电路称为编码器(Encoder)。

1. 编码器的工作原理

(1) 二进制编码器

用 n 位二进制代码对 2^n 个信息进行编码的电路称为二进制编码器。图 4.11 所示为二进制编码器的原理框图。它有 2^n 个信号输入,n 位二进制代码输出。

以 8 线-3 线编码器为例说明其工作原理。图 4.12 所示为 8 线-3 线编码器。

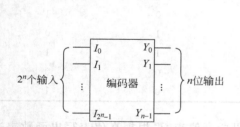

图 4.11 二进制编码器的原理框图

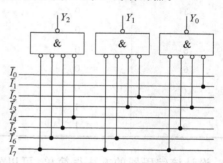

图 4.12 8 线-3 线编码器

表 4.7 所示是 8 线-3 线编码器真值表。该编码器 8 个输入 $\overline{I_0} \sim \overline{I_7}$ 为低电平有效,当某个输入端为低电平时,就输出与该输入端相对应的二进制代码。

表 4.7 8 线-3 线编码器真值表

输 入								输 出		
$\overline{I_0}$	$\overline{I_1}$	$\overline{I_2}$	$\overline{I_3}$	$\overline{I_4}$	$\overline{I_5}$	$\overline{I_6}$	$\overline{I_7}$	Y_2	Y_1	Y_0
0	1	1	1	1	1	1	1	0	0	0
1	0	1	1	1	1	1	1	0	0	1
1	1	0	1	1	1	1	1	0	1	0
1	1	1	0	1	1	1	1	0	1	1
1	1	1	1	0	1	1	1	1	0	0
1	1	1	1	1	0	1	1	1	0	1
1	1	1	1	1	1	0	1	1	1	0
1	1	1	1	1	1	1	0	1	1	1

这种编码方式是 8 位输入 $\overline{I_0} \sim \overline{I_7}$ 的 256 种中的 8 个编码,其他编码不用,因此可以得到相应输出的最简表达式:

$$Y_2 = \overline{\overline{I_7}\,\overline{I_6}\,\overline{I_5}\,\overline{I_4}} = I_7 + I_6 + I_5 + I_4$$
$$Y_1 = \overline{\overline{I_7}\,\overline{I_6}\,\overline{I_3}\,\overline{I_2}} = I_7 + I_6 + I_3 + I_2$$
$$Y_0 = \overline{\overline{I_7}\,\overline{I_5}\,\overline{I_3}\,\overline{I_1}} = I_7 + I_5 + I_3 + I_1$$

(2)二-十进制编码器

二-十进制编码器又称 BCD 编码器。它的功能是将十进制数码转换成 BCD 码,它是 10 线-4 线编码器,即有 10 个输入端,4 个输出端。

表 4.8 是二-十进制编码器真值表。

表 4.8 二-十进制编码器真值表

| 输入 | 输出 8421 BCD 码 | | | |
十进制数	D_3	D_2	D_1	D_0
0	0	0	0	0
1	0	0	0	1
2	0	0	1	0
3	0	0	1	1
4	0	1	0	0
5	0	1	0	1
6	0	1	1	0
7	0	1	1	1
8	1	0	0	0
9	1	0	0	1

设计该编码器的方法很简单,可以先列出编码器真值表,再根据真值表写出函数表达式,最后根据函数表达式画出逻辑电路图。

(3)优先编码器

普通编码器在某一时刻只允许有一个有效的输入信号,当同时有两个或两个以上输入端有有效信号时,输出会发生混乱,产生逻辑错误。为了解决这一问题,人们设计了优先编码器。

在优先编码器中,允许同时向一个以上输入端输入有效信号,由于在设计优先编码器时预先对所有编码器的输入端按优先级别排好,因此,当多个输入端同时有有效信号时,只对其中优先级别最高的一个输入进行编码。

4 线-2 线优先编码器的功能表如表 4.9 所示。其中 I_3 的优先级别最高,I_0 的优先级别最低,即对于 I_0,只有当 I_3、I_2、I_1 全部为 0,且 I_0 为 1 时,对 I_0 进行编码,输出代码为 00;对于 I_3,无论 I_2、I_1、I_0 是否有有效输入,只要 I_3 为 1,就对 I_3 进行编码,输出代码为 11。

表 4.9 4 线-2 线优先编码器真值表

输 入				输 出	
I_3	I_2	I_1	I_0	Y_1	Y_0
0	0	0	1	0	0
0	0	1	×	0	1
0	1	×	×	1	0
1	×	×	×	1	1

由表 4.9 可以得出该优先编码器的逻辑表达式为

$$Y_1 = I_2 \overline{I_3} + I_3$$

$$Y_0 = I_1 \overline{I_2}\, \overline{I_3} + I_3$$

由于真值表中包含了无关项,所以逻辑表达式比普通编码器的简单些。

2. 集成优先编码器

74148 和 74147 是两种常用的集成优先编码器,它们都有 TTL 和 CMOS 的定型产品。以下分析它们的逻辑功能并介绍其应用。

(1) 8 线-3 线优先编码器 74HC148

74HC148 是有源低电平输入和有源低电平输出的中规模集成电路 8 线-3 线优先编码器,其逻辑功能如表 4.10 所示,逻辑电路图和引脚图如图 4.13(a)、(b)所示。

表 4.10 8 线-3 线优先编码器功能表

输 入								输 出				
$\overline{EI}$	$\overline{I_0}$	$\overline{I_1}$	$\overline{I_2}$	$\overline{I_3}$	$\overline{I_4}$	$\overline{I_5}$	$\overline{I_6}$	$\overline{I_7}$	$\overline{Y_2}$	$\overline{Y_1}$	$\overline{Y_0}$	GS	EO
1	×	×	×	×	×	×	×	×	1	1	1	1	1
0	1	1	1	1	1	1	1	1	1	1	1	1	0
0	×	×	×	×	×	×	×	0	0	0	0	0	1
0	×	×	×	×	×	×	0	1	0	0	1	0	1
0	×	×	×	×	×	0	1	1	0	1	0	0	1
0	×	×	×	×	0	1	1	1	0	1	1	0	1
0	×	×	×	0	1	1	1	1	1	0	0	0	1
0	×	×	0	1	1	1	1	1	1	0	1	0	1
0	×	0	1	1	1	1	1	1	1	1	0	0	1
0	0	1	1	1	1	1	1	1	1	1	1	0	1

由功能表可知,该编码器用于将 8 个输入转换成 3 位二进制编码,输入优先级别由高到低依次是 $\overline{I_7} \sim \overline{I_0}$,为了使用灵活,芯片增加了 3 个控制端,$\overline{EI}$ 低电平输入使能、EO 输出使能和 GS 输出有效标志。

当 $\overline{EI}=0$ 时,允许编码器工作;当 $\overline{EI}=1$ 时,禁止编码器工作,此时不论 8 个输入端为何种状态,3 个输出端均为高电平,且 GS 和 EO 均为高电平。

EO 只有在 $\overline{EI}$ 为 0,且所有输入端都为 1 时,输出为 0,它可与另一片相同器件的 $\overline{EI}$ 连接,以便组成更多输入端的优先编码器。

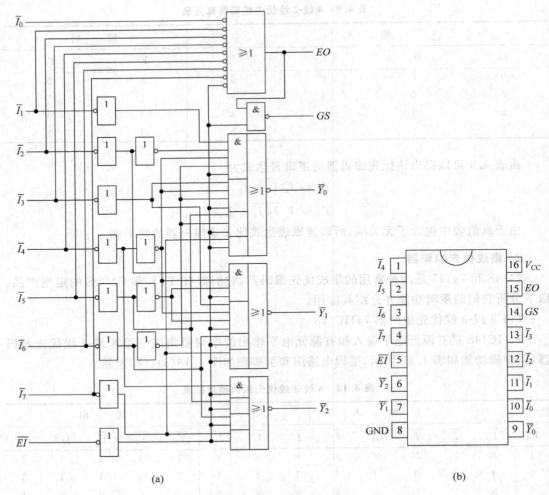

图 4.13 优先编码器 74HC148
(a) 逻辑电路图；(b) 引脚图

GS 的功能是，当 $\overline{EI}=0$，且至少有一个输入端有编码请求时，输出有效标志端 GS 为 0，表明编码器输出代码有效，否则 GS 为 1，表明编码器输出代码无效。由此可以区分当电路所有输入端均无低电平输入，或者只有 $\overline{I_0}$ 输入端有低电平输入时，$\overline{Y_2}\,\overline{Y_1}\,\overline{Y_0}$ 均为 111 的情况。

根据功能表，可写出各输出端的逻辑表达式：

$$EO = \overline{\overline{EI}\,\overline{I_0}\,\overline{I_1}\,\overline{I_2}\,\overline{I_3}\,\overline{I_4}\,\overline{I_5}\,\overline{I_6}\,\overline{I_7}}$$

$$GS = \overline{\overline{EI} \cdot EO}$$

$$\overline{Y_2} = \overline{\overline{\overline{EI} \cdot I_4 + EI \cdot I_5 + EI \cdot I_6 + EI \cdot I_7}}$$

$$\overline{Y_1} = \overline{\overline{\overline{EI} \cdot I_2\,\overline{I_4}\,\overline{I_5} + EI \cdot I_3\,\overline{I_4}\,\overline{I_5} + EI \cdot I_6 + EI \cdot I_7}}$$

$$\overline{Y_0} = \overline{\overline{\overline{EI} \cdot I_1\,\overline{I_2}\,\overline{I_4}\,\overline{I_6} + EI \cdot I_3\,\overline{I_4}\,\overline{I_5} + EI \cdot I_5\,\overline{I_6} + EI \cdot I_7}}$$

优先编码器 74HC148 的逻辑符号如图 4.14 所示。图中信号端有圆圈表示该信号是低电平有效,无圆圈表示该信号是高电平有效。

例 4.7 用两片 74HC148 组成 16 线-4 线优先编码器,其逻辑图如图 4.15 所示,试分析其工作原理。

解:根据 74HC148 的功能表,对逻辑电路图进行分析:

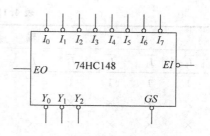

图 4.14 优先编码器 74HC148 的逻辑符号

(1) 当 $\overline{EI}_1 = 1$ 时,$EO_1 = 1$,从而使 $\overline{EI}_0 = 1$,这时 74148(1)、74148(0) 片均禁止编码,它们的输出端 $\overline{Y}_2\overline{Y}_1\overline{Y}_0$ 均为 111。由电路图可知 $GS = GS_1 \cdot GS_0 = 1$,表示此时整个电路的代码输出 $L_3L_2L_1L_0 = 1111$ 是非编码输出。

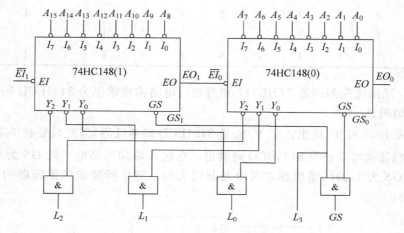

图 4.15 例 4.7 的逻辑图

(2) 当 $\overline{EI}_1 = 0$,高位芯片(1)允许编码,若 $A_{15} \sim A_8$ 均无有效电平输入,则 $EO_1 = 0$,使得 $\overline{EI}_0 = 0$,从而允许低位片(0)编码,因此片(1)的优先级别高于片(0)。

此时由于 $A_{15} \sim A_8$ 均无有效电平输入,片(1)的输出均为 1,使 4 个与门都打开,L_2、L_1、L_0 的值取决于片(0)的输出,而 $L_3 = GS_1$ 总是等于 1,所以输出代码在 1000~1111 之间变化。若只有 A_0 有低电平输入,则输出为 1111,若 A_7 及其他输入端同时有低电平时,则输出为 1000。A_0 的优先级别最低。

(3) 当 $\overline{EI}_1 = 0$ 且 $A_{15} \sim A_8$ 中至少有一个为低电平输入时,$EO_1 = 1$,使 $\overline{EI}_0 = 1$,片(0)禁止编码,此时 $L_3 = GS_1 = 0$,L_2、L_1、L_0 的值取决于片(1)的输出,输出代码在 0000~0111 之间变化。

整个电路实现了 16 位输入的优先编码,优先级别从 A_{15} 至 A_0 依次递减。

(2) 10 线-4 线优先编码器 74HC147

74HC147 是中规模集成电路二-十进制优先编码器,其逻辑功能如表 4.11 所示。

表 4.11　10 线-4 线优先编码器功能表

输　入										输　出			
$\overline{I_0}$	$\overline{I_1}$	$\overline{I_2}$	$\overline{I_3}$	$\overline{I_4}$	$\overline{I_5}$	$\overline{I_6}$	$\overline{I_7}$	$\overline{I_8}$	$\overline{I_9}$	$\overline{Y_3}$	$\overline{Y_2}$	$\overline{Y_1}$	$\overline{Y_0}$
1	1	1	1	1	1	1	1	1	1	1	1	1	1
×	×	×	×	×	×	×	×	×	0	0	1	1	0
×	×	×	×	×	×	×	×	0	1	0	1	1	1
×	×	×	×	×	×	×	0	1	1	1	0	0	0
×	×	×	×	×	×	0	1	1	1	1	0	0	1
×	×	×	×	×	0	1	1	1	1	1	0	1	0
×	×	×	×	0	1	1	1	1	1	1	0	1	1
×	×	×	0	1	1	1	1	1	1	1	1	0	0
×	×	0	1	1	1	1	1	1	1	1	1	0	1
×	0	1	1	1	1	1	1	1	1	1	1	1	0
0	1	1	1	1	1	1	1	1	1	1	1	1	1

例 4.8　试用优先编码器 74HC147 和适当门电路构成输出为 8421BCD 码并具有编码输出标志的编码器。

解：由表 4.11 可知，输出 $\overline{Y_3}\,\overline{Y_2}\,\overline{Y_1}\,\overline{Y_0}$ 是 8421BCD 码的反码，因此只要在 74HC147 的输出端增加反相器就可以获得 8421BCD 码输出。在输入端均为高电平时 GS 为 0，当输入端有低电平时 GS 为 1，编码输出标志可由与非门实现。题中所要求的编码器的逻辑电路如图 4.16 所示。

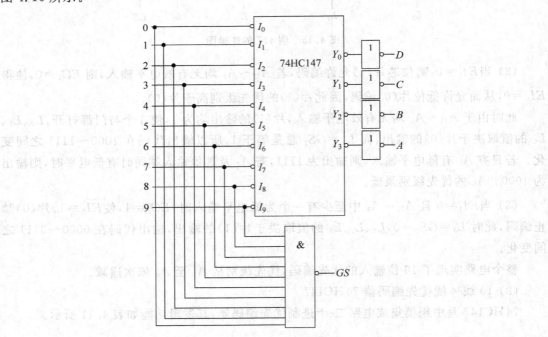

图 4.16　例 4.8 的逻辑图

4.3.2 译码器

译码是编码的逆过程。译码是将含有特定含义的二进制代码变换成相应的输出控制信号或另一种形式的代码。实现译码的电路称为译码器。

译码器可以分成两种形式,一种是唯一地址译码器,一种是代码转换器。唯一地址译码器是将一系列代码转换成与之一一对应的有效信号。它常用于计算机中对存储单元的地址译码,即将每一个地址代码转换成一个有效信号,从而选中对应的单元。代码转换器是将一种代码转换成另一种代码。

1. 二进制译码器

将输入二进制代码的各种组合按其原意转换成对应信号输出的逻辑电路称为二进制译码器。

图 4.17(a)为常用集成译码器 74HC138 的逻辑电路图,其引脚如图 4.17(b)所示,逻辑符号如图 4.17(c)所示。从表 4.12 所示的功能看出,该译码器有 3 个输入 A_2、A_1、A_0,它们共有 8 种状态组合,即可译出对应的 8 个输出信号 $\overline{Y_0} \sim \overline{Y_7}$,所以该译码器称为 3 线-8 线译码器,输出电平为低电平有效。

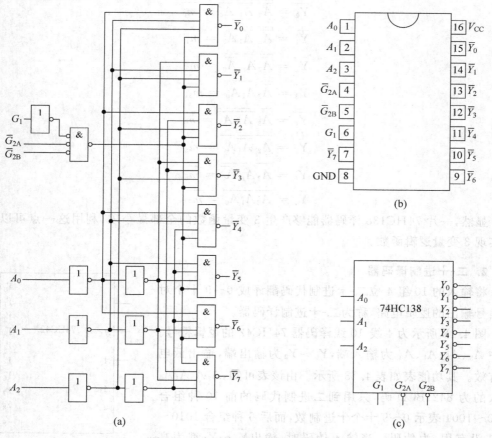

图 4.17 常用集成译码器 74HC138

(a) 逻辑电路图;(b) 引脚图;(c) 逻辑符号

表 4.12　74HC138 译码器功能表

输入						输出							
G_1	$\overline{G_{2A}}$	$\overline{G_{2B}}$	A_2	A_1	A_0	$\overline{Y_7}$	$\overline{Y_6}$	$\overline{Y_5}$	$\overline{Y_4}$	$\overline{Y_3}$	$\overline{Y_2}$	$\overline{Y_1}$	$\overline{Y_0}$
×	1	×	×	×	×	1	1	1	1	1	1	1	1
×	×	1	×	×	×	1	1	1	1	1	1	1	1
0	×	×	×	×	×	1	1	1	1	1	1	1	1
1	0	0	0	0	0	1	1	1	1	1	1	1	0
1	0	0	0	0	1	1	1	1	1	1	1	0	1
1	0	0	0	1	0	1	1	1	1	1	0	1	1
1	0	0	0	1	1	1	1	1	1	0	1	1	1
1	0	0	1	0	0	1	1	1	0	1	1	1	1
1	0	0	1	0	1	1	1	0	1	1	1	1	1
1	0	0	1	1	0	1	0	1	1	1	1	1	1
1	0	0	1	1	1	0	1	1	1	1	1	1	1

译码器设置了 G_1、$\overline{G_{2A}}$ 和 $\overline{G_{2B}}$ 3 个使能输入端,由功能表可知,当 G_1 为 1,且 $\overline{G_{2A}}$ 和 $\overline{G_{2B}}$ 均为 0 时,译码器处于工作状态,其输出表达式为

$$\overline{Y_0} = \overline{\overline{A_2}\ \overline{A_1}\ \overline{A_0}} = \overline{m_0}$$

$$\overline{Y_1} = \overline{\overline{A_2}\ \overline{A_1} A_0} = \overline{m_1}$$

$$\overline{Y_2} = \overline{\overline{A_2} A_1 \overline{A_0}} = \overline{m_2}$$

$$\overline{Y_3} = \overline{\overline{A_2} A_1 A_0} = \overline{m_3}$$

$$\overline{Y_4} = \overline{A_2 \overline{A_1}\ \overline{A_0}} = \overline{m_4}$$

$$\overline{Y_5} = \overline{A_2 \overline{A_1} A_0} = \overline{m_5}$$

$$\overline{Y_6} = \overline{A_2 A_1 \overline{A_0}} = \overline{m_6}$$

$$\overline{Y_7} = \overline{A_2 A_1 A_0} = \overline{m_7}$$

显然,一片 74HC138 译码器能够产生 3 变量函数的全部最小项,利用这一点可以方便地实现 3 变量逻辑函数。

2. 二-十进制译码器

将输入的 10 组 4 位二-十进制代码翻译成 0~9 十个对应信号输出的逻辑电路,称为二-十进制译码器。

图 4.18 所示为 4 线-10 线译码器 74HC42 的逻辑符号。图中 A_3、A_2、A_1、A_0 为输入端,$\overline{Y_0} \sim \overline{Y_9}$ 为输出端,输出低电平有效。其功能表如表 4.13 所示。由该表可知,$A_3 A_2 A_1 A_0$ 输入的为 8421BCD 码,只用到二进制代码的前 10 种组合 0000~1001 表示 0~9 十个十进制数,而后 6 种组合 1010~ 1111 没有用,为伪码。当输入伪码时,输出 $\overline{Y_0} \sim \overline{Y_9}$ 都为高电平。

图 4.18　74HC42 的逻辑符号图

表 4.13　4 线-10 线译码器 74HC42 的功能表

序号		输入				输出									
		A_3	A_2	A_1	A_0	$\overline{Y_9}$	$\overline{Y_8}$	$\overline{Y_7}$	$\overline{Y_6}$	$\overline{Y_5}$	$\overline{Y_4}$	$\overline{Y_3}$	$\overline{Y_2}$	$\overline{Y_1}$	$\overline{Y_0}$
0		0	0	0	0	1	1	1	1	1	1	1	1	1	0
1		0	0	0	1	1	1	1	1	1	1	1	1	0	1
2		0	0	1	0	1	1	1	1	1	1	1	0	1	1
3		0	0	1	1	1	1	1	1	1	1	0	1	1	1
4		0	1	0	0	1	1	1	1	1	0	1	1	1	1
5		0	1	0	1	1	1	1	1	0	1	1	1	1	1
6		0	1	1	0	1	1	1	0	1	1	1	1	1	1
7		0	1	1	1	1	1	0	1	1	1	1	1	1	1
8		1	0	0	0	1	0	1	1	1	1	1	1	1	1
9		1	0	0	1	0	1	1	1	1	1	1	1	1	1
伪码	10	1	0	1	0	1	1	1	1	1	1	1	1	1	1
	11	1	0	1	1	1	1	1	1	1	1	1	1	1	1
	12	1	1	0	0	1	1	1	1	1	1	1	1	1	1
	13	1	1	0	1	1	1	1	1	1	1	1	1	1	1
	14	1	1	1	0	1	1	1	1	1	1	1	1	1	1
	15	1	1	1	1	1	1	1	1	1	1	1	1	1	1

根据表 4.13 可以写出 74HC42 的输出逻辑函数表达式为

$$\overline{Y_0} = \overline{\overline{A_3}\,\overline{A_2}\,\overline{A_1}\,\overline{A_0}} = \overline{m_0}$$

$$\overline{Y_1} = \overline{\overline{A_3}\,\overline{A_2}\,\overline{A_1}\,A_0} = \overline{m_1}$$

$$\overline{Y_2} = \overline{\overline{A_3}\,\overline{A_2}\,A_1\,\overline{A_0}} = \overline{m_2}$$

$$\overline{Y_3} = \overline{\overline{A_3}\,\overline{A_2}\,A_1\,A_0} = \overline{m_3}$$

$$\overline{Y_4} = \overline{\overline{A_3}\,A_2\,\overline{A_1}\,\overline{A_0}} = \overline{m_4}$$

$$\overline{Y_5} = \overline{\overline{A_3}\,A_2\,\overline{A_1}\,A_0} = \overline{m_5}$$

$$\overline{Y_6} = \overline{\overline{A_3}\,A_2\,A_1\,\overline{A_0}} = \overline{m_6}$$

$$\overline{Y_7} = \overline{\overline{A_3}\,A_2\,A_1\,A_0} = \overline{m_7}$$

$$\overline{Y_8} = \overline{A_3\,\overline{A_2}\,\overline{A_1}\,\overline{A_0}} = \overline{m_8}$$

$$\overline{Y_9} = \overline{A_3\,\overline{A_2}\,\overline{A_1}\,A_0} = \overline{m_9}$$

为了提高电路工作的可靠性,译码器采用了全译码。当译码器输入 $A_3A_2A_1A_0$ 出现 1010~1111 任一组伪码时,输出 $\overline{Y_0}$~$\overline{Y_9}$ 都为 1,而不会出现 0。

由表 4.13 可以看出,如果 74HC42 的输出端 $\overline{Y_8}$ 和 $\overline{Y_9}$ 不用,而将 A_3 作为使能端,则 74HC42 可作为 3 线-8 线译码器使用。

3. 显示译码器

在数字系统中,经常需要将用二进制代码表示的数字、符号和文字等直观地显示出来。

数字显示通常由数码显示器和译码器完成。

（1）数码显示器

数码显示器按显示方式分为分段式、点阵式和重叠式；按发光材料分成半导体显示器、荧光数码显示器、液晶显示器和气体放电显示器。目前工程上应用较多的是分段式半导体显示器，通常称为七段发光二极管显示器。

图 4.19 为七段发光二极管显示器共阴极 BS201A 和共阳极 BS201B 的符号和电路图。对共阴极显示器，公共端应接地，给 $a\sim g$ 输入端接相应高电平，对应字段的发光二极管导通，显示十进制数字形；对共阳极显示器，公共端应接 $+5\mathrm{V}$ 电源，给 $a\sim g$ 输入端接相应低电平，对应字段的发光二极管导通，可显示十进制数字形。

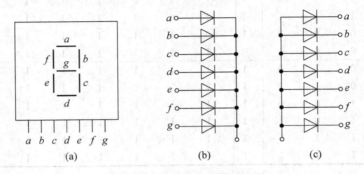

图 4.19　分段式半导体显示器

(a) 符号；(b) 共阴极 BS201A；(c) 共阳极 BS201B

（2）译码器

驱动共阴极显示器需要输出为高电平有效的显示译码器，而共阳极显示器则需要输出为低电平有效的显示译码器。表 4.14 给出了常用的 7448 七段发光二极管显示译码器功能表。

表 4.14　7448 七段发光二极管显示译码器功能表

十进制或功能	输入						输入/输出	输出							字形
	LT	RBI	D	C	B	A	BI/RBO	a	b	c	d	e	f	g	
0	1	1	0	0	0	0	1	1	1	1	1	1	1	0	0
1	1	×	0	0	0	1	1	0	1	1	0	0	0	0	1
2	1	×	0	0	1	0	1	1	1	0	1	1	0	1	2
3	1	×	0	0	1	1	1	1	1	1	1	0	0	1	3
4	1	×	0	1	0	0	1	0	1	1	0	0	1	1	4
5	1	×	0	1	0	1	1	1	0	1	1	0	1	1	5
6	1	×	0	1	1	0	1	1	0	1	1	1	1	1	6
7	1	×	0	1	1	1	1	1	1	1	0	0	0	0	7
8	1	×	1	0	0	0	1	1	1	1	1	1	1	1	8
9	1	×	1	0	0	1	1	1	1	1	0	0	1	1	9
灭灯	×	×	×	×	×	×	0	0	0	0	0	0	0	0	
灭零	1	0	0	0	0	0	0	0	0	0	0	0	0	0	
试灯	0	×	×	×	×	×	1	1	1	1	1	1	1	1	8

从功能表可以看出,7448 七段显示译码器输出高电平有效,用以驱动共阴极显示器。对输入代码 0000 的译码条件是:LT 和 RBI 同时为 1,而对其他输入代码则仅要求 $LT=1$,这时,译码器各段 $a\sim g$ 输出的电平是由输入 BCD 码决定的,并且满足显示字形要求。该集成显示译码器还设有多个辅助控制端,以增强器件功能。下面简要说明功能:

(1) 灭灯输入 BI/RBO

BI/RBO 是特殊控制端,有时作为输入端 BI,有时作为输出端 RBO。当 BI/RBO 作为输入使用,且 $BI=0$ 时,无论其他输入端是什么电平,所有各段输出 $a\sim g$ 均为 0,所以字形熄灭。

(2) 试灯输入 LT

当 $LT=0$ 时,BI/RBO 是输出端,且为 1,此时无论其他输入端是什么状态,所有各段输出 $a\sim g$ 均为 1,显示字形 8。该输入端常用于检查 7448 本身及显示器的好坏。

(3) 灭零输入 RBI

当 $LT=1$,$RBI=0$ 且输入代码 $DCBA=0000$ 时,各段输出 $a\sim g$ 均为低电平,与输入代码相应的字形"0"熄灭,故称为"灭零"。利用 $LT=1$,$RBI=0$ 可以实现某一位 0 的消隐。

(4) 灭零输出 RBO

当输入满足"灭零"条件时,BI/RBO 作为输出使用,值为 0;否则为 1。该端主要用于显示多位数字时,多个译码器之间的连接,消去高位的零。例如图 4.20 所示的情况。

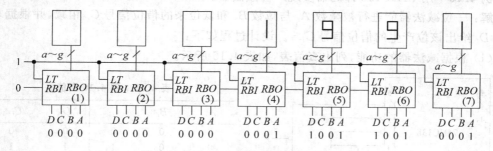

图 4.20 用 7448 实现多位数字译码显示

图 4.20 中 7 位显示器由 7 个译码器 7448 驱动。各片 LT 均接高电平。由于(1)片的 $RBI=0$ 且 $DCBA=0000$,所以(1)片满足灭零条件,无字形显示,同时输出端 $RBO=0$;第(1)片的 RBO 与第(2)片的 RBI 相连,使(2)片也满足灭零条件,无字形显示,其输出端 $RBO=0$;同理,第(3)片也满足灭零条件。由于第(4)、(5)、(6)、(7)片译码器的输入信号 $DCBA$ 不等于 0000,所以它们都能正常译码,并按输入 BCD 码显示数字。若第(1)片 7448 的输入代码不是 0000,而是其他任意 BCD 码,则该片将正常译码并驱动显示,同时使 $RBO=1$。这样,第(2)、(3)片就丧失了灭零的条件,所以电路只对最高位灭零,最高位非零的数字仍然正常显示。若(1)~(7)片 7448 的输入代码全是 0000,由于第(6)片 7448 的 RBO 与第(7)片 7448 的 RBI 之间没有连线,则(1)~(6)片 7448 满足灭零条件,无字形显示,而第(7)片 7448 不满足灭零条件,有零显示,电路只对最高位灭零。

4. 译码器的应用

用中规模集成组合逻辑电路设计时,其最简单的含义是使用集成芯片数和品种型号最少,芯片间的连线最少。

（1）用译码器设计组合逻辑电路

由于 n 个输入变量的二进制译码器可提供 2^n 个最小项的输出,而任一个逻辑函数都可以变换成最小项之和的标准与-或表达式。因此,利用译码器和门电路可实现单输出及多输出的组合逻辑电路。当译码器输出为低电平有效时,输出选用与非门综合;当译码器输出为高电平有效时,输出选用或门综合。

例 4.9 用一片集成译码器 74HC138 实现函数 $F=\overline{X}Y+XY\overline{Z}+XYZ$。

解：(1)将 3 个使能端按允许译码的条件进行处理,即 G_1 接高电平,$\overline{G_{2A}}$ 和 $\overline{G_{2B}}$ 接低电平。

（2）将函数 F 转换成最小项之和的表达式:

$$F=\overline{X}Y\overline{Z}+\overline{X}YZ+XY\overline{Z}+XYZ$$

（3）将输入变量 X、Y、Z 对应变换成 A_2、A_1、A_0 端,利用摩根定律进行变换,可得到:

$$F=\overline{A_2}A_1\overline{A_0}+\overline{A_2}A_1A_0+A_2A_1\overline{A_0}+A_2A_1A_0$$
$$=\overline{\overline{\overline{A_2}A_1\overline{A_0}}\cdot\overline{\overline{A_2}A_1A_0}\cdot\overline{A_2A_1\overline{A_0}}\cdot\overline{A_2A_1A_0}}$$
$$=\overline{\overline{Y_2}\cdot\overline{Y_3}\cdot\overline{Y_6}\cdot\overline{Y_7}}$$

（4）将 74HC138 译码器输出端 $\overline{Y_2}$、$\overline{Y_3}$、$\overline{Y_6}$、$\overline{Y_7}$ 接入与非门,即可实现所指定的组合逻辑函数,如图 4.21 所示。

例 4.10 用 74HC138 译码器实现一位减法器。

解：一位减法器能进行被减数 A_i 与减数 B_i 和低位来的借位信号 C_i 相减,并根据求差结果 D_i 给出该位产生的借位信号 C_{i+1}。设计过程如下:

（1）根据减法器的功能,列出真值表,如表 4.15 所示。

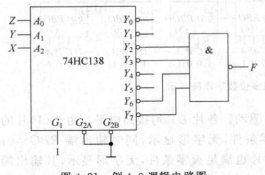

图 4.21 例 4.9 逻辑电路图

表 4.15 例 4.10 真值表

A_i	B_i	C_i	D_i	C_{i+1}
0	0	0	0	0
0	0	1	1	1
0	1	0	1	1
0	1	1	0	1
1	0	0	1	0
1	0	1	0	0
1	1	0	0	0
1	1	1	1	1

（2）根据真值表写出最小项表达式,并进行转换:

$$D_i=\overline{A_i}\,\overline{B_i}C_i+\overline{A_i}B_i\overline{C_i}+A_i\overline{B_i}\,\overline{C_i}+A_iB_iC_i$$
$$=\overline{\overline{\overline{A_i}\,\overline{B_i}C_i}\cdot\overline{\overline{A_i}B_i\overline{C_i}}\cdot\overline{A_i\overline{B_i}\,\overline{C_i}}\cdot\overline{A_iB_iC}}$$
$$=\overline{\overline{Y_1}\cdot\overline{Y_2}\cdot\overline{Y_4}\cdot\overline{Y_7}}$$
$$C_{i+1}=\overline{A_i}\,\overline{B_i}C_i+\overline{A_i}B_i\overline{C_i}+\overline{A_i}B_iC_i+A_iB_iC_i$$
$$=\overline{\overline{Y_1}\cdot\overline{Y_2}\cdot\overline{Y_3}\cdot\overline{Y_7}}$$

（3）画出一位减法器的逻辑电路图,如图 4.22 所示。

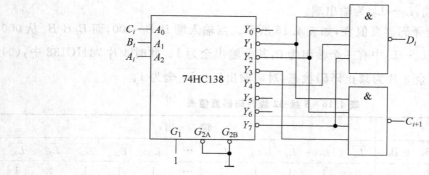

图 4.22 例 4.10 逻辑电路图

（2）二进制译码器的扩展

图 4.23 所示为用四片 3 线-8 线译码器 74HC138 和一片 2 线-4 线译码器 74HC139 构成的 5 线-32 线译码器，74HC138(0) 为低位片，74HC138(3) 为高位片。B_4、B_3、B_2、B_1、B_0

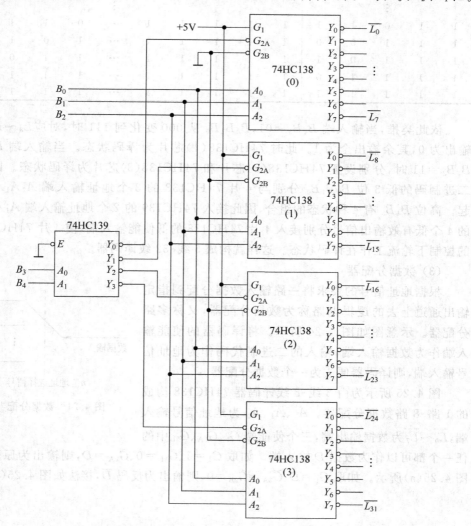

图 4.23 四片 74HC138 组成 5 线-32 线译码器

为二进制代码输入端，$\overline{L_0}\sim\overline{L_{31}}$ 为输出端。

列出 5 线-32 线译码器真值表，如表 4.16 所示。当输入端 $B_4B_3=00$，而 $B_2B_1B_0$ 从 000 变化到 111 时，对应 $\overline{L_0}\sim\overline{L_7}$ 中有一个输出为 0，其余输出全为 1。此时 4 片 74HC138 中，(0) 芯片为译码状态，其余 3 片为禁止译码状态，对应输出 $\overline{L_8}\sim\overline{L_{31}}$ 全为 1。

表 4.16　5 线-32 线译码器真值表

输入					输出										
B_4	B_3	B_2	B_1	B_0	$\overline{L_0}$	$\overline{L_1}$	$\overline{L_2}$	$\overline{L_3}$	$\overline{L_4}$	$\cdots$	$\overline{L_{27}}$	$\overline{L_{28}}$	$\overline{L_{29}}$	$\overline{L_{30}}$	$\overline{L_{31}}$
0	0	0	0	0	0	1	1	1	1	$\cdots$	1	1	1	1	1
0	0	0	0	1	1	0	1	1	1	$\cdots$	1	1	1	1	1
0	0	0	1	0	1	1	0	1	1	$\cdots$	1	1	1	1	1
0	0	0	1	1	1	1	1	0	1	$\cdots$	1	1	1	1	1
			$\vdots$										$\vdots$		
1	1	0	1	1	1	1	1	1	1	$\cdots$	0	1	1	1	1
1	1	1	0	0	1	1	1	1	1	$\cdots$	1	0	1	1	1
1	1	1	0	1	1	1	1	1	1	$\cdots$	1	1	0	1	1
1	1	1	1	0	1	1	1	1	1	$\cdots$	1	1	1	0	1
1	1	1	1	1	1	1	1	1	1	$\cdots$	1	1	1	1	0

依此类推，当输入端 $B_4B_3=01$，$B_2B_1B_0$ 从 000 变化到 111 时，对应 $\overline{L_8}\sim\overline{L_{15}}$ 中有一个输出为 0，其余输出全为 1。此时 74HC138(1) 芯片为译码状态。当输入端 $B_4B_3=10$ 和 $B_4B_3=11$ 时，分别设置 74HC138(2) 芯片和 74HC138(3) 芯片为译码状态。因此，将 5 位二进制码的低 3 位 $B_2B_1B_0$ 分别与 4 片 74HC138 的 3 个地址输入端 $A_2A_1A_0$ 并接在一起。高位 B_4B_3 有 4 种状态的组合，因此接入 74HC139 的 2 个地址输入端 A_1A_0，74HC139 的 4 个低有效输出信号分别接入 4 片 74HC138 的低使能输入端，使 4 片 74HC138 在 B_4B_3 的控制下轮流工作在译码状态。这样就构成 5 线-32 线译码器。

（3）数据分配器

根据地址信号的要求将一路输入数据分配到指定输出通道上去的逻辑电路称为数据分配器，又称多路分配器。示意图如图 4.24 所示。将译码器的使能输入端作为数据输入端，输入的二进制代码作为地址信号输入端，则译码器便成为一个数据分配器。

图 4.25 所示为由 3 线-8 线译码器 74HC138 构成的 1 路-8 路数据分配器。A_2、A_1、A_0 为地址信号输入端，$\overline{L_0}\sim\overline{L_7}$ 为数据输出端，三个使能端 G_1、$\overline{G}_{2A}$、$\overline{G}_{2B}$ 中的

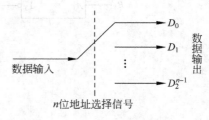

图 4.24　数据分配器示意图

任一个都可以作为数据 D 输入端。如取 $G_1=1$、$\overline{G}_{2B}=0$、$\overline{G}_{2A}=D$，则输出为原码 D，接法如图 4.25(a) 所示。如取 $G_1=D$、$\overline{G}_{2A}=\overline{G}_{2B}=0$，则输出为反码 $\overline{D}$，接法如图 4.25(b) 所示。

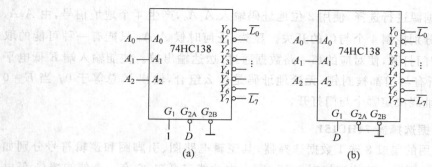

图 4.25 由 74HC138 构成的数据分配器

(a) 输出原码接法；(b) 输出反码接法

4.3.3 数据选择器

1. 数据选择器的定义和功能

经过选择,把多路数据中的某一路数据传送到公共数据线上,实现数据选择功能的逻辑电路称为数据选择器。它的作用相当于多个输入的单刀多掷开关,其示意图如图 4.26 所示。

首先以 4 选 1 数据选择器为例,介绍工作原理及基本功能。其逻辑图如图 4.27 所示,功能表如表 4.17 所示。

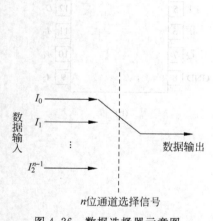

图 4.26 数据选择器示意图

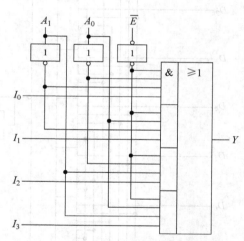

图 4.27 4 选 1 数据选择器逻辑图

表 4.17 4 选 1 数据选择器功能表

输　　入			输　　出
使　能	地　　址		
$\overline{E}$	A_1	A_0	Y
1	×	×	0
0	0	0	I_0
0	0	1	I_1
0	1	0	I_2
0	1	1	I_3

为了对 4 个数据源进行选择,使用 2 位地址码输入 $A_1 A_0$,产生 4 个地址信号,由 $A_1 A_0$ 等于 00、01、10、11 分别控制 4 个与门的开关。显然,任何时候 $A_1 A_0$ 只能有一种可能的取值,所以只有一个与门打开,使对应的那一路数据通过,送达输出端。使能输入端 $\overline{E}$ 低电平有效,当 $\overline{E}=1$ 时,所有与门都被封锁,无论地址码是什么组合,输出 Y 总等于 0;当 $\overline{E}=0$ 时,封锁解除,由地址码决定哪个与门打开。

2. 集成电路数据选择器 74HC151

74HC151 是常用的集成 8 选 1 数据选择器,其逻辑电路图、引脚图和逻辑符号分别如图 4.28(a)、(b)和(c)所示。功能表如表 4.18 所示,由功能表可知,它有一个使能端 $\overline{G}$,低电平有效;3 个地址输入端 A_2、A_1、A_0,每次可选择 $D_0 \sim D_7$ 这 8 个数据源中的一个;具有 2 个互补的输出端,同相输出端 Y 和反相输出端 $\overline{W}$。

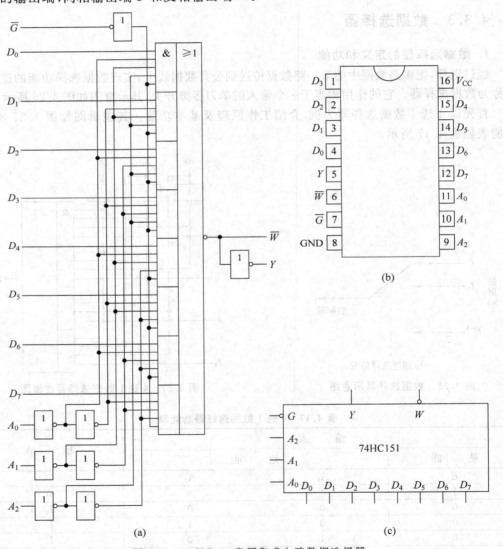

图 4.28　74HC151 常用集成电路数据选择器

(a) 逻辑电路图;(b) 引脚图;(c) 逻辑符号

表 4.18 74HC151 功能表

输入				输出	
使 能	地 址			Y	$\overline{W}$
$\overline{G}$	A_2	A_1	A_0		
1	×	×	×	0	1
0	0	0	0	D_0	$\overline{D_0}$
0	0	0	1	D_1	$\overline{D_1}$
0	0	1	0	D_2	$\overline{D_2}$
0	0	1	1	D_3	$\overline{D_3}$
0	1	0	0	D_4	$\overline{D_4}$
0	1	0	1	D_5	$\overline{D_5}$
0	1	1	0	D_6	$\overline{D_6}$
0	1	1	1	D_7	$\overline{D_7}$

当使能端 $\overline{G}=0$ 时,输出 Y 的表达式为

$$Y = \sum_{i=0}^{7} m_i D_i$$

式中: m_i 为地址信号 $A_2 A_1 A_0$ 的最小项,当 m_i 对应的最小项为 1 时,输出数据 D_i,可实现数据选择。

3. 数据选择器的应用

(1) 数据选择器的扩展

① 位的扩展。如果需要选择多位数据时,可由几个 1 位数据选择器并联组成,即将它们的使能端连在一起,相应的地址输入端连在一起。2 位 8 选 1 数据选择器的连接方法如图 4.29 所示。当需要进一步扩充位数时,只需相应地增加器件的数目。

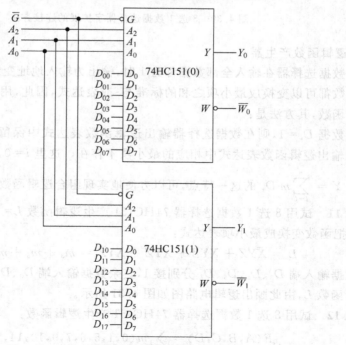

图 4.29 8 选 1 数据选择器位扩展的连接方法

　　② 字的扩展。可以把数据选择器的使能端作为地址选择输入,将两片 74HC151 连接成一个 16 选 1 的数据选择器,其连接方式如图 4.30 所示。16 选 1 的数据选择器的地址输入端有 4 位,其中最高位 A_3 与一个 8 选 1 数据选择器的使能端相连,经过一个反相器与另一个数据选择器的使能端相连。低 3 位的地址输入端 $A_2A_1A_0$ 由两片 74HC151 的地址输入端相对应连接而成。

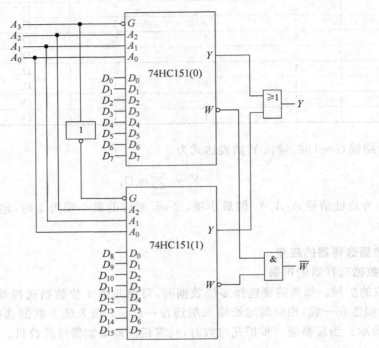

图 4.30　8 选 1 数据选择器字扩展的连接方法

　　(2) 逻辑函数产生器

　　由于数据选择器在输入全部数据都为 1 时,输出为输入地址变量全部最小项之和,而任一逻辑函数都可以变换成最小项之和的标准与-或表达式,因此,用数据选择器可以方便地实现逻辑函数,其方法是:

　　如果数据 $D_i=1$,则在数据选择器输出逻辑函数表达式中保留相应最小项;如果数据 $D_i=0$,则输出逻辑函数表达式中相应的最小项不存在。这里 $i=0,1,2,\cdots,n$。利用数据选择器输出 $Y=\sum_{i=0}^{n}m_iD_i$ 的这一特点,可以方便地实现组合逻辑函数。

　　例 4.11　试用 8 选 1 数据选择器 74HC151 产生逻辑函数 $L=\overline{X}YZ+X\overline{Y}Z+XY$。

　　解:把函数变换成最小项表达式:
$$L=\overline{X}YZ+X\overline{Y}Z+XYZ+XY\overline{Z}=m_3+m_5+m_6+m_7$$

　　当数据输入端 D_3、D_5、D_6、D_7 分别接 1,其余数据输入端 D_0、D_1、D_2、D_4 分别接 0 时,可实现逻辑函数 L,由此画出逻辑电路图如图 4.31 所示。

　　例 4.12　试用 8 选 1 数据选择器 74HC151 产生逻辑函数:
$$F(A,B,C,D)=\sum m(0,1,5,6,7,9,10,14,15)$$

解：设变量 A、B、C 为地址输入端，把已知函数变换成：

$$F(A,B,C,D) = m_0\overline{D} + m_0 D + m_2 D + m_3\overline{D} + m_3 D + m_4 D + m_5\overline{D} + m_7\overline{D} + m_7 D$$
$$= m_0 + m_2 D + m_3 + m_4 D + m_5\overline{D} + m_7$$

显然，将数据输入端 D_0、D_3、D_7 分别接 1，D_2、D_4 分别接 D，D_5 接 $\overline{D}$，其余接 0，输出端可以得到已知函数 F。逻辑电路如图 4.32 所示。

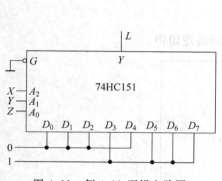

图 4.31 例 4.11 逻辑电路图

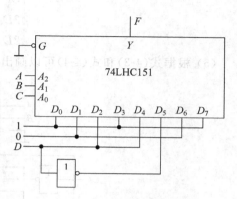

图 4.32 例 4.12 逻辑电路图

例 4.13 试用双 4 选 1 数据选择器 CC74HC153 和非门设计一位全加器。

解：(1) 分析设计要求，列出功能表。设输入的被加数、加数和来自低位的进数分别为 A、B 和 CI，输出的本位和及本位进位分别为 S 和 CO，由此可列出全加器的功能表，如表 4.19 所示。

表 4.19 全加器功能表

输 入			输 出	
A	B	CI	S	CO
0	0	0	0	0
0	0	1	1	0
0	1	0	1	0
0	1	1	0	1
1	0	0	1	0
1	0	1	0	1
1	1	0	0	1
1	1	1	1	1

(2) 根据功能表写输出逻辑函数表达式

$$\begin{cases} S = \overline{A}\overline{B}CI + \overline{A}B\,\overline{CI} + A\overline{B}\,\overline{CI} + ABCI \\ CO = \overline{A}BCI + A\overline{B}CI + AB\,\overline{CI} + ABCI \end{cases} \tag{4-1}$$

(3) 写出双 4 选 1 数据选择器 CC74HC153 的输出函数 $1Y$ 和 $2Y$ 的表达式

$$\begin{cases} 1Y = \overline{A_1}\,\overline{A_0}1D_0 + \overline{A_1}A_0 1D_1 + A_1\overline{A_0}1D_2 + A_1 A_0 1D_3 \\ 2Y = \overline{A_1}\,\overline{A_0}2D_0 + \overline{A_1}A_0 2D_1 + A_1\overline{A_0}2D_2 + A_1 A_0 2D_3 \end{cases} \tag{4-2}$$

(4) 将全加器的两个输出函数和 CC74HC153 的两个输出函数进行比较。设 $A = A_1$、

$B = A_0$, 当全加器本位和 $S = 1Y$ 时, 则

$$\begin{cases} CI = 1D_0 = 1D_3 \\ \overline{CI} = 1D_1 = 1D_2 \end{cases} \tag{4-3}$$

当全加器本位进位 $CO = 2Y$ 时, 则

$$\begin{cases} CI = 2D_1 = 2D_2 \\ 2D_0 = 0 \\ 2D_3 = 1 \end{cases} \tag{4-4}$$

(5) 根据式(4-3)和式(4-4)可以画出图 4.33 所示的逻辑图。

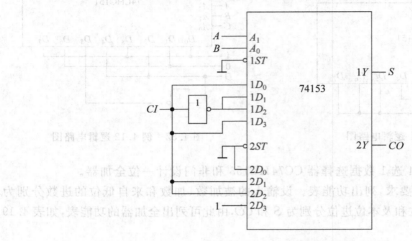

图 4.33　例 4.13 逻辑电路图

4.3.4　数值比较器

在数字系统中, 用以对两个数字的大小是否相等进行比较的逻辑电路称为数值比较器, 其电路输出结果有三种: 大于、等于、小于。

1. 1 位数值比较器

1 位数值比较器是组成多位数值比较器的基础。当两个二进制数 A、B 都是 1 位时, 它们只能取 0 或 1 两种值, 由此可写出 1 位数值比较器的真值表, 如表 4.20 所示。

表 4.20　1 位数值比较器真值表

输入		输出		
A	B	$F_{A>B}$	$F_{A<B}$	$F_{A=B}$
0	0	0	0	1
0	1	0	1	0
1	0	1	0	0
1	1	0	0	1

由真值表可得输出函数表达式

$$\begin{cases} F_{A>B} = A\overline{B} \\ F_{A<B} = \overline{A}B \\ F_{A=B} = \overline{A}\,\overline{B} + AB \end{cases}$$

由以上逻辑表达式可画出图 4.34 所示的逻辑电路。

2. 多位数值比较器

当两个多位二进制数进行比较时,需要从高位到低位逐位进行比较。只有在高位相应的二进制数相等时,才进行低位二进制数的比较。当比较到某一位二进制数不等时,其比较结果就是两个多位二进制数的比较结果。如两个 4 位二进制数 $A = A_3A_2A_1A_0$ 和 $B = B_3B_2B_1B_0$ 进行比较,若 $A_3 > B_3$,则 $A > B$;若 $A_3 < B_3$,则 $A < B$;若 $A_3 = B_3$、$A_2 > B_2$,则 $A > B$;若 $A_3 = B_3$、$A_2 < B_2$,则 $A < B$。依此类推,直至比较出结果为止。

图 4.35 所示为 4 位数值比较器 74HC85 的逻辑符号图,图中 A_3、A_2、A_1、A_0 和 B_3、B_2、B_1、B_0 为两组相比较的 4 位二进制数的输入端;$I_{A>B}$、$I_{A<B}$、$I_{A=B}$ 为级联输入端;$Y_{A>B}$、$Y_{A<B}$、$Y_{A=B}$ 为比较结果输出端。74HC85 的功能表如表 4.21 所示。

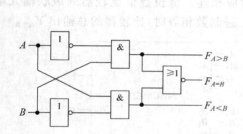

图 4.34　1 位数值比较器的逻辑图

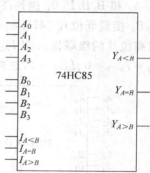

图 4.35　74HC85 逻辑符号图

表 4.21　4 位数值比较器 74HC85 的功能表

数　值　输　入				级　联　输　入			输　　出		
A_3B_3	A_2B_2	A_1B_1	A_0B_0	$I_{A>B}$	$I_{A=B}$	$I_{A<B}$	$Y_{A>B}$	$Y_{A=B}$	$Y_{A<B}$
$A_3>B_3$	×	×	×	×	×	×	1	0	0
$A_3<B_3$	×	×	×	×	×	×	0	0	1
$A_3=B_3$	$A_2>B_2$	×	×	×	×	×	1	0	0
$A_3=B_3$	$A_2<B_2$	×	×	×	×	×	0	0	1
$A_3=B_3$	$A_2=B_2$	$A_1>B_1$	×	×	×	×	1	0	0
$A_3=B_3$	$A_2=B_2$	$A_1<B_1$	×	×	×	×	0	0	1
$A_3=B_3$	$A_2=B_2$	$A_1=B_1$	$A_0>B_0$	×	×	×	1	0	0
$A_3=B_3$	$A_2=B_2$	$A_1=B_1$	$A_0<B_0$	×	×	×	0	0	1
$A_3=B_3$	$A_2=B_2$	$A_1=B_1$	$A_0=B_0$	1	0	0	1	0	0
$A_3=B_3$	$A_2=B_2$	$A_1=B_1$	$A_0=B_0$	0	1	0	0	1	0
$A_3=B_3$	$A_2=B_2$	$A_1=B_1$	$A_0=B_0$	0	0	1	0	0	1
$A_3=B_3$	$A_2=B_2$	$A_1=B_1$	$A_0=B_0$	1	0	1	0	0	0
$A_3=B_3$	$A_2=B_2$	$A_1=B_1$	$A_0=B_0$	0	0	0	1	0	1

由表 4.21 可写出 $Y_{A>B}$ 和 $Y_{A=B}$ 的逻辑表达式。

$$
\begin{cases}
Y_{A>B} = A_3 \overline{B_3} + (A_3 \odot B_3) A_2 \overline{B_2} + (A_3 \odot B_3)(A_2 \odot B_2) A_1 \overline{B_1} + \\
\quad (A_3 \odot B_3)(A_2 \odot B_2)(A_1 \odot B_1) A_0 \overline{B_0} + (A_3 \odot B_3)(A_2 \odot B_2)(A_1 \odot B_1)(A_0 \odot B_0) I_{A>B} \\
Y_{A<B} = \overline{A_3} B_3 + (A_3 \odot B_3) \overline{A_2} B_2 + (A_3 \odot B_3)(A_2 \odot B_2) \overline{A_1} B_1 + \\
\quad (A_3 \odot B_3)(A_2 \odot B_2)(A_1 \odot B_1) \overline{A_0} B_0 + (A_3 \odot B_3)(A_2 \odot B_2)(A_1 \odot B_1)(A_0 \odot B_0) I_{A<B} \\
Y_{A=B} = (A_3 \odot B_3)(A_2 \odot B_2)(A_1 \odot B_1)(A_0 \odot B_0) I_{A=B}
\end{cases}
$$

由功能表可以看出,仅对 4 位二进制数进行比较时,应对 $I_{A>B}$、$I_{A<B}$、$I_{A=B}$ 进行适当处理,即 $I_{A>B}=I_{A<B}=0$,$I_{A=B}=1$。

利用数值比较器的级联输入端可很方便地构成位数更多的数值比较器。

例 4.14 试用两片 74HC85 构成 8 位数值比较器。

解:根据多位二进制数的比较规则,在高位数值相等时,则比较结果取决于低位数。因此,应将两个 8 位二进制数的高 4 位接到高位片上,低 4 位接到低位片上。图 4.36 所示为根据上述要求用两片 74HC85 构成的一个 8 位数值比较器。两个 8 位二进制数的高 4 位 $A_7 A_6 A_5 A_4$ 和 $B_7 B_6 B_5 B_4$ 接到高位片 74HC85(2) 的数据输入端上,而低 4 位 $A_3 A_2 A_1 A_0$ 和 $B_3 B_2 B_1 B_0$ 接到低位片 74HC85(1) 的数据输入端上,并将低位片的比较输出端 $Y_{A>B}$、$Y_{A=B}$、$Y_{A<B}$ 和高位片的级联输入端 $I_{A>B}$、$I_{A=B}$、$I_{A<B}$ 对应相连。低位数值比较器的级联输入端应取 $I_{A>B}=I_{A<B}=0$、$I_{A=B}=1$,这样,当两个 8 位二进制数相等时,比较器的总输出 $Y_{A=B}=1$。

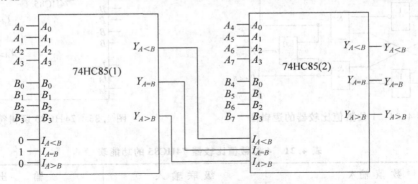

图 4.36　例 4.14 逻辑电路图

4.3.5　算术运算器

1. 半加器

加法器是构成算术运算电路的基本单元。半加器就是只能求本位和,不能将低位的进位信号纳入计算的加法器。

一位半加器的真值表如表 4.22 所示,表中 A 和 B 分别表示被加数和加数,S 表示本位和,C_0 表示本位进位。由真值表可直接写出本位和 S 与进位输出 C_0 的逻辑函数式,即

$$
\begin{cases}
S = A\overline{B} + \overline{A}B = A \oplus B \\
C_0 = AB
\end{cases}
$$

根据上式可以画出一位半加器的逻辑电路图,如图 4.37(a)所示,图 4.37(b)为电路框图。

表 4.22 一位半加器真值表

输	入	输	出
A	B	S	C_0
0	0	0	0
0	1	1	0
1	0	1	0
1	1	0	1

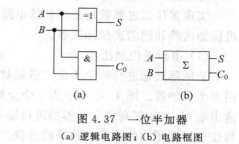

(a)   (b)

图 4.37 一位半加器

(a)逻辑电路图;(b)电路框图

2. 全加器

不仅能求本位和,还能将低位的进位纳入计算的加法器称为全加器。

一位全加器的真值表如表 4.23 所示。表中 A 和 B 分别表示被加数和加数,C_I 表示来自相邻低位的进位信号,S 表示本位和,C_0 表示本位进位。

表 4.23 一位全加器真值表

输		入	输	出
A	B	C_I	S	C_0
0	0	0	0	0
0	0	1	1	0
0	1	0	1	0
0	1	1	0	1
1	0	0	1	0
1	0	1	0	1
1	1	0	0	1
1	1	1	1	1

由真值表可以写出本位和 S 与进位输出 C_0 的逻辑函数式,即

$$\begin{cases} S = A \oplus B \oplus C_I \\ C_0 = AB + BC_I + AC_I \end{cases}$$

根据上式可以画出一位全加器的逻辑电路图,如图 4.38(a)所示,图 4.38(b)为电路框图。

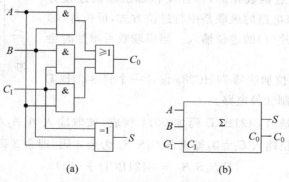

(a)   (b)

图 4.38 一位全加器

(a)逻辑电路图;(b)电路框图

3. 集成加法器及其应用

实现多位二进制数加法运算的电路称为加法器。按照相加的方式不同,可以分为串行进位加法器和超前进位加法器。

(1)串行进位加法器

全加器只能进行两个 1 位二进制数相加。因此,当进行多位二进制数相加时,就必须使用多个全加器。图 4.39 所示为 4 个全加器组成的 4 位串行进位加法器,低位全加器的进位输出端 C_0 和相邻高位全加器的进位输入端 C_I 相连,最低位的进位输入端 C_I 接地。显然,每位全加器相加的结果必须等到低位产生的进位信号输入后才能产生。因此,串行进位加法器的运算速度比较慢,所以在运算速度要求不高的场合常被使用。

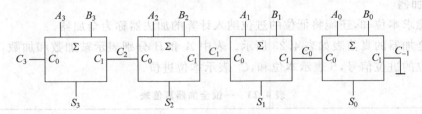

图 4.39　4 位串行进位加法器

(2)超前进位加法器

为了提高加法的运算速度,必须设法减少进位信号的传递时间,采用超前进位加法器可以很好地解决这个问题。所谓超前进位,是指电路进行二进制加法运算时,通过快速进位电路同时产生除最低位全加器以外的其余所有全加器的进位信号,无需再由低位到高位逐位传递进位信号,从而消除了串行进位加法器逐位传递进位信号的时间,提高了加法器的运算速度。

图 4.40 所示为 4 位超前进位加法器 74HC283 的逻辑符号。$A_3A_2A_1A_0$ 和 $B_3B_2B_1B_0$ 为两组 4 位二进制数的输入端,$S_3S_2S_1S_0$ 为加法器和数输出端,C_I 为相邻低位进位输入端,C_0 为进位输出端。

如果进行更多位的加法,则需要进行扩展。例如用 74HC283 实现 8 位二进制数相加,两片 4 位加法器的连接方法如图 4.41 所示。该电路的级联是串行进位方式,低位片(0) 的进位输出连到高位片(1)的进位输入。当级联数目增加时会影响运算速度。

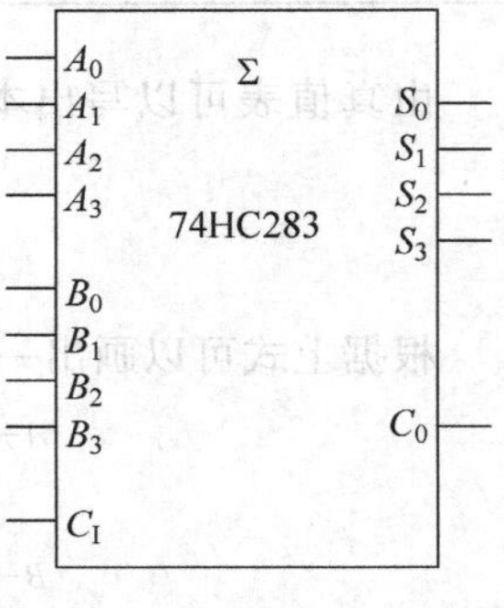

图 4.40　74HC283 逻辑符号

例 4.15　试用 4 位加法器 74HC283 设计一个将 8421BCD 码转换成余 3 码的码制转换电路。

解:由于余 3 码是由 8421BCD 码加 0011 构成,如取输入 $A_3A_2A_1A_0$ 为 8421BCD 码,$B_3B_2B_1B_0 = 0011$,进位输入 $C_I=0$,输出 $S_3S_2S_1S_0$ 为余 3 码,即余 3 码为

$$S_3S_2S_1S_0 = 8421BCD + 0011$$

根据上式可画出用 74HC283 实现将 8421BCD 码转换成余 3 码的代码转换电路,如图 4.42 所示。

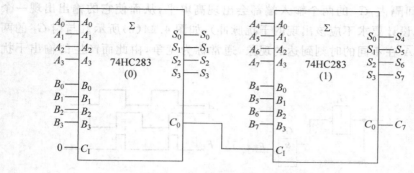

图 4.41　加法器串行扩展连接方式

例 4.16　试分析图 4.43 所示电路的逻辑功能。

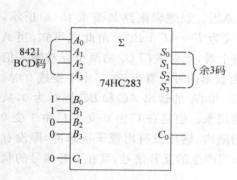

图 4.42　例 4.15 逻辑电路图

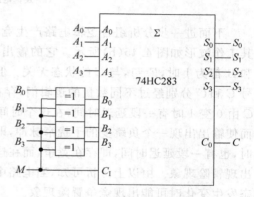

图 4.43　例 4.16 逻辑电路图

解：设输入二进制数 $A = A_3 A_2 A_1 A_0$，$B = B_3 B_2 B_1 B_0$，输出和数 $S = S_3 S_2 S_1 S_0$。由图 4.43 可知，当进位输入 $M = 0$ 时，异或门输出与输入相同，即输出 $S = A + B + 0 = A + B$，电路进行加法运算，这时 C 为进位信号；当进位输入 $M = 1$ 时，异或门输出与输入相反，为 $\overline{B}(\overline{B_3} \; \overline{B_2} \; \overline{B_1} \; \overline{B_0})$，即输出 $S = A + \overline{B} + 1 = A + [B]_补 = A - B$，电路进行减法运算，这时 C 为借位信号。

4.4　组合逻辑电路中的竞争冒险

前面分析组合逻辑电路时都没有考虑门电路的延迟时间对电路产生的影响。实际上，从信号输入到输出的过程中，不同通路上门的级数不同，或者门电路平均延迟时间的差异，使信号从输入经不同通路传输到输出级的时间会不同。由于这个原因，可能使逻辑电路产生错误的输出。通常把这种现象称为竞争冒险。

4.4.1　产生竞争冒险的原因

首先分析图 4.44 所示的电路工作情况，建立竞争冒险的概念，在图 4.44(a) 中，与门 G_2 的输入是 A 和 $\overline{A}$ 两个互补信号。由于 G_1 的延迟，$\overline{A}$ 的下降沿要滞后于 A 的上升沿，因而在很短的时间间隔内，G_2 的两个输入端都会出现高电平，从而使它的输出出现一个高电平窄脉冲（按逻辑设计要求不应该出现的干扰脉冲），如图 4.44(b)所示。与门 G_2 的两个互补输入信号 A 和 $\overline{A}$ 在不同的时刻到达的现象，通常称为竞争，由此而产生的输出干扰脉冲的现象称为冒险。

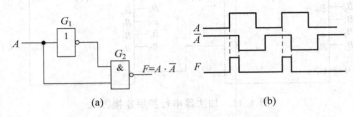

图 4.44　产生正跳变脉冲的竞争冒险
(a) 逻辑电路图；(b) 工作波形

下面进一步分析组合逻辑电路产生竞争冒险的原因。设逻辑电路如图 4.45(a)所示，其工作波形如图 4.45(b)所示。它的输出逻辑表达式为 $F=AC+B\overline{C}$。由此式可知，当 A 和 B 都为 1 时，$F=1$，与 C 的状态无关。但是从电路上看，此时或门 G_4 的两个互补输入信号 C 和 $\overline{C}$ 分别经过不同数量的逻辑门，存在竞争。由波形图可以看出，在 C 由 1 变成 0 时，$\overline{C}$ 由 0 变 1 时有一段延迟时间，在这个时间间隔内，G_2 和 G_3 的输出 AC 和 $B\overline{C}$ 同时为 0，从而使输出出现一个负跳变的干扰窄脉冲，即出现冒险现象。但是在 C 由 0 变 1，$\overline{C}$ 由 1 变 0 时，也有一段延迟时间，即存在竞争，而在这个时间间隔内，输出没有出现干扰脉冲，即没有出现冒险现象。由以上分析可知，当电路中存在由非门产生的互补信号，且在互补信号的状态发生变化时可能出现竞争冒险现象。

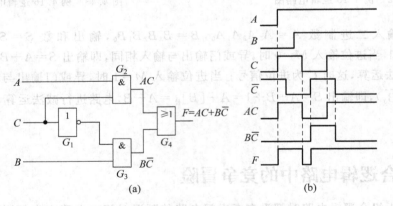

图 4.45　产生负跳变脉冲的竞争冒险
(a) 逻辑电路图；(b) 工作波形

4.4.2　竞争冒险的检查方法

对于组合逻辑电路是否存在冒险现象，可用代数法和卡诺图法进行检查。

1. 代数法

如根据逻辑电路写出的逻辑函数式在一定条件下可简化成以下两种形式，则该组合逻辑电路存在冒险。

$$F = A + \overline{A} \quad （产生 0 型冒险）$$
$$F = A \cdot \overline{A} \quad （产生 1 型冒险）$$

例 4.17　试用代数法检查组合逻辑电路 $F = \overline{A}B + \overline{B}C + A\overline{C}$ 是否存在冒险现象。

解：由于逻辑函数中三变量都同时出现了原变量和反变量，所以三个变量都会出现竞争现象。

首先考虑 A 变量：

当取 $B=1$、$C=0$ 时，函数 $F = \overline{A} + A$，输出端产生 0 型冒险。

接着考虑 B 变量：

当取 $A=0$、$C=1$ 时，函数 $F = B + \overline{B}$，输出端产生 0 型冒险。

最后考虑 C 变量：

当取 $A=1$、$B=0$ 时，函数 $F = C + \overline{C}$，输出端产生 0 型冒险。

2. 卡诺图法

用卡诺图判别逻辑电路是否存在冒险现象时，首先应写出该逻辑电路的输出函数表达式，其次画出逻辑函数的卡诺图，并画出包围圈，最后观察各包围圈有无相切。只要在卡诺图中存在两个相切而又不相互包容的包围圈，则该逻辑电路存在冒险现象。

例 4.18　试用卡诺图法判别图 4.46 是否存在冒险现象。

解：写出电路图的输出逻辑函数表达式

$$F = AC + \overline{A}B$$

根据逻辑表达式可画出图 4.47 所示的卡诺图。根据相邻项的特性画的两个包围圈相切，这就表示有些变量会同时以原变量和反变量的形式存在，也就是说，会以 $A \cdot \overline{A}$ 或 $A + \overline{A}$ 的形式出现。由于图中卡诺图为两个 1 方格的包围圈相切，因此，图 4.46 所示电路可能出现 0 型冒险。

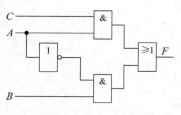

图 4.46　例 4.18 逻辑电路图

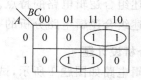

图 4.47　例 4.18 卡诺图

4.4.3　消除冒险现象的方法

1. 增加乘积项，消掉互补变量

利用逻辑代数和卡诺图可以在含有竞争冒险的表达式中增加乘积项，在不改变逻辑关系的基础上，通过乘积项屏蔽互补变量，消除竞争冒险。

2. 加滤波电容

由于竞争冒险的尖脉冲都是窄脉冲，在输出端接上几百皮法的滤波电容，就可以消除冒险脉冲。

习题

一、判断题

1. 在组合逻辑电路中存在输出端到输入端的反馈通路。（　　）
2. 组合逻辑电路的输出状态不影响输入状态,电路的历史状态也不影响输出状态。（　　）
3. 组合逻辑电路的输入变量组合一旦确定后,输出状态就被唯一地确定下来。（　　）
4. 根据给定的实际逻辑命题,求出具体的组合逻辑电路,这一过程称为组合逻辑电路的分析。（　　）
5. 根据给定的逻辑电路图,确定其逻辑功能,这一过程称为组合逻辑电路的设计。（　　）
6. 优先编码器是指当某一时刻同时存在两个或两个以上有效输入信号时,只按优先级高的输入信号编码。（　　）
7. 优先编码器 74HC147 的输入信号中, $\bar{I}_0$ 的优先级别最高, $\bar{I}_9$ 的优先级别最低。（　　）
8. 数值比较器比较两个多位数的大小,应先从低位开始比较。（　　）

二、填空题

1. 数字电路按照结构特点分类,可以分为＿＿＿＿＿和时序逻辑电路。
2. 将十进制数或字符转换成二进制代码的电路称为＿＿＿＿＿。
3. 将一组输入代码翻译成需要的特定输出信号的电路称为＿＿＿＿＿。
4. 将二进制翻译成十进制的译码器称为＿＿＿＿＿译码器。

三、简答题

1. 简述组合逻辑电路的特点。
2. 简述组合逻辑电路分析的一般步骤。

四、分析设计题

1. 逻辑电路如图题 1 所示,试分析其逻辑功能。
2. 试分析图题 2 所示逻辑电路的功能。

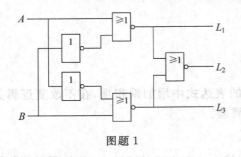

图题 1

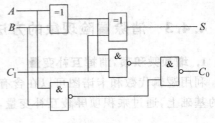

图题 2

3. 试用二输入与非门设计一个三输入的组合逻辑电路。当输入的二进制码小于 3 时，输出为 0；当输入的二进制码大于等于 3 时，输出为 1。

4. 用红（R）、黄（Y）、绿（G）三个指示灯表示三台设备（A、B、C）的工作情况：绿灯亮表示全部正常；红灯亮表示有一台不正常；黄灯亮表示两台不正常；红、黄灯全亮表示三台都不正常。要求：设计一个逻辑门电路，能够显示设备工作情况，列出真值表；写出逻辑函数最简与或式。

5. 人类有四种血型：A、B、AB 和 O 型。输血时，输血者与受血者必须符合图题 5 的规定，否则会有生命危险，试设计一个电路，判断输血者和受血者血型是否符合规定。（设 A 型血用 00 表示，B 型血用 01 表示，AB 型血用 10 表示，O 型血用 11 表示，输出变量逻辑 1 表示符合规定，逻辑 0 表示不符合规定）要求：列出真值表，写出输出变量的最简与或表达式，不必画出逻辑电路图。

图题 5

6. 用门电路设计四个变量的不一致电路。当四个变量不一致时，输出为 1，当四个变量一致时，输出为 0。要求：列出真值表，画出函数卡诺图，写出输出函数的最简与或表达式。

7. 用与非门设计一个码检验电路，当输入的 4 位二进制数 ABCD 为 8421BCD 码时，输出 Y 为 1，否则 Y 为 0。要求：列出真值表，写出逻辑表达式（不必画出逻辑电路图）。

8. 用与非门设计一个 3 位多数表决电路。设输入变量为 A, B, C，逻辑 1 表示同意，逻辑 0 表示不同意，输出变量为 F，逻辑 1 表示事件成立，逻辑 0 表示事件不成立。要求：列出真值表，写出逻辑表达式（不必画出逻辑电路图）。

9. 优先编码器 74HC147 的功能表如表 4.11 所示，试用 74HC147 和适当的门电路构成输入为低电平有效的 $\overline{I_0} \sim \overline{I_9}$，输出为低电平有效的 8421BCD 码，并具有编码输出标志的编码器。

10. 用 3 线-8 线译码器 74HC138 和与非门设计一个二进制全减器。要求：列出真值表，写出输出函数表达式，画出电路图。（提示变量：假设被减数 A，减数 B，前位借位 C，差数 D_n，本位借位 C_n）

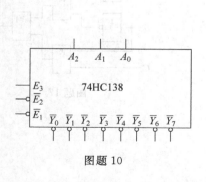

图题 10

表题 11　真值表

A	B	C	F
0	0	0	0
0	0	1	0
0	1	0	0
0	1	1	0
1	0	0	1
1	0	1	1
1	1	0	1
1	1	1	1

11. 用译码器 74HC138 和适当逻辑门实现表题 11 中真值表所示的逻辑函数。要求：写出逻辑表达式，画出逻辑电路图。

12. 试用 74HC151 实现逻辑函数 $F = \overline{\overline{AB} \cdot \overline{ABC} \cdot \overline{ABC}}$，必须画出电路图。

13. 用 8 选 1 数据选择器 74HC151 产生逻辑函数 $F = \overline{A}BC + A\overline{B}C + AB$。要求：写出

设计过程,画出电路图。

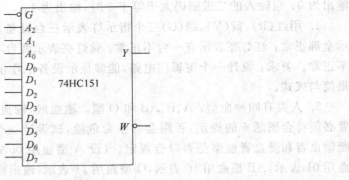

图题 13

14. 用数据选择器 74HC151 实现一个三变量的多数表决器电路:当输入变量 A,B,C 中有两个或两个以上为 1 时,电路输出 F 为 1,否则输出 F 为 0。要求:列出真值表,写出逻辑函数标准与或表达式,画出电路图。

15. 试用数值比较器 7485 设计一个 8421BCD 码有效性测试电路,当输入为 8421BCD 码时,输出为 1,否则输出为 0。

16. 由 4 位数加法器 74HC283 构成的逻辑电路如图题 16 所示,M 和 N 为控制端,试分析该电路的功能。

17. 判断图题 17 所示电路在什么条件下产生竞争-冒险,怎样修改电路能消除竞争-冒险?

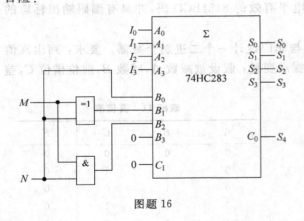

图题 16

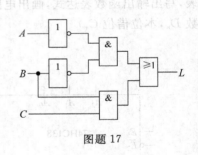

图题 17

第5章

锁存器和触发器

在计算机、通信等数字系统中,记忆功能是必不可少的,复杂数字系统主要就是由时序逻辑电路构成。时序逻辑电路的工作特点是其输出状态不仅与当前输入值有关,而且还与原先的输出状态有关,具有记忆功能,而触发器、锁存器是组成时序逻辑电路的基本单元。本章介绍数字系统中的基本记忆元件——锁存器和触发器。

5.1 锁存器

锁存器是一种暂存数据的芯片,是半导体存储单元中电路结构最简单的一种。它具有两个稳定的状态(双稳态):1 态或 0 态,通过反馈方法可以稳定在两个状态中的一个,它与触发器之间的主要区别是它们改变状态的方法不同,前者属于电平敏感的电路,它在特定的输入脉冲电平作用下改变状态,而后者属于边沿敏感的电路,它只有在触发信号的时钟有效边沿的变化瞬间才能改变状态,用 Verilog HDL 描述这两种电路的语句也不一样。

5.1.1 基本 SR(置位-复位)锁存器

在这里首先介绍基本的 SR 锁存器,虽然它不是最重要的类型,实际上,此后介绍的 D 触发器和 JK 触发器都是由 SR 锁存器衍生而来的,所以理解 SR 锁存器很重要。高电平有效输入的 SR 锁存器如图 5.1(a)所示,它由两个交叉耦合的或非门组成;低电平有效输入的锁存器如图 5.1(b)所示,它由两个交叉耦合的与非门组成。它们的区别在于置位(S)和复位(R)的电平不同。因而对应的逻辑符号不同,图 5.2(a)为或非门组成的 SR 锁存器的国标逻辑符号,图 5.2(b)为与非门组成的 SR 锁存器的国标逻辑符号。一般定义 Q 的逻辑值为锁存器或触发器的状态。如果 $Q=1$,称锁存器或触发器的状态为 1;如果 $Q=0$,称锁存器或触发器的状态为 0。

按照图 5.1(a)所示的逻辑图,可知

$$Q = \overline{R + \overline{Q}}$$

(5-1)

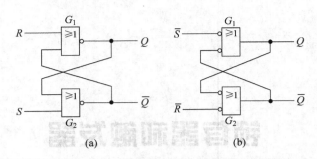

图 5.1　基本 SR 锁存器

(a) 高电平有效的基本 SR 锁存器；(b) 低电平有效的基本 $\overline{SR}$ 锁存器

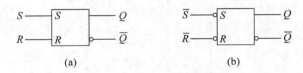

图 5.2　SR 和 $\overline{SR}$ 锁存器的逻辑符号

(a) 高电平有效的 SR 锁存器；(b) 低电平有效的 $\overline{SR}$ 锁存器

$$\overline{Q} = \overline{S + Q} \tag{5-2}$$

根据式(5-1)和式(5-2)，可得到用或非门构成的 SR 锁存器的功能表，如表 5.1 所示。

表 5.1　用或非门构成基本 SR 锁存器的功能表

S	R	Q	$\overline{Q}$	锁存器状态
0	0	不变	不变	保持
0	1	0	1	0
1	0	1	0	1
1	1	0	0	不确定

当 $S=0$、$R=0$ 时，状态保持不变。

当 $S=1$、$R=0$ 时，$Q=1$、$\overline{Q}=0$，处于 1 状态；而且在撤销 SR 信号即 $S=R=0$ 以后，$Q=1$、$\overline{Q}=0$ 的状态保持不变。

当 $S=0$、$R=1$ 时，$Q=0$、$\overline{Q}=1$，处于 0 状态；而且在撤销 SR 信号即 $S=R=0$ 以后，$Q=0$、$\overline{Q}=1$ 的状态保持不变。

当 $S=1$、$R=1$，则出现 $Q=\overline{Q}=0$ 的状态，这既不是定义的 1 状态，又不是定义的 0 状态，而且若 S 和 R 同时回到 0，由于门的传输延迟时间总会有一些小差别，因此其中有一个门在转变中占据优势，它的 0 输出变为 1。反过来，这就会迫使较慢门的输出保持为低电平。在这种情况下，无法确定电路的下一状态，因此输入信号应遵守 $SR=0$ 的约束条件，即不允许同时使 S、R 为 1。

与此相对应，按照图 5.1(b)所示的逻辑图，可知

$$Q = \overline{\overline{S}Q} \tag{5-3}$$

$$\overline{Q} = \overline{\overline{R}Q} \tag{5-4}$$

注意：$\overline{S}$、$\overline{R}$ 是两个输入变量，不是 S、R 的非。

根据式(5-3)和式(5-4)，可得到用与非门构成基本 SR 锁存器的功能表，如表 5.2 所示。

表 5.2　用与非门构成基本 SR 锁存器的功能表

$\overline{R}$	$\overline{S}$	Q	$\overline{Q}$	锁存器状态
1	1	不变	不变	保持
1	0	1	0	1
0	1	0	1	0
0	0	1	1	不确定

当 $\overline{S}=\overline{R}=1$，状态保持不变。

当 $\overline{S}=0$、$\overline{R}=1$，$Q=1$、$\overline{Q}=0$，处于 1 状态；而且在撤销 SR 信号后，$Q=1$、$\overline{Q}=0$ 的状态保持不变。

当 $\overline{S}=1$、$\overline{R}=0$ 时，$Q=0$、$\overline{Q}=1$，处于 0 状态；而且在撤销 SR 信号后，$Q=0$、$\overline{Q}=1$ 的状态保持不变。

当 $\overline{S}=\overline{R}=0$，则出现 $Q=\overline{Q}=1$ 的状态，这既不是定义的 1 状态，又不是定义的 0 状态，而且若 $\overline{S}$ 和 $\overline{R}$ 同时回到 1，无法确定电路的下一状态，因此输入信号应遵守 $\overline{S}+\overline{R}=1$ 的约束条件，即不允许同时使 $\overline{S}$、$\overline{R}$ 为 0。

将或非门构成的锁存器和与非门构成的锁存器做比较，不难发现，前者的置位和复位输入为高电平有效，后者的置位和复位输入为低电平有效，两者恰恰相反。

5.1.2　应用举例

基本 SR 锁存器可作为触点抖动消除器，它可以很好地消除机械开关接触引起的"抖动"。当开关的触点和开关闭合处的接触撞击时，会发生几次物理振动或抖动，然后才能形成最后的固定接触。虽然这些抖动的持续时间很短，但是它们产生电压尖脉冲，使得输出的逻辑多次在 0 与 1 之间变化，导致错误的逻辑输入，如图 5.3 所示。这些电压尖脉冲在数字系统中常常是不允许的。

利用基本 SR 锁存器的记忆作用来消除开关抖动的影响，如图 5.4 所示。

设双掷开关处于 A 位置，此时 R 输入为低电平，锁存器复位，状态为 0。当开关由 A 拨向 B，由于上拉电阻边接 V_{cc}，R 就变为高电平，开关闭合的第一次接触，S 为低电平。尽管 S 在低电平上仅保持了很短的时间，但这个低电平使锁存器置位，状态为 1，即使开关抖动使 S 再次出现高、低电平的跳变都不会改变 Q 端的状态。因为当在抖动期间，S 出现高电平，则 Q 端状态保持，S 出现低电平时，Q 端状态置 1，故 Q 端状态为 1，即锁存器的 Q 端输出提供了从低电平到高电平的净变化，如图 5.4 所示。类似地，当开关拨回到 A 位置时，锁存器 Q 端输出就会产生从高电平到低电平的净变化。

基本的 SR 锁存器还可以实现存储信息的功能，但在使用过程中有两个限制：一个是有约束条件；另一个是不管什么时候，只要输入信号变化，输出就可能跟着发生变化。

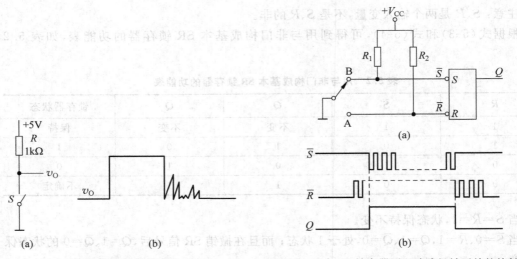

图 5.3　开关接触抖动阶段现象
（a）开关电路；（b）实际输出波形

图 5.4　基本 SR 锁存器用以消除机械开关的接触抖动
（a）电路；（b）输出波形图

5.1.3　门控 SR 锁存器

如图 5.5 所示为门控 SR 锁存器，与基本 SR 锁存器相比，门控 SR 锁存器增加了锁存使能输入端 EN。通过控制 EN 端电平，可以实现多个锁存器同步进行数据锁存，故又称同步锁存器。

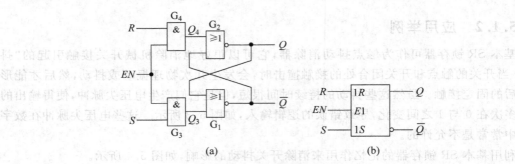

图 5.5　门控 SR 锁存器
（a）逻辑电路图；（b）逻辑符号

由图 5.5 可知，当 EN 为高电平时，S 和 R 输入控制锁存器的状态，其功能与基本 SR 锁存器的相同。当 EN 为低电平时，S 和 R 的输入不会影响锁存器的状态，在 EN 的高电平没有到来前，锁存器的状态不会改变。在这个电路中，当 EN 为高电平时，与基本 SR 锁存器一样不允许 S 和 R 同时为高电平，那样会发生无效状态。

例 5.1　门控 SR 锁存器的输入端信号如图 5.6 所示，设定它的初始状态为 0。试确定 Q 端的输出波形。

解：当 S 为高电平，R 为低电平时，EN 上的高电平输入就使锁存器置 1。当 S 为低电平，R 为高电平时，EN 上的高电平输入就使锁存器置 0；当 EN 为低电平时，门控 SR 锁存器的状态不变。Q 端的波形如图 5.6 所示。

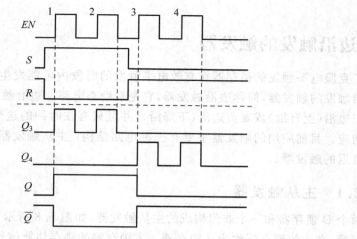

图 5.6　例 5.1 的波形图

5.1.4　门控 D 锁存器

为了消除门控 SR 锁存器与基本 SR 锁存器存在的问题,引入门控 D 锁存器,它是在门控 SR 锁存器基础上令 SR 锁存器中的 $S=D$,$R=\overline{D}$,R 与 S 总是互补,不存在约束条件,如图 5.7 所示。当 $EN=0$ 时,无论 D 信号如何变化,门控的 D 锁存器处于保持状态;当 $EN=1$ 时,根据 D 信号的值将锁存器置为新的状态:如果 $D=0$,则 $Q=0$,$\overline{Q}=1$;反之,如果 $D=1$,则 $Q=1$,$\overline{Q}=0$,即输出跟随输入 D 的变化而变化,如图 5.7(c)中波形图所示。

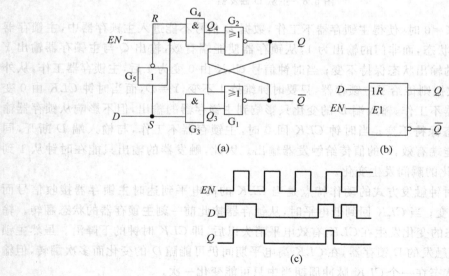

图 5.7　门控 D 锁存器
（a）逻辑电路图；（b）逻辑符号；（c）波形图

综上所述,门控锁存器都是响应门控信号 EN 的器件,都是电平敏感的电路,它们的输出在门控信号的有效电平期间依然受输入的变化而变化,如果此时电路受到了干扰则会引起电路的误动作。

5.2　边沿触发的触发器

　　为了克服电平触发的锁存器在有效电平触发的时段内可能发生多次状态翻转的缺点,引入边沿触发的触发器,简称边沿触发器,它是双稳态电路。边沿触发器的状态变化发生在时钟的正边沿(上升沿)或者负边沿(下降沿),并且只有在时钟的这个转换瞬间才对它的输入做出响应。目前应用的触发器主要有三种电路结构:主从触发器、维持阻塞触发器和利用传输延迟的触发器。

5.2.1　主从触发器

　　用两个 D 锁存器和一个非门构成的主从触发器,如图 5.8 所示。图中左边的锁存器称为主锁存器,右边的锁存器称为从锁存器。主锁存器的锁存使能信号正好与从锁存器反相,利用两个锁存器的交互锁存,则可实现存储数据和输入信号之间的隔离。

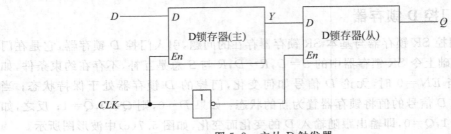

图 5.8　主从 D 触发器

　　当时钟 $CLK=0$ 时,使得主锁存器不工作,数据 D 信号不能进入主锁存器中,主锁存器输出保持原来的状态,而非门的输出为 1,从锁存器使能端有效,输出 Q 与主锁存器输出 Y 相同,故触发器的输出状态保持不变;当时钟信号 CLK 由 0 变为 1 后,主锁存器工作,从外部 D 输入来的数据则传给了主锁存器,只要时钟维持 1 不变,$Y=D$,而当时钟 CLK 由 0 变为 1 后,从锁存器不工作,输入端 D 的变化只影响到主锁存器的输出,但不影响从锁存器输出,触发器的状态保持不变;当时钟 CLK 回 0 时,主锁存器不工作,与输入端 D 断开,同时,从锁存器使能端有效,Y 的值传给触发器输出。因此,触发器的输出只能在时钟从 1 到 0 即负跳变沿变化的瞬间发生变化。

　　由此可见,时钟触发方式的动作特点是当 CLK 的高电平到达时主锁存器接收信号而从锁存器保持不变;当 CLK 回到低电平时,从锁存器按此前一刻主锁存器的状态翻转。输出端 Q 和 $\bar{Q}$ 状态的变化发生在 CLK 有效电平消失以后,即 CLK 时钟的下降沿。虽然主锁存器是一个电平触发的 D 锁存器,在 CLK 高电平期间仍可能随 D 的变化而多次翻转,但输出端 Q 和 $\bar{Q}$ 的状态在一个 CLK 脉冲周期当中只可能变化一次。

5.2.2　维持阻塞触发器

　　维持阻塞结构的 D 触发器的逻辑电路如图 5.9 所示。

　　该触发器由三个低电平有效的基本 SR 锁存器组成,其中 G_1、G_2 和 G_3、G_4 构成的两个锁存器共用一个外部数据输入 D 和时钟输入端 CLK,它们的输出 Q_2 和 Q_3 作为 $\bar{S}$、$\bar{R}$ 信号控

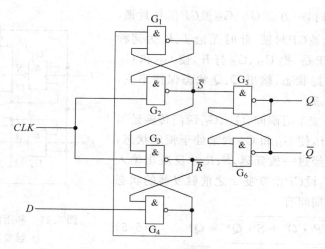

图 5.9　维持阻塞 D 触发器

制由 G_5、G_6 构成的第三个输出锁存器的状态。当 $CLK=0$ 时,输出锁存器 $\bar{S}$ 和 $\bar{R}$ 维持 1 不变,这使得输出保持状态不变,而此时 G_4 门的输出 $Q_4=\bar{D}$,G_1 门的输出 $Q_1=\bar{Q}_4=D$,D 信号进入触发器,为此后触发器状态的刷新做好了准备;当 CLK 变为 1 后瞬间,G_2 和 G_3 的输出 Q_2 和 Q_3 的状态由 G_1 和 G_4 的输出状态决定,即 $\bar{S}=Q_2=\bar{Q}_1=\bar{D}$,$\bar{R}=Q_3=\bar{Q}_4=D$,$\bar{S}$ 和 $\bar{R}$ 信号互补,两者必定有一个是 0,此时触发器状态按此前 D 的值刷新;当 $CLK=1$ 时,如果 $Q_3=1$,则 $Q_2=0$,G_1 和 G_3 门封锁,输入信号 D 不能通过 G_1 和 G_3 门,因此输入端 D 发生变化不会影响触发器的输出状态,从而维持了触发器的 1 状态,阻塞了触发器状态为 0,另一方面如果 $Q_2=0$,则 $Q_3=0$,同理,输入信号 D 不能通过 G_4,因此输入端 D 发生变化不会影响触发器的输出状态,从而维持了触发器的 0 状态,阻塞了触发器状态为 1。这种类型的触发器称为维持阻塞触发器。

　　边沿触发的 D 触发器逻辑符号如图 5.10 所示,除了在 CLK 旁边有一箭头符号外,其他与 D 锁存器相似。这里的箭头符号表示动态输入,这种动态符号说明触发器只对时钟的边沿响应。在方框外与状态符号一起的圆圈表示下降沿触发,没有圆圈表示上升沿触发。

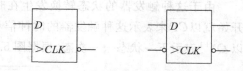

图 5.10　边沿触发的 D 触发器逻辑符号

　　总之,对于上升沿触发器,只有当输入时钟发生上升沿变化时,D 的值才能传给触发器的输出。从 1 到 0 的下降沿变化不会影响触发器的输出,CLK 信号为稳定的逻辑 1 或逻辑 0 都不会影响输出,这种类型的触发器只对从 0 到 1 的上升沿响应。

5.2.3　利用传输延迟的触发器

　　图 5.11 为一种利用传输延迟实现的 JK 触发器电路结构。它由 G_{11}、G_{12}、G_{13} 和 G_{21}、G_{22}、G_{23} 构成的两个与或非门作为触发器的输出电路,而 G_3 和 G_4 两个与非门构成触发器的输入电路接收输入信号 J、K。另外,在制造工艺上保证 G_3 和 G_4 门传输延迟时间大于与或非的翻转时间。

（1）当 $\overline{CP}=0$ 时，一方面 G_{12}、G_{22} 被 $\overline{CP}$ 信号封锁，另一方面，G_3、G_4 也被 $\overline{CP}$ 封锁，此时无论 J、K 为何种状态，$\overline{S}$、$\overline{R}$ 均为 1，于是，把 G_{13}、G_{23} 打开，使 G_{11} 和 G_{21} 形成交叉耦合的保持状态，输出 Q、$\overline{Q}$ 状态保持不变，触发器处于稳定状态。

（2）当 $\overline{CP}$ 由 0 变 1 后瞬间，G_{12}、G_{22} 两门传输延迟时间较短，抢先打开，使 G_{11} 和 G_{21} 继续处于锁定状态，输出仍保持不变。经过一段延迟，$\overline{S}$、$\overline{R}$ 才反映出输入信号 J、K 的作用。设 $\overline{CP}$ 由 0 变 1 之前触发器的状态为 Q^n，则在 $\overline{CP}=1$ 期间有

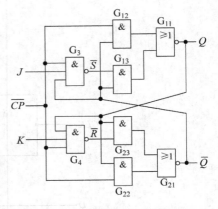

图 5.11　利用传输延迟的 JK
触发器的电路结构

$$Q = \overline{\overline{CP}\cdot\overline{Q^n}+\overline{S}\cdot\overline{Q^n}} = Q^n \tag{5-5}$$

$$\overline{Q} = \overline{\overline{CP}\cdot Q^n+\overline{R}\cdot Q^n} = \overline{Q^n} \tag{5-6}$$

这说明触发器状态仍与 $\overline{CP}$ 跳变前相同，其状态保持不变，同时

$$\overline{S} = \overline{\overline{CP}\cdot J\cdot\overline{Q^n}} = \overline{J\cdot\overline{Q^n}} \tag{5-7}$$

$$\overline{R} = \overline{\overline{CP}\cdot K\cdot Q^n} = \overline{K\cdot Q^n} \tag{5-8}$$

从式（5-7）可知若 $Q^n=1$，则可得 $\overline{S}=1$；反之，若 $Q^n=0$，则可得 $\overline{R}=1$。即 $\overline{S}$、$\overline{R}$ 不可能同时为 0。电路已接收了输入信号 J、K，为触发器状态刷新做好了准备。

（3）当 $\overline{CP}$ 由 1 变 0 后的瞬间，G_{12}、G_{22} 两门抢先关闭，而 G_3、G_4 两门的延迟使 $\overline{S}=\overline{J\cdot\overline{Q^n}}$，$\overline{R}=\overline{K\cdot Q^n}$ 仍作用于 G_{13}、G_{23} 的输入端。在 $\overline{S}$、$\overline{R}$ 还没来得及变化的期间，由于 G_{12}、G_{22} 均输出为 0，其触发器的状态由 $\overline{S}$、$\overline{R}$ 确定，于是，触发器状态由前一状态转换为下一状态。随着 G_3、G_4 门延迟的结束，$\overline{S}$、$\overline{R}$ 均为 1，触发器又进入（1）所分析的情况。

由于这种触发器的状态转换发生在时钟由 1 变 0 瞬间，即时钟脉冲的下降沿，所以从一开始就以 $\overline{CP}$ 来表示这种触发器的时钟信号。在这里以 Q^n 表示触发器现在的状态——现态，以 Q^{n+1} 表示下一状态——次态，根据图 5.11 所示的电路可得 $\overline{S}$、$\overline{R}$ 信号作用后 Q 端的状态

$$Q^{n+1} = \overline{\overline{S}\cdot\overline{R}\cdot\overline{Q^n}} = \overline{\overline{J\overline{Q^n}}\cdot\overline{KQ^n}\cdot\overline{Q^n}}$$

整理得

$$Q^{n+1} = J\overline{Q^n} + \overline{K}Q^n \tag{5-9}$$

式（5-9）称为 JK 触发器的特性方程。

不管是主从触发器还是维持阻塞触发器和利用传输延迟触发器，都是响应时钟信号的有效边沿，这就是边沿触发器的特点。在时钟信号的无效状态时，输入信号进入触发器，为触发器的状态刷新做准备，在时钟信号有效边沿到来后瞬间触发器转换输出状态。

5.2.4　异步预置输入和清零输入

对于前几节讨论的几种触发器，它们的输入数据仅在时钟脉冲的触发边沿到来时才能传送到触发器的输出，也就是说，数据的传送和时钟同步，所以这些触发器输入称为同步输入，大多数集成电路触发器还具有异步输入。这些输入可独立于时钟而影响触发器的状态，

一般称为预置位和清零位,或者直接置位和直接复位。预置输入上的有效电平将会使触发器置位,而清零输入上的有效电平将使触发器复位。具有预置和清零输入的JK触发器的逻辑符号如图 5.12 所示。

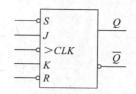

图 5.12 具有低电平有效的预置位和清零输入的 JK 触发器

例 5.2 对于图 5.12 中具有预置位和清零输入的下降沿 JK 触发器以及图 5.13(a)所示的输入,设定 Q 初态为 0,试画出 Q 端的波形。

解:在时钟脉冲 1 之前,置位($\overline{S}$)为低电平,无论输入 J 和 K 如何,在此期间触发器都保持为置位状态,即 1 态;对于时钟脉冲 2、3 和 4,此时 $\overline{S}$ 和 $\overline{R}$ 都为无效电平,此时触发器根据 J 和 K 的情况在时钟 CLK 的下降沿发生变化;对于时钟脉冲 5 到达之前,清零($\overline{R}$)为低电平,无论输入 J 和 K 如何,触发器都保持为复位状态,即 0 态。结果触发器输出如图 5.13(b)所示。

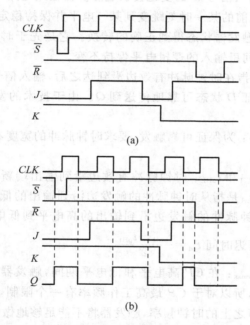

(a)

(b)

图 5.13 具有预置位和清零输入的下降沿 JK 触发器
(a) 输入波形;(b) 输入及 Q 的波形

5.3 触发器的动态特性

当使用边沿触发器时,必须考虑触发器对输入数据和时钟响应的时间,并且要使输出信号能稳定地输出,还必须考虑时钟信号的频率,这就是触发器的动态特性,触发器的动态特性反映其对输入逻辑信号和时钟信号之间的时间要求,以及输出对时钟信号响应的延迟时间。以上升沿触发的 D 触发器为例,图 5.14 所示时序图反映了 D 触发器各信号之间的时间要求及延迟。

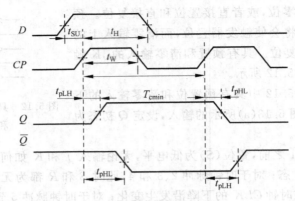

图 5.14　D 触发器时序图

（1）建立时间 t_{SU}：输入信号 D 的变化会引起触发器输入电路的一系列变化，它必须在时钟信号的上升沿到来之前的某一时刻跳变到某一电平并保持稳定，以保证与 D 相关的电路建立起稳定的状态，使触发器状态得到正确的转换。它是先于时钟有效边沿到达所需要的最小时间间隔，在此时间里输入的逻辑电平保持不变。

（2）保持时间 t_H：是指在时钟脉冲有效边沿到达之后，输入信号 D 的逻辑电平需要保持的最小时间间隔，以保证 D 状态可靠地传送到 Q。由于技术的发展，已有许多触发器可把保持时间降到 0。

（3）触发脉冲宽度 t_W：为保证可靠触发，要求时钟脉冲的宽度不小于 t_W，以确保内部各门正确翻转。

（4）传输延迟时间 t_{pLH} 和 t_{pHL}：时钟脉冲有效边沿到输出端新状态稳定建立的时间间隔即为传输延迟时间。t_{pLH} 是指从时钟脉冲的触发边沿到输出的低电平到高电平变换所测得的时间。t_{pHL} 是指从时钟脉冲的触发边沿到输出的高电平到低电平变换所测得的时间，应用中有时取平均传输延迟时间 $t_{pd} = \dfrac{t_{pLH} + t_{pHL}}{2}$。

（5）最高触发频率 f_{cmax}：在 CP 高电平和低电平期间，触发器内部都要完成一系列动作，需要一定的时间延迟，所以对于 CP 最高工作频率有一个限制，它是触发器能够可靠触发的最高速度。在最大值之上的时钟频率，触发器将不能足够地做出响应，并且其功能会受到影响。

5.4　触发器的逻辑功能

在前文列了几种类型的触发器，这几种触发器的触发方式和动作特点有所不同，从这些触发器电路中可以看到，它们都具有存储单元的基本功能，但在逻辑功能上并不完全相同。在输入方式上有的是单输入有的是双输入，其次，现态和次态之间的逻辑关系也不相同，本节进一步讨论触发器的逻辑功能。

如果不考虑触发方式的区别，仅从稳态下逻辑功能的不同，触发器通常分为 D 触发器、JK 触发器、T 触发器、SR 触发器等。需要指出的是，逻辑功能与电路结构是两个不同的概念。同一逻辑功能的触发器可以有不同的电路结构，如前所述的主从 D 触发器和维持阻塞

D 触发器；同时，以同一基本电路结构，也可以构成不同逻辑功能的触发器，如触发器之间逻辑功能的转换。

5.4.1　SR 触发器

凡是在稳态下的逻辑关系符合表 5.3 的触发器，无论何种方式触发，均称为 SR 触发器。

表 5.3　SR 触发器的特性表

S	R	Q^n	Q^{n+1}	S	R	Q^n	Q^{n+1}
0	0	0	0	1	0	0	1
0	0	1	1	1	0	1	1
0	1	0	0	1	1	0	不定#
0	1	1	0	1	1	1	不定#

注："#"表示在 S、R 同时回到 0 以后 Q^* 的状态不定。

表 5.3 为 SR 触发器的特性表，它是以触发器的现态和输入信号为变量，以次态为函数，描述它们之间逻辑关系的真值表。注意：时钟边沿输入没有包含在特性表中，但隐含在时刻 t 和 $t+1$ 之间。从表中可看出，当 $S=R=1$ 时，触发器次态是不能确定的，如果出现这种情况，触发器将失去控制，因此 SR 触发器必须遵循 $SR=0$ 的约束条件。根据表 5.3 特性表可以导出次态与现态、输入信号之间的逻辑关系，借助于约束条件，得到 SR 触发器的特性方程。

$$\begin{cases} Q^{n+1} = S + \bar{R}Q^n \\ SR = 0 \end{cases} \tag{5-10}$$

触发器的功能还可以用图 5.15 所示的状态图更为形象地表示。由特性表可导出状态图，如图 5.15 所示，在图中两个圆圈内标有 1 和 0，表示触发器的两个状态，4 根方向线表示状态转换的方向，分别对应特性表中的 4 行，方向线起点为触发器现态 Q^n，箭头指向相应的次态 Q^{n+1}，方向旁边标出了状态转换的条件，即输入信号 S、R 的逻辑值。

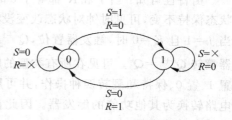

图 5.15　SR 触发器的状态图

5.4.2　D 触发器

凡是在稳态下的逻辑关系符合表 5.4 的触发器，无论何种方式触发，均称为 D 触发器。

表 5.4　D 触发器的特性表

D	Q	Q^{n+1}
0	0	0
0	1	0
1	0	1
1	1	1

特性表中对触发器的现态 Q^n 和输入信号 D 的每种组合都列出了相应的次态 Q^{n+1},根据特性表,得到 D 触发器的特性方程

$$Q^{n+1} = D \qquad (5\text{-}11)$$

D 触发器的次态只与输入 D 有关,与现态无关,这说明次态与 D 相同。注意:D 触发器没有状态不变的情况。不变可以通过两种方法实现,一种是禁止时钟信号有效;另一种是不理会时钟信号,把输出反馈回端 D。这两种方法都可使触发器状态保持不变。

由特性方程可导出 D 触发器的状态图,如图 5.16 所示。

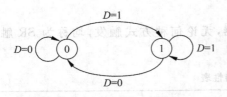

图 5.16 D 触发器的状态图

5.4.3 JK 触发器

凡是稳态下的逻辑关系符合表 5.5 的触发器,无论何种方式触发,均称为 JK 触发器。表 5.5 为 JK 触发器的特性表。

表 5.5 JK 触发器的特性表

J	K	Q	Q^{n+1}	J	K	Q	Q^{n+1}
0	0	0	0	0	1	0	0
0	0	1	1	0	1	1	0
1	0	0	1	1	1	0	1
1	0	1	1	1	1	1	0

由特性可知:当 J 和 K 都等于 0 时,次态与现态相同,可以表示成 $Q^{n+1}=Q^n$,触发器的状态保持不变,可见时钟对状态改变没有作用;当 $K=1$ 且 $J=0$ 时,触发器复位,$Q^{n+1}=0$;当 $J=1$ 且 $K=0$ 时,触发器置位,$Q^{n+1}=1$;当 $J=K=1$ 时,次态与现态互为反相,即触发器翻转 $Q^{n+1}=\overline{Q^n}$。可见在所有类型的触发器中,JK 触发器具有最强的逻辑功能,它能执行置 1、置 0、保持和翻转四种操作,并可用简单的附加电路转换为其他功能的触发器。因此在数字电路中有效广泛地应用。

由特性表并化简可得到其特性方程

$$Q^{n+1} = J\,\overline{Q^n} + \overline{K}Q^n \qquad (5\text{-}12)$$

由特性方程可导出 JK 触发器的状态转换图,如图 5.17 所示。

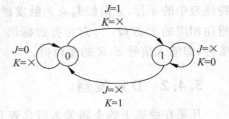

图 5.17 JK 触发器的状态图

5.4.4 T 触发器和 T′ 触发器

凡是稳态下的逻辑关系符合表 5.6 的触发器,无论何种方式触发,均称为 T 触发器。在某些应用中,需要计数功能进行控制,当控制信号 $T=1$ 时,每来一时钟脉冲,它的状态就翻转一次;而当 $T=0$ 时,则不对时钟信号做出响应而保持状态不变。

表 5.6 T 触发器的特性表

T	Q	Q^{n+1}
0	1	1
0	0	0
1	0	1
1	1	0

由特性表可得 T 触发器的特性方程和状态图如图 5.18 所示。

$$Q^{n+1} = T\overline{Q^n} + \overline{T}Q^n \tag{5-13}$$

比较 JK 触发器和 T 触发器的特性方程可知,如果令 $J = K = T$,则两特性方程相同。实际上只要将 JK 触发器的 J、K 端连在一起作为 T 输入端,就可方便实现 T 触发器的功能。

当 T 触发器的 T 输入端固定地接高电平即 $T = 1$,代入 T 触发器的特性方程得

$$Q^{n+1} = \overline{Q^n} \tag{5-14}$$

也就是说,时钟信号每作用一次,触发器则翻转一次,这种特定的 T 触发器常在集成电路内部逻辑图中出现,称为 T' 触发器。它的输入只有时钟信号,上升沿触发的 T' 触发器逻辑符号如图 5.19 所示。

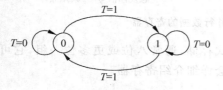

图 5.18 T 触发器的状态图

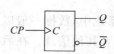

图 5.19 T' 触发器的逻辑符号

T 触发器可由 JK 触发器得到,再比较 JK 触发器的特性方程和 SR 触发器的特性方程,如果令 JK 触发器的 $J = S$,$K = R$,则在不出现 $S = R = 1$ 的情况下,得到的特性表与 SR 触发器的特性表完全相同,因此,可以说 JK 触发器的逻辑功能中完全包含了 T 触发器和 SR 触发器的逻辑功能。正是由于这个原因,在触发器的集成电路产品中通常只生产 JK 触发器和 D 触发器,而不生产 SR 触发器和 T 触发器。

强调一点,就是触发器的触发方式和逻辑功能是两个不同的概念,触发方式的类型和逻辑功能的类型没有固定的对应关系。

每一种触发方式的触发器都可以做成不同逻辑功能的触发器,例如边沿触发的触发器既有 D 触发器,也有 SR 触发器、JK 触发器、T 触发器,它们同样都具备边沿触发方式的运作特点。反过来,同一逻辑功能的触发器中,各具有不同的触发方式。

5.5 触发器的应用

5.5.1 并行数据存储

触发器的特点都是能存储数据。图 5.20 显示一组触发器同时保存来自并行线的几位

数据,图中使用了 4 个触发器,4 个并行数据线的每一个都连接到触发器的 D 输入端,触发器的时钟输入连接在一起,使得每个触发器都由相同的时钟脉冲来触发。图中,当时钟的上升沿到来时,D 输入端的数据被触发器同时存储。异步复位(R)输入连接到共同的 $\overline{CLR}$ 上,用来对所有的触发器进行复位。

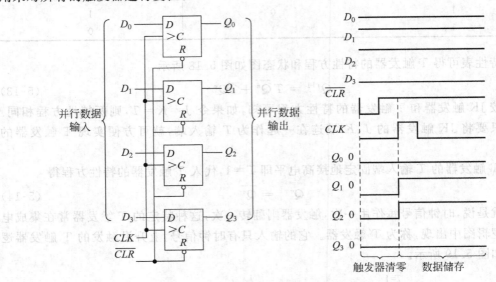

图 5.20　用来存储并行数据的寄存器

在数字系统中,数据一般以多位一组的形式存储,通常八位或更多位一组,它可以表示数字、代码或者其他信息。在后面的章节中将会详细介绍寄存器。

5.5.2　分频

触发器的另一应用是对周期信号的频率进行分频。当 JK 触发器的输入端 $J=K=1$ 时,脉冲波形加在 JK 触发器的时钟输入,那么此时触发器在每一个时钟边沿改变状态,如图 5.21 所示,触发器的输出频率为时钟输入频率的一半,因此一个 JK 触发器可以做成 2 分频的芯片。如果将两个触发器连接在一起如图 5.22 所示,那么经过分析可知,触发器 B 的输出是触发器 A 输出的 2 分频,也就是说触发器 B 的输出是时钟输入的 4 分频,在这里不考虑传输延迟时间。

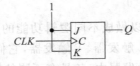

图 5.21　一个 JK 触发器实现 2 分频的逻辑电路图及波形图

以这种方式连接触发器,就可以实现 2^n 分频,这里 n 是触发器的个数。例如,三个触发器可以实现 $2^3 = 8$ 分频,四个触发器可以实现 $2^4 = 16$ 的分频,依此类推。

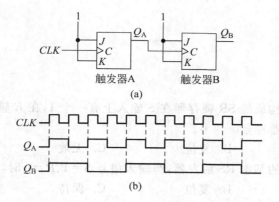

图 5.22 两个 JK 触发器实现 4 分频的逻辑电路图及波形图

(a) 逻辑电路图；(b) 波形图

5.5.3 计数

触发器的一个重要应用可以在数字计数器方面，如图 5.23(a) 所示。在图中两个触发器的初始状态为 0，且都是下降沿触发，触发器 A 的输出作为触发器 B 的时钟脉冲，因此每次 Q_A 从高电平到低电平转换时，触发器 B 就会翻转，Q_A 和 Q_B 的波形如图 5.23(b) 所示。

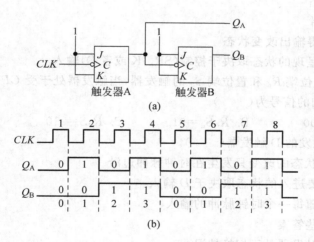

图 5.23 2 位二进制计数器

(a) 逻辑电路图；(b) 波形图

观察图 5.23 中 Q_A 和 Q_B 序列，第一个时钟脉冲下降沿到达之前，$Q_A = 0$ 和 $Q_B = 0$，到达之后，$Q_A = 1$ 和 $Q_B = 0$；在第二个时钟脉冲下降沿到达之后，$Q_A = 0$ 和 $Q_B = 1$；在第三个时钟脉冲下降沿到达之后，$Q_A = 1$ 和 $Q_B = 1$。如果设定 Q_A 为最低有效位，那么在触发器 A 和触发器 B 输出端产生 2 位的序列，这个二进制序列每 4 个时钟脉冲重复一次，如图 5.23 波形图所示。因此，这两个触发器按顺序计数，从 0 到 3（00,01,10,11），然后返回 0 重新开始该顺序。依此类推，将 n 个触发器按此连接可以进行 2^n 计数。

习题

一、选择题

1. 如果由或非门构成的 SR 锁存器在 S 输入上有一个 1,在 R 输入上有一个 0,然后 S 输入变为 0,那么锁存器将会(　　)。

    A. 置位　　　　　　　B. 复位　　　　　　　C. 无效　　　　　　　D. 消零

2. 用与非门构成的基本 RS 触发器,当输入信号 $\bar{S}=1$,$\bar{R}=0$ 时,其逻辑功能(　　)。

    A. 置位　　　　　　　B. 复位　　　　　　　C. 保持　　　　　　　D. 不定

3. 对于门控 D 锁存器,(　　)情况下 Q 输出总是等于 D 输入?

    A. 在启动脉冲之前　　　　　　　　　　B. 在启动脉冲期间

    C. 在启动脉冲之后　　　　　　　　　　D. 答案 B 和 C

4. 能够存储 0 和 1 二进制信息的器件是(　　)。

    A. TTL 门　　　　　　B. CMOS 门　　　　　C. 触发器　　　　　　D. 译码器

5. 触发器是一种(　　)。

    A. 单稳态电路　　　　B. 无稳态电路　　　　C. 双稳态电路　　　　D. 三稳态电路

6. 触发器的时钟输入的目的是(　　)。

    A. 清除芯片

    B. 设置芯片

    C. 总是使得输出改变状态

    D. 使输出呈现的状态取决于控制(SR、JK 或者 D)输入

7. 具有直接复位端 $\bar{R}_d$ 和置位端 $\bar{S}_d$ 的触发器,当触发器处于受 CP 脉冲控制的情况下工作时,这两端所加的信号为(　　)。

    A. $\bar{R}_d\bar{S}_d=00$　　　B. $\bar{R}_d\bar{S}_d=01$　　　C. $\bar{R}_d\bar{S}_d=10$　　　D. $\bar{R}_d\bar{S}_d=11$

8. 对于边沿触发的 D 触发器(　　)。

    A. 触发器状态的改变只发生在时钟脉冲边沿

    B. 触发器要进入的状态取决于 D 输入

    C. 输出跟随每一个时钟脉冲的输入

    D. 所有这些答案

9. 当(　　),触发器处于切换情况。

    A. $J=1,K=0$　　　B. $J=1,K=1$　　　C. $J=0,K=0$　　　D. $J=0,K=1$

10. JK 触发器的输入 $J=1$ 和 $K=1$,时钟输入频率为 10kHz。Q 输出为(　　)。

    A. 保持为高压　　　B. 保持为低压　　　C. 10kHz 方波　　　D. 5kHz 方波

11. 下列触发器中,具有置 0、置 1、保持、翻转功能的是(　　)。

    A. RS 触发器　　　　B. D 触发器　　　　C. JK 触发器　　　　D. T 触发器

12. 当现态 $Q^n=0$ 时,具备时钟条件后 JK 触发器的次态 Q^{n+1} 为(　　)。

    A. $Q^{n+1}=J$　　　B. $Q^{n+1}=K$　　　C. $Q^{n+1}=0$　　　D. $Q^{n+1}=1$

13. 图示触发器电路,正确的输出波形是(　　　)。

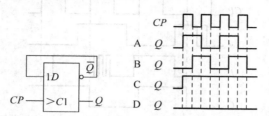

14. 图示触发器电路,正确的输出波形是(　　　)。

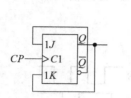
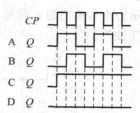

二、填空题

1. 触发器是双稳态触发器的简称,它由逻辑门加上适当的 _____ 线耦合而成,具有两个互补的输出端 Q 和 $\bar{Q}$。

2. 双稳态触发器有两个稳定状态,一是 _____,二是 _____。

3. 触发器有两个输出端 Q 和 $\bar{Q}$,正常工作时端 Q 和 $\bar{Q}$ 的状态 _____,以 _____ 端的状态表示触发器的状态。

4. 按逻辑功能划分,触发器可以分为 RS 触发器、_____ 触发器、_____ 触发器和 _____ 触发器四种类型。

5. 时钟触发器也称同步触发器,其状态的变化不仅取决于 _____ 信号的变化,还取决于 _____ 信号的作用。

6. 当 CP 无效时,D 触发器的状态为 $Q^{n+1}=$ _____;当 CP 有效时,D 触发器的状态为 $Q^{n+1}=$ _____。

7. 要用边沿触发的 D 触发器构成一个 2 分频电路,将频率为 $100\,\text{Hz}$ 的脉冲信号转换为 $50\,\text{Hz}$ 的脉冲信号,其电路连接形式为 _____。

8. JK 触发器的特性方程为 $Q^{n+1}=$ _____;当 CP 有效时,若 $J=K=1$,则 JK 触发器的状态为 $Q^{n+1}=$ _____。

9. 负边沿触发器,状态的变化发生在 CP 的 _____,其他期间触发器保持原态不变。

10. 各种钟控触发器中,不需具备时钟条件的输入信号是 _____ 和 _____。

11. JK 触发器的特性方程为 $Q^{n+1}=J\bar{Q}^n+\bar{K}Q^n$,当 CP 有效时,若 $Q^n=0$,则 $Q^{n+1}=$ _____;若 $Q^n=1$,则 $Q^{n+1}=$ _____。

12. JK 触发器处于翻转时输入信号的条件是 _____。

13. 下页图中,已知时钟脉冲 CP 和输入信号 J、K 的波形,则边沿 JK 触发器的输出波形 _____(正确,错误)。

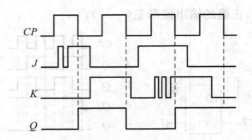

三、分析作图题

1. 如图题 1 所示为由与非门组成的基本触发器，已知输入端 $\overline{S}$ 和 $\overline{R}$ 的电压波形，画出输出端 Q 和 $\overline{Q}$ 的电压波形。

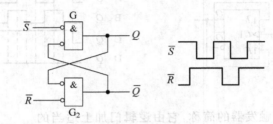

图题 1

2. 由或非门组成的触发器和输入端信号如图题 2 所示，请写出触发器输出 Q 的特性方程。设触发器的初始状态为 1，画出输出端 Q 的波形。

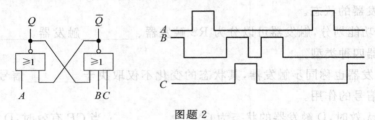

图题 2

3. 钟控的 RS 触发器如图题 3 所示，设触发器的初始状态为 0，画出输出端 Q 的波形。

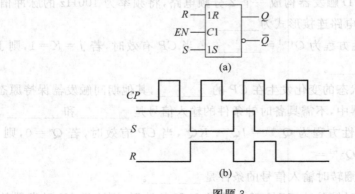

(a)

(b)

图题 3

(a) 逻辑符号；(b) 输入波形

4. 试分析如图题 4 所示由或非门交叉耦合组成的逻辑电路,说明电路的逻辑功能。

5. 如图题 5 所示为一种特殊的触发器,输出 X 代表触发器的状态。试写出其状态转换表,画出状态转换图,并说明其功能。

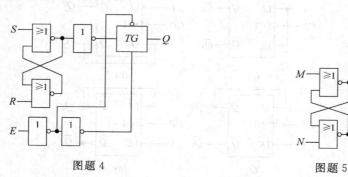

图题 4   图题 5

6. 边沿 D 触发器如图题 6 所示,确定相关于时钟的 Q 输出,并分析其特殊功能。设触发器的初始状态为 0。

7. 上边沿触发的 JK 触发器的起始状态为 0,CP、J、K 端的波形如图题 7 所示,试画出 $Q,\bar{Q}$ 的输出波形。

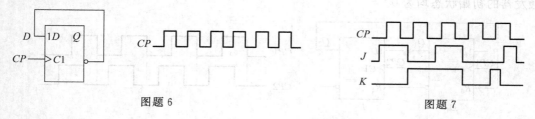

图题 6   图题 7

8. 写出如图题 8 所示电路的触发器的状态方程。若已知 A、B 及 CP 的波形,试画出各触发器 Q 端的波形,设各触发器的初态为 0。

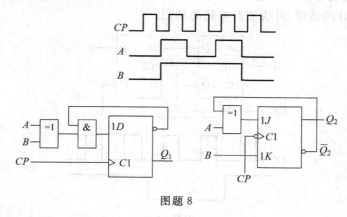

图题 8

9. 由 D 触发器构成 JK 触发器。

10. 由 D 触发器构成 T 触发器。

11. 将 JK 触发器转换为 T' 触发器有几种方案?画出连线图。

12. 电路如图题 12 所示,设各 JK 触发器的初态均为 0,画出在 $\overline{CP}$ 脉冲作用下 Q 端的波形。

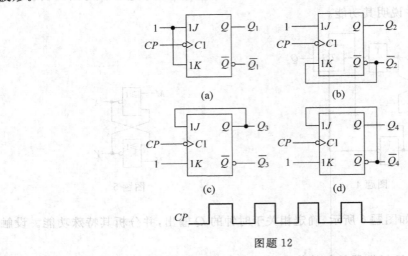

图题 12

13. 已知逻辑电路和输入信号如图题 13 所示,画出各触发器输出端 Q_1、Q_2 的波形。设触发器的初始状态均为 0。

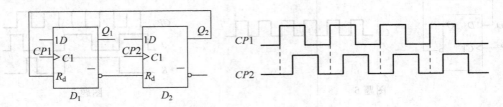

图题 13

14. 触发器的初态均为 0,输入波形为 A 及 CP,由 JK 触发器构成的电路如图题 14 所示。试画出输出 B 的波形,并说明此电路的功能。

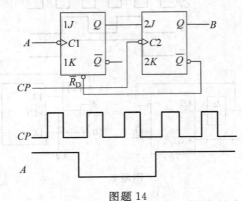

图题 14

15. 触发器的初态为 0,电路如图题 15 所示,时钟信号 CP 和输入信号 A 的波形如图题 15 所示,试画出输出 Q_1、Q_2 的波形。

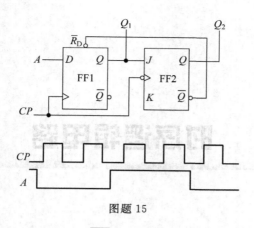

图题 15

16. 电路如图题 16 所示,试画出在 $\overline{CP}$ 作用下 X 和 Y 的波形,并说明 X 和 Y 的时间关系。设各触发器的初态为 0。

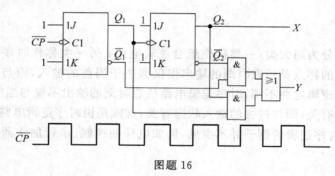

图题 16

第6章

时序逻辑电路

数字逻辑电路分为两大类,一类称作组合逻辑电路;另一类称作时序逻辑电路。组合逻辑电路逻辑功能的特点是任意时刻的输出仅仅取决于当前的输入,而与电路过去的工作状态无关。与组合逻辑电路不同,时序逻辑电路任意时刻的输出不仅与当前的输入有关,还与电路原来的状态有关,即与过去的输入状态有关,这就是说时序逻辑电路是具有记忆的电路。日常生活中,时序逻辑的例子并不少见,例如电梯的控制、串行加法器便是典型的时序逻辑问题。

6.1 时序逻辑电路的结构与特点

时序逻辑电路的状态是一组状态变量的集合,这些变量在任意时刻的数值,包含了用于估计电路未来行为所需要电路过去行为的全部信息。因此,输入信号对时序电路的激励以及它对电路行为所产生的影响等信息全都存储在电路的状态变量中,这些信息与现在的输入信号一起,共同决定时序电路未来的行为。一般时序逻辑电路的组成框图如图 6.1 所示。从图中可以看出,时序逻辑电路由进行逻辑运算的组合逻辑电路和起记忆作用的存储电路两部分构成。存储电路一般由各种类型的触发器或延时电路所组成。图中 $X(X_1, X_2, \cdots, X_i)$ 是时序逻辑电路的输入信号,$Z(Z_1, Z_2, \cdots, Z_j)$ 是时序逻辑电路的输出,$S(S_1, S_2, \cdots, S_m)$ 为存储器的状态输出信号,如用触发器作存储器,则习惯用 $Q_1, Q_2, \cdots, Q_m$ 表示状态输出信号,$E(E_1, E_2, \cdots, E_k)$ 为存储器的激励输入信号。用触发器作存储器,根据所选用触发器的不同类型,激励信号可以是 JK、D、T 等。图 6.1 所示时序逻辑电路的另一结构特点是,存储电路的输出被反馈到组合电路的输入端,与输入信号共同决定时序逻辑电路的输出状态。它们之间的逻辑关系可以表示为式(6-1)、式(6-2)和式(6-3)。

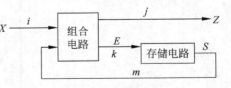

图 6.1 一般时序逻辑电路模型

$$Z = F_1(X, S^n) \tag{6-1}$$

$$E = F_2(X, S^n) \tag{6-2}$$
$$S^{n+1} = F_3(E, S^n) \tag{6-3}$$

式(6-1)表示时序电路的输出与输入信号、电路的状态之间的关系,称为输出方程。式(6-2)表示时序电路激励信号与输入信号、电路的状态之间的关系,称为激励方程。式(6-3)表示存储电路从现态到次态的转换,称为状态方程,S^{n+1} 表示存储电路的次态,S^n 表示存储电路的现态。

综上所述,时序逻辑电路具有以下主要结构和工作特点:

(1) 时序逻辑电路由组合逻辑电路和存储电路组成。

(2) 时序逻辑电路中存在着反馈,电路的工作状态与时间因素有关,即时序逻辑电路的输出不仅与该时刻的输入有关,而且与电路以前的状态有关,即时序逻辑电路的输出由电路的输入和电路的状态共同决定。

根据存储电路中所有的触发器动作分类,将时序逻辑电路分为同步时序逻辑电路和异步时序逻辑电路。在同步时序逻辑电路中,所有触发器的时钟输入端都接同一个时钟脉冲源,因而所有的触发器都是在同一个时钟的同一脉冲边沿操作下,状态的转换是同步发生的。而在异步时序逻辑电路中,不是所有的触发器都使用同一个时钟信号,或电路中没有时钟脉冲,因而电路在转换过程中触发器的翻转不是同步发生的,在时间上有先有后。

同步时序逻辑电路在时钟的统一控制下,从一个状态转换到另一状态,许多文献称这种逻辑电路为同步状态机。那么,一个状态机究竟有多少个状态? 状态机的状态个数完全取决于状态存储器中所含触发器的个数。由于每个触发器的输出为 Q 即状态变量,所以状态机的状态个数也取决于状态变量的个数,如果一个状态存储器是由 n 个触发器所构成,则该状态机就含有 n 个状态变量,状态机的状态个数最多为 2^n 个。因为触发器 n 是一个有限值,因此 2^n 也是一个有限值,所以有时同步时序电路又称为有限状态机(Finite State Machines,FSM)。

在实际应用中,并不是每个具体的时序逻辑电路都必须具备图6.1和式(6-1)、式(6-2)、式(6-3)所表述的标准形式。例如,在一类时序逻辑电路中,输出只取决于存储电路的状态,与输入没有关系,这时输出方程可简化为

$$Z = F_1(S^n) \tag{6-4}$$

我们把这一类时序逻辑电路称为摩尔(Moore)型电路,与之相对应,把输出不仅与当时的输入有关,而且与存储电路的状态有关的电路称为米里(Mealy)型电路。摩尔型电路只不过是米里型电路的一个特例。

6.2 时序电路逻辑功能的表述

在前面我们阐述了组合电路的功能可以用输出函数表达式,也可用真值表和波形图来表述。相应地,时序电路可用逻辑方程组、状态表、状态图和时序图来表述。一般地,有了输出方程组、激励方程组和状态方程组,那么时序电路的逻辑功能就能被唯一地确定下来,这三个方程组体现了信号之间的直接或间接的时序关系,另外还需要用能够直观反映电路状态变化全过程的状态表和状态图来表明电路的逻辑功能。这三组方程、状态表和状态图之

间可以相互转换,根据其中任一表述形式,都可画出时序图。

6.2.1　逻辑方程组

图 6.2 所示的同步时序电路由组合逻辑电路和存储电路组成,其中存储电路由两个 D 触发器 FF0、FF1 构成,电路的输入信号为 X,输出信号为 Z,两个 D 触发器的状态 Q_0、Q_1 为电路的状态。根据图 6.2 所示时序电路的连接关系,可写出:

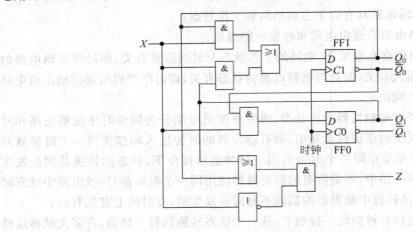

图 6.2　时序逻辑电路举例

（1）输出方程组

$$Z = (Q_1 + Q_0)\overline{X} \tag{6-5}$$

（2）激励方程组

$$D_1 = XQ_0 + XQ_1 \tag{6-6}$$

$$D_0 = X\overline{Q_0} \tag{6-7}$$

（3）状态方程组

将激励方程(6-6)和方程(6-7)分别代入触发器的特性方程,就得到状态方程。这里将式(6-6)和式(6-7)代入 D 触发器的特性方程 $Q^{n+1} = D$,得状态方程组

$$Q_1^{n+1} = (Q_0^n + Q_1^n)X \tag{6-8}$$

$$Q_0^{n+1} = \overline{Q_0^n}X \tag{6-9}$$

6.2.2　状态表

输入、输出和触发器状态的时序可以用状态转换表来描述,如表 6.1 所示。与真值表类似,其中已知变量为现态 Q_1^n、Q_0^n 和输入 X,未知变量为次态 Q_1^{n+1}、Q_0^{n+1} 和输出 Z。状态表即触发器在输入所有可能二进制组合作用下状态的转换。

通常,如果时序电路有 m 个触发器和 n 个输入端,状态转换真值表就要有 2^{m+n} 行。从 0 到 $2^{m+n}-1$ 的二进制值罗列在现态和输入部分。次态部分有 m 列,每一列对应一个触发器。次态的二进制值直接由状态方程得到。输出部分的列数与输出变量相同,有多个输出变量,就有多少输出列,其二进制值由输出方程得到。

表 6.1 图 6.2 所示电路的状态转换表

现　　态		输　入	次　　态		输　出
Q_1^n	Q_0^n	X	Q_1^{n+1}	Q_0^{n+1}	Z
0	0	0	0	0	0
0	0	1	0	1	0
0	1	0	0	0	1
0	1	1	1	0	0
1	0	0	0	0	1
1	0	1	1	1	0
1	1	0	0	0	1
1	1	1	1	0	0

有时可将状态转换真值表稍作改动即为状态表,如表 6.2 所示,它是表 6.1 的集约形式。状态表只有三个部分:现态、次态和输出,输入的可能取值在次态和输出的下面罗列出来,表中对于每一个现态、次态和输出都有两种可能,分别对应输入的两种取值。需要注意的是,表中的输出值是现态和输入的函数,而不是次态的函数。

表 6.2 图 6.2 所示电路的状态表的集约形式

$Q_1^n Q_0^n$	$Q_1^{n+1} Q_0^{n+1}/Y$	
	$X=0$	$X=1$
00	00/0	01/0
01	00/1	10/0
10	00/1	11/0
11	00/1	10/0

如果将各触发器的输入激励信号列在表格中,就得到了状态转换真值表,如表 6.3 所示。其中激励信号也是未知量,它是输入变量和现态变量的逻辑函数。把输入变量和现态变量的各种取值组合分别代入激励方程中就可知道激励信号的各个数值,然后将它们列入表中,状态转换真值表也用于时序逻辑电路的设计中。在实际应用中,往往不区分状态转换表和状态转换真值表,而是将这二者统称为状态表。在实际列写状态表时,可根据需要来确定在表中列上或是不列上激励信号这一栏。

表 6.3 图 6.2 所示电路的状态转换真值表

现　　态		输　入	激　励　信　号		次　　态		输　出
Q_1^n	Q_0^n	X	D_1	D_0	Q_1^{n+1}	Q_0^{n+1}	Z
0	0	0	0	0	0	0	0
0	0	1	0	1	0	1	0
0	1	0	0	0	0	0	1
0	1	1	1	0	1	0	0
1	0	0	0	0	0	0	1
1	0	1	1	1	1	1	0
1	1	0	0	0	0	0	1
1	1	1	1	0	1	0	0

　　与状态转换表和状态转换真值表的作用不同的是还有状态转换驱动表,它是用于设计时序逻辑电路的工具。它的格式与前两者有所不同。在状态转换驱动表中,已知变量是当前输入信号、现态以及次态;而未知变量则是当前的输出变量和各触发器的输入驱动信号。因此,在列写状态转换驱动表时,将已知变量列在表格左边,而将未知变量列于表格右边,表 6.4 列出图 6.2 所示的状态转换驱动表,以后将体会到状态转换驱动表在设计时序逻辑电路方面的作用。

表 6.4　图 6.2 所示电路的状态转换驱动表

现　　态		输　入	次　　态		输　　出	激　励　信　号	
Q_1^n	Q_0^n	X	Q_1^{n+1}	Q_0^{n+1}	Z	D_1	D_0
0	0	0	0	0	0	0	0
0	0	1	0	1	0	0	1
0	1	0	0	0	1	0	0
0	1	1	1	0	0	1	0
1	0	0	0	0	1	0	0
1	0	1	1	1	0	1	1
1	1	0	0	1	1	0	1
1	1	1	1	0	0	1	0

6.2.3　状态图

　　状态表中的信息也可用状态图的图形方式表示出来,可将表 6.1 转换成图 6.3 所示的状态图,它可以更直观形象地表示出电路的状态转换过程。它以信号流图形式表示了电路的逻辑功能。在状态图中,状态表示成圆圈,圆圈中的二进制码为触发器状态(又称状态编码),用有向连线从一个圆圈连到另一个圆圈表示状态之间的转换。用有向连线从一个圆圈连到其本身,说明状态没有发生变化,标注在有向连线旁左、右两侧的二进制数分别表示状态转换前输入信号的逻辑值和相应的输出逻辑值。必须注意,沿着有向连线标注的输出只发生在现态和特定输入条件下,与转移到次态没有关系。例如,从 00 到 01 的有向连线被标注了 1/0,其含义是:当时序电路的现态是 00,输入是 1 时,输出为 0,在下一个时钟到来后,电路进入次态 01。如果输入为 0,那么输出就变为 0。

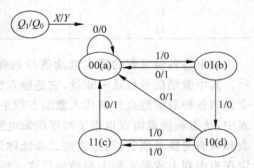

图 6.3　图 6.2 所示电路的状态图

　　状态表和状态图之间没有任何区别。状态表比较容易从逻辑电路图和状态方程中得到,状态图从状态表得到。状态图能直观地显示状态之间的转换关系,比较适合人们理解电路工作的过程。

6.2.4　时序图

　　通常把时序电路的状态和输出对时钟脉冲序列和输入信号响应的波形图称为时序图,

它是全面反映时序逻辑电路的输出信号和状态信号随时间变化规律的图形。它能直观地表示时序电路中各信号之间在时间上的对应关系。时序图可从逻辑方程组、状态表或状态图得到。图 6.4 为图 6.2 所示电路的时序图。

使用时序图时需要注意,有时它并不完全表达出电路状态转换的全部过程,因为在时序图中,有时不能完全列出所有的现态和输入的取值组合,而是可能根据需要仅画出部分组合,如在图 6.4 中就没有表达出当状态为 11 而输入为 0 时状态转换和输出的波形。

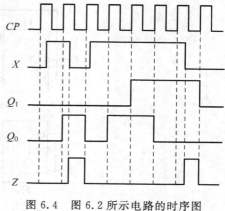

图 6.4　图 6.2 所示电路的时序图

6.3　同步时序逻辑电路的分析

在同步时序电路中,所有的触发器受同一时钟控制,只有在时钟到来时,电路中所有触发器的状态才能发生改变。如果时钟没有到来,即使输入信号发生变化,它也只能影响输出,但决不会改变电路的状态。为了保证系统可靠地工作,要求时钟脉冲的间隔不能太短,只有在前一个时钟脉冲引起的电路响应完全稳定后,下一个时钟脉冲才能到来,否则电路状态会发生混乱。在对同步时序电路进行分析和设计时一般都不把时钟信号看成时序电路的输入变量,而只是把它作为时间基准。

同步时序电路的分析是对已知的逻辑电路图,研究其在一系列输入序列作用下电路的状态转换情况及输出情况,进而理解这个电路的逻辑功能。同步时序电路分析的关键是要确定电路状态的变化规律,这个规律通常用电路的状态表、状态图和波形图表示。因此,时序电路分析的主要任务就是要根据时序电路求出电路的状态表、状态图或波形图。

6.3.1　分析同步时序逻辑电路的一般步骤

分析同步时序逻辑电路一般按如下步骤进行:

(1) 弄清电路的结构组成,分清电路的输入、输出信号及触发器的类型和状态变量等;

(2) 根据逻辑电路图,列出各触发器的激励方程和电路的输出方程;

(3) 把激励方程分别代入相应触发器的特性方程,求出每个触发器的状态方程;

(4) 根据状态方程组和输出方程组,列出电路的状态表,画出状态图或波形图;

(5) 分析电路的工作原理、特点,进而确定电路的逻辑功能。

下面通过实例加深对分析过程的理解。

6.3.2　同步时序逻辑电路分析举例

例 6.1　分析图 6.5 所示同步时序电路的逻辑功能。

解:(1) 电路组成。首先分析电路的组成结构。此电路由两个 JK 触发器组成,这两个

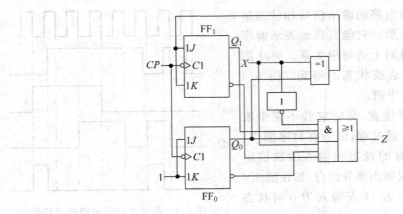

图 6.5 例 6.1 的逻辑电路图

JK 触发器由同一个 CP 时钟触发,其状态变量为 $Q_1 Q_0$,一个输入信号 X,一个输出信号 Z,输出与输入有关,这是米里型电路。

(2) 列出电路的激励方程和输出方程,它们分别为

$$J_1 = K_1 = X \oplus Q_0 \tag{6-10}$$

$$J_0 = K_0 = 1 \tag{6-11}$$

$$Z = Q_1 Q_0 \overline{X} + \overline{Q_1}\, \overline{Q_0} X \tag{6-12}$$

(3) 将激励方程代入 JK 触发器的特性方程 $Q^{n+1} = J\overline{Q^n} + \overline{K}Q^n$ 得状态方程

$$Q_1^{n+1} = (X \oplus Q_0^n) \oplus Q_1^n \tag{6-13}$$

$$Q_0^{n+1} = \overline{Q_0^n} \tag{6-14}$$

式(6-12)、式(6-13)和式(6-14)描述了图 6.5 所示电路的逻辑功能,但尚不能直接看出电路的逻辑功能,需进一步导出电路的状态表或状态图。

(4) 作电路的状态表、状态图及时序图。

首先将电路可能出现的现态和输入组合在状态表中列出,本例中需将 00、01、10、11 四个可能的现态列在 $Q_1^n Q_0^n$ 栏中,并把输入 $X=0$ 和 $X=1$ 列在 $Q_1^{n+1} Q_0^{n+1}/Z$ 栏中。然后将现态和输入逻辑值一一代入上述输出方程组和状态方程组,分别求出输出和次态逻辑值。例如,将 $Q_1 = Q_0 = X = 0$ 代入输出方程,得到 $Z=0$,将 $Q_1^n = Q_0^n = X = 0$ 代入两个状态方程,得到 $Q_1^{n+1} = 0$ 和 $Q_0^{n+1} = 1$,于是可在状态表 $Q_1^{n+1} Q_0^{n+1}/Z$ 栏下,$X=0$ 这一列的第一行填入 01/0。依此类推,最后列出状态表,如表 6.5 所示。

表 6.5 例 6.1 的状态表

$Q_1^n Q_0^n$	$Q_1^{n+1} Q_0^{n+1}/Z$	
	$X=0$	$X=1$
00	01/0	11/1
01	10/0	00/0
10	11/0	01/0
11	00/1	10/0

由状态表到状态图，如图 6.6 所示。

设定电路的初始状态 $Q_1Q_0=00$，根据状态表和状态图，可画出在一系列 CP 脉冲作用下电路的时序图，如图 6.7 所示。

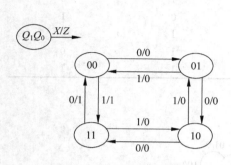

图 6.6　例 6.1 的状态图

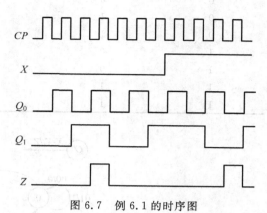

图 6.7　例 6.1 的时序图

（5）逻辑功能分析。

观察状态图和时序图可知，当 $X=0$ 时，进行加计数，在一串 CP 脉冲的作用下，电路的状态变化规律为 $00 \rightarrow 01 \rightarrow 10 \rightarrow 11$，每经过 4 个时钟脉冲作用，电路的状态循环一次，它实现了一个模 4 加法计数器的功能；当 $X=1$ 时，进行减计数，电路的状态变化规律为 $11 \rightarrow 10 \rightarrow 01 \rightarrow 00$，$Z$ 端在 Q_1Q_0 为 11 时输出 1。在进行加计数时，可以利用 Z 信号的下降沿触发进位操作；在减计数则可用 Z 信号的上升沿触发借位操作。因此该电路是一同步模 4 加/减计数器。

例 6.2　分析图 6.8 所示电路的逻辑功能。设两个输入信号序列 X_2、X_1，有

X_2：1 0 1 0 1 0 0 1 1 0 1 0

X_1：1 1 1 0 0 0 1 1 0 0 0 1

且触发器的初始状态为 0，求电路的输出响应序列。

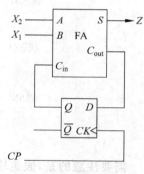

图 6.8　例 6.2 的逻辑电路图

解：（1）电路组成。电路的输入信号是 X_2 和 X_1，输出是 Z。电路的组合电路部分是一位全加器；存储器部分由一个 D 触发器构成。输出 Z 同时是输入 X_2、X_1 和现态 Q^n 的组合逻辑函数，这是一个米里型的同步时序电路。

（2）列出电路的激励方程和输出方程，它们分别为

$$D = C_{out} = X_2X_1 + X_2Q^n + X_1Q^n$$
$$Z = A \oplus B \oplus C_n = X_2 \oplus X_1 \oplus Q$$

（3）将激励方程代入 D 触发器的特性方程 $Q^{n+1}=D$ 得状态方程

$$Q^{n+1} = D = X_2X_1 + (X_2 + X_1)Q^n$$

（4）作电路的状态表、状态图及时序图。

根据上面的三组逻辑方程，对输入和现态的每一种组合均得出其相应的次态和输出，从而列出完整的状态转换表如表 6.6 所示，状态图如图 6.9 所示，时序图如图 6.10 所示。

表 6.6　例 6.2 状态转换表

X_2	X_1	Q^n	Q^{n+1}	Z
0	0	0	0	0
0	0	1	0	1
0	1	0	0	1
0	1	1	1	0
1	0	0	0	1
1	0	1	1	0
1	1	0	1	0
1	1	1	1	1

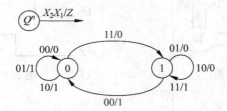

图 6.9　例 6.2 状态图

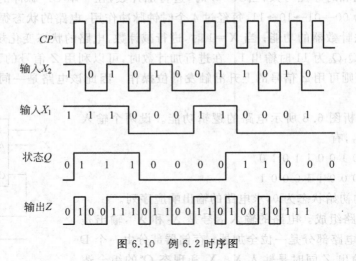

图 6.10　例 6.2 时序图

需要注意的是,假定输入信号 X_2 和 X_1 与时钟的边沿同步,即输入信号 X_2 和 X_1 的电平变化均发生在时钟的上升沿或是均发生在时钟的下降沿。图 6.8 所示的时序电路的状态翻转发生在时钟的上升沿(图中使用了上升沿触发的 D 触发器),所以在图 6.10 中让 X_2 和 X_1 的电平均发生在时钟的下降沿。这样是为了保证在时钟上升到达之前,输入信号 X_2 和 X_1 的电平值均已处于稳定状态。

(5) 逻辑功能分析。

该电路很难从状态图上看出它的逻辑功能,但从时序图中可看出,这个同步时序电路是一个串行加法器。其中:X_2 序列和 X_1 序列分别为被加数和加数(二进制数),它们以串行的方式、按照时钟的节拍逐位输入到时序电路中(最低有效位在先);输出序列信号 Z 是加法运算的结果和。它也是按着时钟的节拍、以串行的方式逐位输出的(最低有效位在先)。

从图 6.10 的输出信号 Z 的波形中可看出,真正有效的输出信号发生在时钟的下降沿和上升沿之间;而在时钟的上升沿和下降沿之间,输出 Z 的电平值是不可靠的。这是因为,在时钟的正跳变之后状态翻转,此时的现态信号是上一位的数值。所以在此期间的 Z 电平值,实际上是被加数与加数某对应位相加所产生的进位位再一次和该位的被加数和加数相加的和,之所以出现这种情形,是由米里型时序电路的特点所决定的,即它的输出信号同时是现态和输入的函数,因此在时钟的上升沿和下降沿之间反映输出 Z 的电平值不是真正的"和"输出。

例 6.3 分析如图 6.11 所示的同步时序电路。

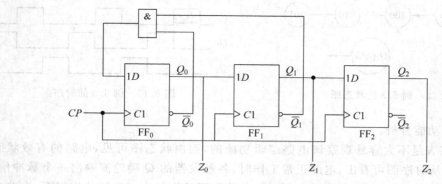

图 6.11 例 6.3 的逻辑电路图

解:(1)电路组成。由图 6.11 可知该电路由三个 D 触发器构成同步时序电路,没有输入信号,是摩尔型电路,电路的状态变量 Q_0、Q_1、Q_2 分别作为输出 Z_0、Z_1、Z_2。

(2)列出电路的激励方程和输出方程,它们分别为

$$D_0 = \overline{Q_1^n}\ \overline{Q_0^n}$$

$$D_1 = Q_0^n$$

$$D_2 = Q_1^n$$

$$Z_0 = Q_0$$

$$Z_1 = Q_1$$

$$Z_2 = Q_2$$

(3)将激励方程代入 D 触发器的特性方程 $Q^{n+1} = D$ 得状态方程

$$Q_0^{n+1} = \overline{Q_1^n}\ \overline{Q_0^n}$$

$$Q_1^{n+1} = Q_0^n$$

$$Q_2^{n+1} = Q_1^n$$

(4)作电路的状态表、状态图及时序图。

由于该电路的输出 Z_2、Z_1、Z_0 就是各触发器的状态,所以状态表中可不再单列输出栏。并且输出中没有输入信号。其状态表如表 6.7 所示,状态图如图 6.12 所示,设定电路的初始状态为 $Q_2Q_1Q_0 = 000$,可画出时序图如图 6.13 所示。

表 6.7　例 6.3 的状态表

Q_2^n	Q_1^n	Q_0^n	Q_2^{n+1}	Q_1^{n+1}	Q_0^{n+1}	Q_2^n	Q_1^n	Q_0^n	Q_2^{n+1}	Q_1^{n+1}	Q_0^{n+1}
0	0	0	0	0	1	1	0	0	0	0	1
0	0	1	0	1	0	1	0	1	0	1	0
0	1	0	1	0	0	1	1	0	1	0	0
0	1	1	1	1	0	1	1	1	1	1	0

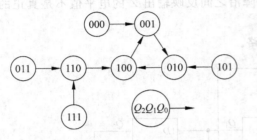

图 6.12　例 6.3 的状态图

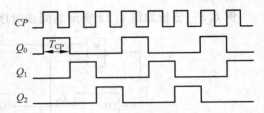

图 6.13　例 6.3 的时序图

（5）逻辑功能分析。

仅由状态表是不太容易观察该电路逻辑功能的，而由状态图可见，电路的有效状态是 3 位循环码。从时序图可看出，电路正常工作时，各触发器的 Q 端轮流输出一个脉冲信号，其宽度为一个 CP 周期，循环周期为 $3T_{CP}$，这个动作可看作是在 CP 脉冲作用下，电路把宽度为 T_{CP} 的脉冲依次分配给各端，因此，电路的功能为脉冲分配器或节拍脉冲产生器。

例 6.1 所示的电路输出是输入变量 X 及触发器输出 Q_1、Q_0 的函数，这就是米里型电路或米里型状态机，它的一般化模型如图 6.14 所示。与米里型电路不同，图 6.11 中的电路输出仅仅取决于各触发器的状态，而不受电路当时的输入信号影响或没有输出变量，这就是摩尔型电路或摩尔型状态机，其一般化模型如图 6.15 所示。

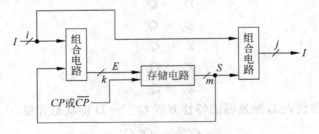

图 6.14　米里型电路模型

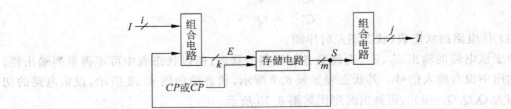

图 6.15　摩尔型电路模型

在摩尔型时序电路中,输出是与时钟同步的,这是因为与输出有关的触发器输出是与时钟同步的,输出信号仅取决于电路的状态,输入信号影响电路状态的时间仅限于时钟脉冲边沿前的瞬间,从而提高了电路的抗干扰性能,在后面要阐述的计数器就属于这类电路。对于米里型时序电路,在时钟周期中,如果输入发生变化,输出也可能发生变化。除此之外,输出可能还会有瞬间的错误出现,其原因是输入变化时间和触发器输出变化时间不一致。为了使米里型时序电路也符合同步要求,时序电路的输入必须与时钟同步,并且输出仅仅在时钟边沿被采样。

6.4 异步时序逻辑电路的分析

异步时序逻辑电路的分析方法与同步时序逻辑电路的基本相同,但在异步时序逻辑电路中,只有部分触发器由时钟脉冲信号源触发,而其他触发器则由电路内部信号触发。异步时序电路与同步时序电路的主要区别在于电路中没有统一的时钟脉冲,因而各触发器不是同时更新其状态,状态之间没有准确的分界。因此在分析异步时序电路时必须注意以下几点:

(1) 在分析状态转换时必须考虑各触发器的时钟信号作用情况,不仅要写出输出方程组、激励方程组、状态方程组,还要写出时钟方程组。

在分析状态转换时,首先应根据给定的电路列出各个触发器时钟信号的逻辑方程组。

(2) 每一次状态转换必须从输入脉冲信号作用的第一个触发器开始分析起,逐级确定。

同步时序电路的分析可以从任意一个触发器开始推导状态的转换,而异步时序电路每一次状态转换的分析必须从输入脉冲信号作用的第一个触发器开始推导,确定其状态的变化,然后根据它的输出信号作用的下一个触发器分析,进一步确定该触发器是否发生状态转换。依此类推,直至最后一个触发器。待全部触发器的状态转换导出后,最终确定电路的次态,给出状态表或状态图。

(3) 每一次状态转换都有一定的时间延迟。

同步时序电路的所有触发器是同时转换状态的,与之不同,异步时序电路各个触发器之间的状态转换存在一定的延迟,也就是说,从现态 S^n 到次态 S^{n+1} 的转换过程中有一段“不稳定”的时间。在此期间,电路的状态是不确定的。只有当全部触发器状态转换完毕,电路才进入新的“稳定”状态,即次态 S^{n+1},换言之,一个有效的时钟脉冲边沿只对触发器作用一次。下面通过具体的实例加以说明。

例 6.4 试分析如图 6.16 所示的电路的逻辑功能,并画出状态图和时序图。

解: 由图 6.16 可看出,三个 JK 触发器没有接统一的时钟,FF_1 的时钟信号输入连接 FF_0 的 Q_0 端,即 FF_1 由 Q_0 端输出的下降沿来触发,这是异步时序逻辑电路。

(1) 列出各逻辑方程组。

时钟方程:$CP_0 = CP_2 = CP$ (FF0 和 FF2 由 CP 的下降沿触发)

$\qquad CP_1 = Q_0$ (FF1 由 Q_0 输出的下降沿触发)

输出方程:$Y = Q_2$

激励方程:$J_2 = Q_1^n Q_0^n, K_2 = 1$

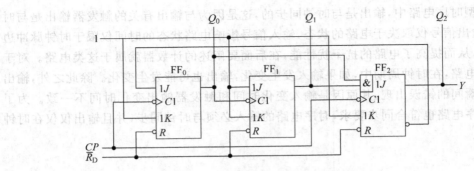

图 6.16　例 6.4 的逻辑电路图

$$J_1 = K_1 = 1$$

$$J_0 = \overline{Q_2^n}, K_0 = 1$$

状态方程：$Q_2^{n+1} = J_2\overline{Q_2^n} + \overline{K_2}Q_2^n = Q_0^nQ_1^n\overline{Q_2^n}$

$$Q_1^{n+1} = J_1\overline{Q_1^n} + \overline{K_1}Q_1^n = \overline{Q_1^n}$$

$$Q_0^{n+1} = J_0\overline{Q_0^n} + \overline{K_0}Q_0^n = \overline{Q_0^n}\overline{Q_2^n}$$

（2）列状态转换真值表。

状态方程只有在满足时钟条件后，将现态的各种取值代入计算才有效，从现态 $Q_0^nQ_1^nQ_2^n =$ 000 开始列真值表。应从 CP 所能作用的第一个触发器 FF_0 或 FF_2 开始推导其状态，根据 FF_0 和 FF_2 的状态方程，得到其次态，将次态列入状态转换表中。在第一个 CP 的下降沿，Q_0 由 0→1，产生了上升沿，此时 FF_1 状态不会改变，保持 0 不变。在第二个 CP 的下降沿，Q_0 由 1→0，产生了下升沿，此时 FF_1 状态改变，根据其状态方程，Q_1 由 0→1 其状态发生改变，类似的，在分析了 Q_0 的基础上，根据其状态的变化来判断是否产生下降沿，从而来确定 Q_1 的状态是否转换。依此类推，可得电路的完全状态表，如表 6.8 所示。

表 6.8　例 6.4 的状态表

现	态		次	态		输		出	
Q_2^n	Q_1^n	Q_0^n	Q_2^{n+1}	Q_1^{n+1}	Q_0^{n+1}	Y	CP_2	CP_1	CP_0
0	0	0	0	0	1	0	↓	↑	↓
0	0	1	0	1	0	0	↓	↓	↓
0	1	0	0	1	1	0	↓	↑	↓
0	1	1	1	0	0	0	↓	↓	↓
1	0	0	0	0	0	1	↓	↓	↓
1	0	1	0	1	0	1	↓	↓	↓
1	1	0	0	1	0	1	↓	↑	↓
1	1	1	0	0	0	1	↓	↓	↓

（3）根据状态转换表可画出该电路的状态图和时序图，如图 6.17 所示。该图或表表明，当电路处于循环外的状态（101、110 和 111 三个状态）时，在 CP 信号出现第一个下降沿后，电路便能进入有效循环状态。

（4）由状态表或图可看出，该电路在输入第 5 个计数脉冲时，返回初始状态 000 态，同时输出端输出一外向跳变的进位信号。因此该电路为异步五进制计数器。

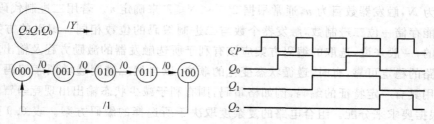

图 6.17 例 6.4 的状态图和时序图

6.5 同步时序逻辑电路设计

时序逻辑电路设计实际是一个综合逻辑电路的过程,其任务是根据给定的逻辑功能需求选择适当的逻辑器件,设计出符合要求的时序电路。设计时序电路的过程一般是从说明电路逻辑功能的文字描述开始,经过一系列的综合手段,最终得到描述该时序电路的逻辑方程组,即输出方程组、状态方程组和激励方程组并由此画出时序电路的逻辑图为止,一般来讲,当得到描述时序电路的逻辑方程组(主要是输出方程组和激励方程组)时,设计工作就基本完成。本节主要讨论同步时序逻辑电路的设计,它是时序电路设计的基础。

6.5.1 设计同步时序逻辑电路的一般步骤

设计同步时序电路的基本步骤如下:

(1) 由给定的逻辑功能建立原始的状态图和原始状态表

依据文字描述的设计要求进行逻辑抽象得到的状态转换图,称为原始状态图,它是设计时序逻辑电路关键的一步。原始状态图的建立,需要确定以下三个问题:①输入和输出变量的数目,并用字母表示;②确定系统的状态数,即电路中所有可能需要记忆的信息,用字母或数字表示;③状态之间的转换关系,即在规定条件下每个状态转换到另一状态的方向。可以假定一个初始状态,以该状态作为现态,根据输入条件确定输出及次态。

为了不影响逻辑设计的正确性,在建立原始状态图或表时,允许引入多余的状态。由于以后所有的设计步骤都在原始状态图的基础上进行,只有在它们全面、正确反映给定设计要求的条件下,才有可能获得成功的设计结果。

(2) 状态化简

由于在建立原始状态图或表时,主要考虑的是如何正确地反映设计要求,因此可能隐含了多余的状态。为了减少所设计电路的复杂程度及所用器件的数量,需要对原始状态图或表进行化简,消去多余的状态,得到简化的状态图或表。状态化简是建立在状态等价的基础上的。如果有两个或两个以上的状态,它们在所有相同的输入组合下,不仅有相同的输出而且向同一方向状态转换,则称这两个或两个以上状态是等价状态。互为等价的两个或两个以上状态可以合并成一状态。

(3) 状态分配

选择一组状态变量的编码,并用这组编码命名状态图中的各个状态,这一过程称为状态分配或状态编码。在这个过程中,同时也确定了所需触发器的个数,它与状态的个数有关。

若状态数为 N,触发器数目为 n,通常根据 $2^{n-1}<N\leqslant 2^n$ 来确定 n。若用二进制代码,根据一个触发器能存储一位二进制数,触发器个数与二进制编码的位数相同。编码的方案可以是多种多样的,一般来说,选取的编码方案应该有利于所选触发器的激励方程及输出方程的化简以及电路的稳定可靠,有时,遵循状态变化的顺序,以自然二进制递增顺序编码可简化电路。而使用具有一定特征的编码,例如格雷码,则有利于减少状态输出出现竞争冒险的可能性,也可根据要求来分配。组合电路的复杂度取决于所选择的编码方案。表 6.9 列出了三种状态编码方案,第一种方案是顺序编码,即按照二进制数顺序来分配码制。第二种方案是格雷码编码,相邻状态只有一位不同,这样有利于逻辑代数的化简。第三种方案是一位独热码,这种编码在设计控制电路时经常使用。

表 6.9　三种可能二进制状态分配方案

状态	分配方案 1 顺序编码	分配方案 2 格雷码	分配方案 3 一位独热码
a	000	000	00001
b	001	001	00010
c	010	011	00100
d	011	010	01000
e	100	110	10000

（4）选择触发器类型

触发器类型选择的余地是非常小的。小规模集成电路的触发器产品,大多是 D 触发器和 JK 触发器。

（5）确定激励方程组和输出方程组

根据状态分配后的状态表,用卡诺图法和代数法对逻辑函数进行化简,可得到电路的激励方程组和输出方程组。实际上一旦触发器的类型和数目确定后,设计过程就从时序电路问题转化成了组合电路问题。

（6）检验时序电路的自启动性,画出所设计的时序电路的逻辑图

在同步时序电路设计中会出现没有用到的无效状态,当电路工作后由于某种原因可能会陷入无效状态而不能退出,故设计的最后一步应检验电路是否能进入有效状态,即是否具有自启动的功能,若电路不能自启动,则返回第（5）步修改设计,按照最终得到的逻辑方程组,画出所设计的时序电路的逻辑图。

以上各步骤都归结到图 6.18 中。这些步骤只是设计同步时序电路的一般步骤,它们不是一成不变的。在设计时序电路的实践中,有些步骤是可以省略的。

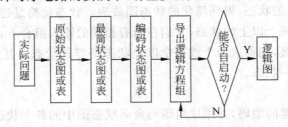

图 6.18　同步时序逻辑电路设计的一般步骤

6.5.2 同步时序逻辑电路设计举例

例6.5 设计一个"1111"序列检测器。该检测器的功能是：当在电路的输入端连续输入4个或4个以上的"1"时，电路的输出为"1"，其余情况下电路的输出均为"0"。注：电路输入端的数据个数是以时钟的周期来划分的。

解：（1）由给定的逻辑功能建立原始状态图和原始状态表。

序列检测器是一种同步时序电路。当它检测到输入端上出现"特定"的输入序列值时，其输出端上会出现指定性的响应。以时钟周期为基准，在连续的时钟周期过程中，一个序列中的数值相继到电路的输入端，我们假定：输入序列中的每一个数值都是在时钟的有效跳变沿之前到达电路的输入端并保持稳定。因此，电路有一个输入变量 X 和一个输出变量 Z，电路需要记忆的已输入信号序列有"1""11""111""1111"4种，再加上初始状态，电路有5个状态，分别为：

S_0：初始状态，电路还未收到一个有效"1"；

S_1：收到第1个有效"1"以后电路所处的状态；

S_2：连续收到2个有效"1"以后电路所处的状态；

S_3：连续收到3个有效"1"以后电路所处的状态；

S_4：连续收到4个有效"1"以后电路所处的状态。

根据功能描述，从状态 S_0 开始，逐步分析在每一个状态下，当输入变量 $X=0$ 和 $X=1$ 两种情况时电路所应具有的输出及所要转向的次态。在初始状态下，若 $X=0$，则是收到0，应保持在状态 S_0 不变；若 $X=1$，则转向状态 S_1，表示电路收到一个1。当在状态 S_1 时，若 $X=0$，则表明连续输入编码为10，不是需要记忆的状态，则应回到初始状态 S_0，重新开始检测；若 $X=1$，则进入状态 S_2，表示已连续收到两个1。在状态 S_2 时，若 $X=0$，则破坏连续收4个1的条件，前面连续收到的2个1作废，电路输出 Z 为0并返回到状态 S_0，重新开始检测；若 $X=1$，则进入状态 S_3。依此类推，这样就得到了图6.19所示的原始的状态图和表6.10所示的原始状态表。

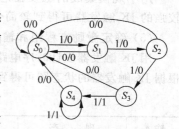

图6.19 例6.5的原始状态图

表6.10 例6.5的原始状态表

现态	次态/输出	
	$X=0/$	$X=1$
S_0	$S_0/0$	$S_1/0$
S_1	$S_0/0$	$S_2/0$
S_2	$S_0/0$	$S_3/0$
S_3	$S_0/0$	$S_4/1$
S_4	$S_0/0$	$S_4/1$

（2）状态化简。

观察表6.10现态栏中 S_3 和 S_4，可以看出，当 $X=0$ 和 $X=1$ 时，分别具有相同的次态和相同的输出，S_3 和 S_4 为等价状态，可以合并为一个状态，用 S_3 表示。其余的没有等价状态，于是得到化简后的状态表，如表 6.11 所示。从实际物理意义也不难理解这种化简，当进入状态 S_3 后，电路已接收到 3 个 1，这时若输入 1，则意味着已连续收 4 个 1，下一步电路可回到初始状态，以准备新的一轮检测，原始状态表中的状态 S_4 显然是多余的。

表 6.11   例 6.5 化简后的状态表

现态	次态/输出	
	$X=0/$	$X=1$
S_0	$S_0/0$	$S_1/0$
S_1	$S_0/0$	$S_2/0$
S_2	$S_0/0$	$S_3/0$
S_4	$S_0/0$	$S_4/1$

（3）状态分配。

化简后的状态表中有 $N=4$ 个独立的状态，通常根据 $2^{n-1} < N \leqslant 2^n$，选定触发器的个数 $n=2$，且令 $S_0=00$，$S_1=01$，$S_2=10$，$S_3=11$，没有无效状态，可得编码后的状态转换图，如图 6.20 所示。

（4）选定触发器类型。

用小规模集成的触发器芯片设计时序电路时，选用逻辑功能较强的 JK 触发器可得到较简化的组合电路。

（5）确定激励方程组和输出方程组。

用 JK 触发器设计时序电路时，电路的激励方程需要间接导出。根据 JK 触发器的状态图可得到状态转换驱动表，如表 6.12 所示。

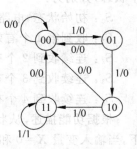

图 6.20   化简并编码后的状态转换图

表 6.12   例 6.5 的状态转换驱动表

输入	现 态		次 态		输出	激 励 信 号			
X	Q_1^n	Q_0^n	Q_1^{n+1}	Q_0^{n+1}	Z	J_1	K_1	J_0	K_0
0	0	0	0	0	0	0	×	0	×
0	0	1	0	0	0	0	×	×	1
0	1	0	0	0	0	×	1	0	×
0	1	1	0	0	0	×	1	×	1
1	0	0	0	1	0	0	×	1	×
1	0	1	1	0	0	1	×	×	1
1	1	0	1	1	0	×	0	1	×
1	1	1	1	1	1	×	0	×	0

根据表 6.12 可分别画出两个触发器的输入 J、K 和电路输出 Z 的卡诺图，如图 6.21 所示。

化简可得到激励方程组和输出方程。

$$\begin{cases} J_1 = XQ_0^n, \quad K_1 = \overline{X} \\ J_0 = X, \quad K_0 = \overline{XQ_1^n} \end{cases}$$
$$Z = XQ_1Q_0$$

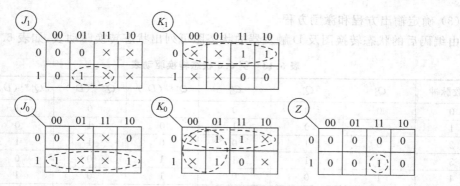

图 6.21　激励信号 J、K 和输出信号 Z 的卡诺图

（6）画出逻辑图，并检查自启动能力。

根据激励方程和输出方程可画出逻辑图，如图 6.22 所示。因为该电路没有无效状态，则无须检查自启能力。

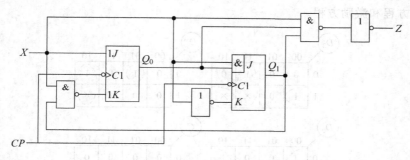

图 6.22　例 6.5 的逻辑电路图

例 6.6　试用 D 触发器设计一个同步六进制加计数器。

解：（1）根据设计要求画出电路的状态转换图。

从计数器的分析可知，计数器不需要输入，可以有输出，也可以没有输出，题中没有要求，因此，设计出的电路可以带输出也可以不带输出。本题输出设计成每计 6 个脉冲输出高电平有效，把 S_5 回到 S_0 的进位信号 C 作为输出。

六进制计数器应有 6 个状态 $S_0 \sim S_5$，状态之间的转换关系如图 6.23 所示。

（2）状态分配。

由于六进制计数器需要有 6 个状态，因此无须化简。由 $2^{n-1} < N \leqslant 2^n$ 可知，触发器需要 3 个。在进行状态分配时，可采取不同方案。在此，选用二进制递增计数编码。可以分别选用 3 位二进制编码中的前 6 种组合、后 6 种组合、中间 6 种组合。在这里选用前 6 种组合，即令 $S_0 = 000, S_1 = 001, S_2 = 010, S_3 = 011, S_4 = 100, S_5 = 101$，这样得到编码后的状态转换图如图 6.24 所示。

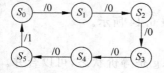

图 6.23　例 6.6 的原始状态转换图

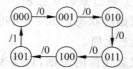

图 6.24　例 6.6 状态编码后的状态转换图

（3）确定输出方程和激励方程。

由编码后的状态转换图及 D 触发器的状态图可列出状态转换驱动表,如表 6.13 所示。

表 6.13　例 6.6 状态转换驱动表

计数脉冲	Q_2^n	Q_1^n	Q_0^n	$Q_2^{n+1}(D_2)$	$Q_1^{n+1}(D_1)$	$Q_0^{n+1}(D_0)$	C
0	0	0	0	0	0	1	0
1	0	0	1	0	1	0	0
2	0	1	0	0	1	1	0
3	0	1	1	1	0	0	0
4	1	0	0	1	0	1	0
5	1	0	1	0	0	0	1
6	1	1	0	×	×	×	×
7	1	1	1	×	×	×	×

由状态转换驱动表可得到计数器的输出及激励信号的卡诺图,如图 6.25 所示。由卡诺图可得输出方程和激励方程。

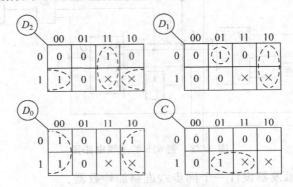

图 6.25　六进制计数器的激励信号及输出的卡诺图

激励方程:
$$\begin{cases} D_2 = Q_1^n Q_0^n + Q_2^n \overline{Q_0^n} \\ D_1 = \overline{Q_2^n} Q_1^n Q_0^n + Q_1^n \overline{Q_0^n} \\ D_0 = \overline{Q_0^n} \end{cases}$$

输出方程:
$$C = Q_2 Q_0$$

（4）检查自启动能力,并画出电路图。

根据激励方程及输出方程可画出六进制的逻辑电路,如图 6.26 所示。将无效状态 110 和 111 分别代入激励方程和输出方程进行计算,可得到次态分别为 111 和 100,因为 100 是有效状态,所以电路具有自启动能力。可画出完整状态图,如图 6.27 所示。

例 6.7　给定的逻辑功能如图 6.28 所示,试用 D 触发器设计时序逻辑电路。

解:（1）列出原始状态表。

根据原始的状态图 6.28 可得原始的状态表,如表 6.14 所示。

（2）状态化简。

根据状态化简的原则,观察表 6.14 发现,状态 e、g 是等价状态,可以合并。将表 6.14 中状态 g 一行去除,并用状态 e 替换表 6.14 中的状态 g 得第一次化简后的状态表 6.15。

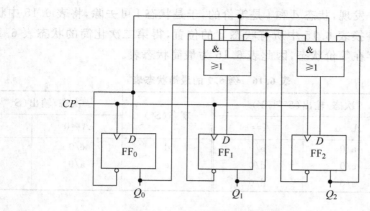

图 6.26 例 6.6 的逻辑电路图

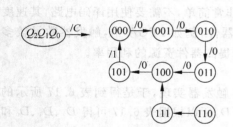

图 6.27 图 6.26 电路的完整状态电路图

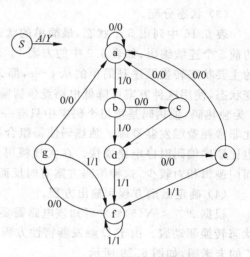

图 6.28 例 6.7 的原始状态图

表 6.14 例 6.7 的原始状态表

现态(S^n)	次态/输出(S^{n+1}/Y)		现态(S^n)	次态/输出(S^{n+1}/Y)	
	$A=0$	$A=1$		$A=0$	$A=1$
a	a/0	b/0	e	a/0	f/1
b	c/0	d/0	f	g/0	f/1
c	a/0	d/0	g	a/0	f/1
d	e/0	f/1			

表 6.15 表 6.13 的第一次化简

现态(S^n)	次态/输出(S^{n+1}/Y)		现态(S^n)	次态/输出(S^{n+1}/Y)	
	$A=0$	$A=1$		$A=0$	$A=1$
a	a/0	b/0	d	e/0	f/1
b	c/0	d/0	e	a/0	f/1
c	a/0	d/0	f	e/0	f/1

再观察表 6.15 发现,状态 d 和 f 是等价的,于是状态 f 可去除,将表 6.15 中状态 f 一行去除,并用状态 d 替换表 6.15 中所有状态 d 的位置,得第二次化简的状态表 6.16,继续观察该表,发现已不存在等价状态,因此表 6.16 为最简状态表。

表 6.16 例 6.7 的最简状态表

现态(S^n)	次态/输出(S^{n+1}/Y)		现态(S^n)	次态/输出(S^{n+1}/Y)	
	$A=0$	$A=1$		$A=0$	$A=1$
a	a/0	b/0	d	e/0	d/1
b	c/0	d/0	e	a/0	d/1
c	a/0	d/0			

上述状态化简过程将原有的 7 个状态化简为 5 个。

(3) 状态分配。

表 6.16 中列出 5 个状态,最简单的状态分配是使用自然二进制码,取二进制计数序列的前 5 个连续编码,如表 6.9 中的方案 1。表 6.9 中所列方案 2 为格雷码。如果状态图所示的主要状态转换顺序是简单的从 a～e,那么它从一状态转换到下一状态仅有一个触发器改变状态,使用这种方案可降低电路竞争冒险的可能,提高电路的可靠性。表 6.9 中所列方案 3 为独热码,独热码是指每个码字中只有一位为 1,其他为 0。每位需要使用一个触发器,因此非常耗费触发器资源。独热码使得组合逻辑电路非常简单,不需要使用译码电路,其速度也比顺序编码时序电路要快。在大规模可编程逻辑器件,例如 FPGA 中,触发器数量较多而门逻辑相对较少,这种编码方案有时反而更有利于提高器件资源的利用率。

(4) 确定激励方程和输出方程。

根据 $2^{n-1} < N(5) \leqslant 2^n$ 可知该电路需要用 3 个 D 触发器实现,于是得到表 6.17 所示的状态转换驱动表。由于 D 触发器特性方程为 $Q^{n+1}=D$,所以根据表 6.17 可得 D_2、D_1、D_0 和 Y 的卡诺图,如图 6.29 所示。

表 6.17 例 6.7 的状态转换驱动表

Q_2^n	Q_1^n	Q_0^n	A	$Q_2^{n+1}(D_2)$	$Q_1^{n+1}(D_1)$	$Q_0^{n+1}(D_0)$	Y
0	0	0	0	0	0	0	0
0	0	0	1	0	0	1	0
0	0	1	0	0	1	0	0
0	0	1	1	0	1	1	0
0	1	0	0	0	0	0	0
0	1	0	1	0	1	1	0
0	1	1	0	1	0	0	0
0	1	1	1	0	1	1	1
1	0	0	0	0	0	0	0
1	0	0	1	0	1	1	1

经卡诺图化简,得激励方程:

$$D_2 = Q_2^{n+1} = Q_1^n Q_0^n \overline{A}$$

$$D_1 = Q_1^{n+1} = \overline{Q_1^n} Q_0^n + Q_1^n A + Q_2^n A$$

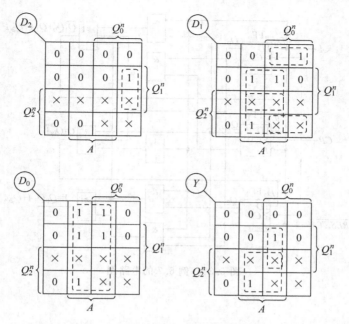

图 6.29 表 6.17 的卡诺图

$$D_0 = Q_0^{n+1} = A$$

输出方程:

$$Y = Q_1 Q_0 A + Q_2 A$$

（5）检查自启动，画出电路图。

该电路有 3 个无效状态：101、110 和 111，将这 3 个状态作为现态，在不同的输入变量作用下分别代入电路的状态方程组而求次态。结果证实，这 3 个状态在一个时钟周期后全部进入有效状态，该电路可自启动，完整状态图如图 6.30 所示。根据激励方程和输出方程，可画出该电路的电路图，如图 6.31 所示。

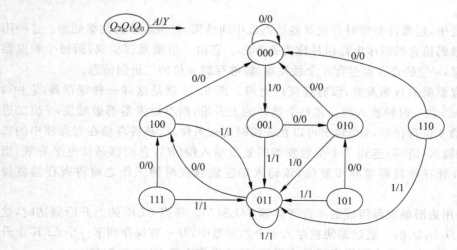

图 6.30 例 6.7 的完整状态图

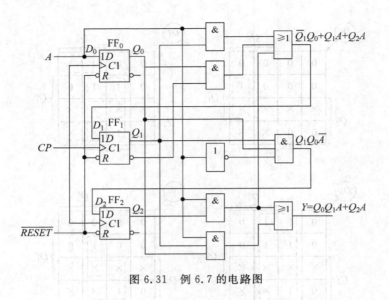

图 6.31　例 6.7 的电路图

6.6　常用的时序逻辑电路器件

　　与组合逻辑电路类似,在时序逻辑电路中也有一些模块电路在各种应用场合经常出现。这些模块电路同样被做成了标准化的中规模集成电路,并作为 EDA 软件中的标准模块,存储在元器件库中,为运用 EDA 技术设计复杂逻辑功能的数字系统打下基础,这些模块电路主要是寄存器和计数器两大类,它们与各种组合电路一起,可以构成逻辑功能极其复杂的数字系统。本节介绍在数字系统中广泛应用的几种典型中规模的时序逻辑电路器件。

6.6.1　寄存器和移位寄存器

1. 寄存器

　　在数字系统中,经常需要暂时存放某些数据或中间结果,以供后续的数据处理。这种用来存放二进制数码信息的时序电路组件称为寄存器。它由一组触发器构成,而每个触发器能存储一位信息,n 位的寄存器包含 n 个触发器,能够存储 n 位的二进制信息。

　　简单的寄存器就只含触发器,没有任何门电路。图 6.32 就是这样一种寄存器,它由 4 个 D 触发器构成,共一时钟输入端。在每个脉冲的上升沿,所有触发器都被触发,4 位二进制数据被传送给 4 位寄存器,4 个输出可以在任何时刻被采样,以获得存储在寄存器中的二进制信息,复位输入(清零)连到了 4 个触发器的复位输入端(R),它们都是低电平有效,当该输入为 0 时,所有触发器被异步复位,该输入端还能够在时钟工作之前将寄存器复位到 0。

　　图 6.33 是用边沿触发器组成的 4 位寄存器 74LS175。每当 CLK 的上升沿到达时,这一瞬间加到 $D_3 D_2 D_1 D_0$ 的一组数据便被存入 4 个触发器中,并一直保存到下一个 CLK 上升沿到达为止。此外,在电路中还设置了异步复位,复位操作不受 CLK 的控制。

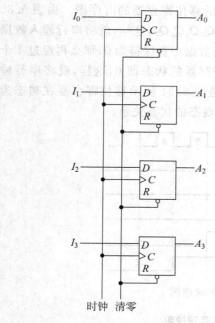

图 6.32　4 位寄存器

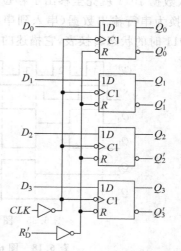

图 6.33　4 位寄存器 74LS175 的逻辑图

2. 移位寄存器

当寄存器同时具有移位功能时,就成为移位寄存器。移位寄存器是一种用途十分广泛的数字器件,如在串行数字通信中,发送端常用移位寄存器先存放需要发送的多位信息,然后再一位一位地发出(这个过程称为并-串数据变换);相应地在接收端也用移位寄存器一位一位地接收从线路上传递过来的信息,待接收完一组后才从移位寄存器中取走(这个过程称为串-并数据变换)。移位寄存器还可以用作计数器,只不过其计数的方式不再符合传统意义上的加/减计数规律,而仅是用若干种电路状态的组合来表示若干个不同的"数"。

(1) 基本移位寄存器

图 6.34 所示是一个由 D 触发器构成的 4 位移位寄存器,图中所有触发器的时钟都接在一起。

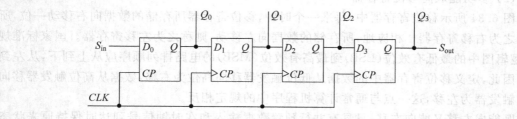

图 6.34　由 D 触发器构成的 4 位移位寄存器

由 D 触发器的特性可知,$Q_i^{n+1} = D_i = Q_{i-1}$,$i = 1, 2, 3$,$Q_0^{n+1} = D_0 = S_{in}$,即 $Q_3^{n+1} Q_2^{n+1} Q_1^{n+1} Q_0^{n+1} = Q_2^n Q_1^n Q_0^n S_{in}$。由此可见,每来一个时钟,沿移位寄存器中所存储的数据将向右移一位。例如,移位寄存器的初态为 $Q_3^n Q_2^n Q_1^n Q_0^n = 0101$,$S_{in} = 1$,则时钟沿到达后移位寄存器的状态变为 1011,也就是将左 3 位分别移至右 3 位,而最左边为 S_{in}。设 $S_{in} = 1011$

且移位寄存器初始状态为 0 时,图 6.35 是图 6.34 所示的移位寄存器的时序图。由图 6.35 可知,经过 4 个脉冲后,串行输入数据 1011 分别移到了 $Q_0Q_1Q_2Q_3$,这样,就将串行输入数据转为并行输出数据(串入到并出);如果此后数据输入端数据一直保持 0,那么再经过 4 个脉冲,输入数据 1011 就完全移出了移位寄存器,移位寄存器的状态回 0,这样,就将串行输入数据转换为串行输出数据(串入到串出)。表 6.18 是图 6.34 所示移位寄存器在初态为 0,输入 1011 时的状态转换表,它描述的是次态与输入、现态的状态关系。

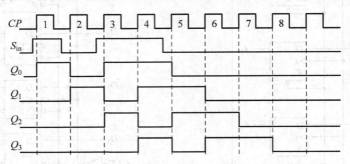

图 6.35　图 6.34 移位寄存器的时序图

表 6.18　图 6.33 所示电路的状态转换表

CP 序号	S_{in}	$Q_0^n Q_1^n Q_2^n Q_3^n$				$Q_0^{n+1} Q_1^{n+1} Q_2^{n+1} Q_3^{n+1}$			
1	1	0	0	0	0	1	0	0	0
2	0	1	0	0	0	0	1	0	0
3	1	0	1	0	0	1	0	1	0
4	1	1	0	1	0	1	1	0	1
5	0	1	1	0	1	0	1	1	0
6	0	0	1	1	0	0	0	1	1
7	0	0	0	1	1	0	0	0	1
8	0	0	0	0	1	0	0	0	0

　　移位寄存器的应用很广,它经常用来实现数据的串行-并行和并行-串行转换,如通信系统中数据的串-并转换,对数据进行乘、除运算等都要用到移位寄存器。

　　(2) 多功能双向移位寄存器

　　图 6.34 所示移位寄存器中,每来一个时钟,移位寄存器所存储的数据向右移动一位,所以称之为右移寄存器。相应地,所存储的数据向左移动,则称之为左移寄存器。国家标准规定,逻辑图中的最低有效位(LSB)到最高有效位(MSB)的电路排列顺序应从上到下,从左到右。因此,定义移位寄存器中的数据从低位触发器移向高位为右移,数据从高位触发器移向低位触发器为左移,这一点与通常计算机程序中的规定相反。

　　既能向左移又能向右移,且具有并行预置数据输入和在时钟信号到达时保持原来状态不变等功能的寄存器称之为多功能双向移位寄存器。图 6.36 所示是实现数据保持、右移、左移、并行置入和并行输出的一种方案。图中触发器 FF_m 是 N 位移位寄存器中的第 m 位触发器,在其数据输入端插入了一个 4 选 1 数据选择器 MUX_m,用 2 位编码输入 S_1、S_0 控制 MUX_m,来选择触发器输入信号 D_m 的来源。当 $S_1 = S_0 = 0$ 时,选择该触发器本身的输出 Q_m,次态为 $Q_m^{n+1} = D_m = Q_m^n$,使触发器保持状态不变;当 $S_1 = 0,S_0 = 1$ 时,触发器 FF_{m-1} 的

输出 Q_{m-1} 被选中,故 CP 脉冲上升沿到来时,FF_m 存入此前的逻辑值,即 $Q_m^{n+1}=Q_{m-1}^n$,从而实现右移功能;类似地,当 $S_1=1$,$S_0=0$ 时,MUX_m 选择 Q_{m+1},即 $Q_m^{n+1}=Q_m^n$,从而实现左移功能;而当 $S_1=1$,$S_0=1$ 时,则选择并行输入数据 D_m,其次态 $Q_m^{n+1}=D_m$,从而完成并行数据的置入功能。上述 4 种操作概述于表 6.19,此外,在各触发器的输出端 $Q_{N+1}\sim Q_0$ 可以得到 N 位并行数据的输出。

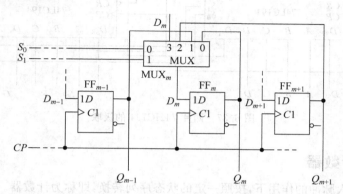

图 6.36 实现多功能双向移位寄存器的一种方案

表 6.19 图 6.35 的功能表

控制信号		功 能	控制信号		功 能
S_1	S_0		S_1	S_0	
0	0	保持	1	0	左移
0	1	右移	1	1	并行输入

4 位多功能移位寄存器 74HC194 就是采用图 6.35 所示的方案实现数据保持、右移、左移、并行输入和并行输出功能的,其功能见表 6.20,具体执行哪种操作,由 S_1、S_0 控制。当然还可以对输出进行异步清零。

表 6.20 74HC194 的功能表

输 入										输 出				说明
清零	控制信号		时钟	串行输入		并行输入								
$\overline{CR}$	S_1	S_0	CP	右移 D_{SR}	左移 D_{SL}	D_3	D_2	D_1	D_0	Q_3^{n+1}	Q_2^{n+1}	Q_1^{n+1}	Q_0^{n+1}	
L	×	×	×	×	×	×	×	×	×	L	L	L	L	清零
H	L	L	×	×	×	×	×	×	×	Q_3^n	Q_2^n	Q_1^n	Q_0^n	保持
H	L	H	↑	L	×	×	×	×	×	Q_2^n	Q_1^n	Q_0^n	L	右移
H	L	H	↑	H	×	×	×	×	×	Q_2^n	Q_1^n	Q_0^n	H	右移
H	H	L	↑	×	L	×	×	×	×	L	Q_3^n	Q_2^n	Q_1^n	左移
H	H	L	↑	×	H	×	×	×	×	L	Q_3^n	Q_2^n	Q_1^n	左移
H	H	H	↑	×	×	D_3	D_2	D_1	D_0	D_3	D_2	D_1	D_0	置数

当需要用到位数大于 4 的移位寄存器时,就要将多片 74HC194 级联,如 8 位移位寄存器需要 2 片 74HC194,级联方法是将两片 74HC194 的 S_1、S_0、CP、$\overline{CR}$ 分别接到一起,左边

片的 D_{SL} 接到右边片的 Q_0，右边片的 D_{SR} 接到左边片的 Q_3，如图 6.37 所示。扩展后看就是一个 8 位移位寄存器，更多位级联方法类似。

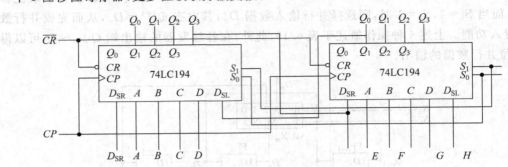

图 6.37　两片 74HC194 的级联

6.6.2　计数器

寄存器在输入脉冲的作用下，按照一定的状态序列转换，即称为计数器。状态序列可以是二进制数值序列，也可以是其他状态序列。如果计数值是自然二进制数值顺序变化，则称之为二进制计数器。一个 n 位的二进制计数器是由 n 个触发器构成的，计数值从 $0 \sim 2^n - 1$。

常用的计数器有两种：同步计数器与异步计数器(异步计数器又称行波计数器)。在异步计数器中，每个触发器的输出被用作触发其他触发器。换言之，部分或者全部触发器的时钟输入并没有共用一个时钟脉冲，其触发是由其他触发器的输出提供的。在同步计数器中，所有触发器的时钟输入都连接到相同的时钟端。

1. 异步计数器

（1）异步二进制计数器

图 6.38 所示电路是由 3 个 T' 触发器组成的异步时序电路，其中计数脉冲 CP 加至触发器第一级 FF_0 的时钟输入端，前一级触发器的输出 Q 作为后一级触发器的时钟输入 CP。由于触发器不是共用一个时钟，因此它们的翻转动作不是同时发生。该电路没有输入信号，将触发器的输出 Q 作为电路的输出，所以它是一个摩尔型电路。根据 T' 触发器的特点，每输入一个计数脉冲，第一级触发器则翻转一次，其余各级都以前级触发器的 Q 端输出作为触发信号，分析其工作过程，很容易画出图 6.39 所示的时序图，图中假设各触发器的初始状态均为 0。

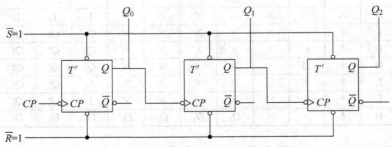

图 6.38　异步二进制计数器逻辑图

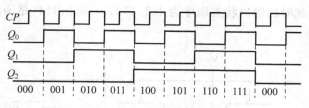

图 6.39　异步二进制计数器的时序图

由图 6.39 可得到如图 6.40 所示的该时序电路的状态转换图。如果把 $Q_2Q_1Q_0$ 的状态看作一个二进制数,则这个二进制数从 $000 \rightarrow 111$ 周而复始地循环,即每输入一个时钟脉冲,该二进制数加 1。因此可将该电路的状态看作是输入时钟脉冲的计数,通常称这类电路为计数器。由于该计数器的计数值是递增的,所以称之为加计数器。

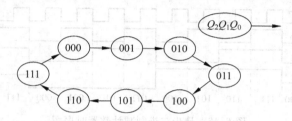

图 6.40　图 6.38 所示计数器的状态转换图

由图 6.39 可知,$T_{Q2} = 2^1 \cdot T_{Q1} = 2^2 \cdot T_{Q0} = 2^3 \cdot T_{CP}$,所以 $f_{Q2} = f_{CP}/2^3$,$f_{Q1} = f_{CP}/2^2$,$f_{Q1} = f_{CP}/2^1$,即 Q_2,Q_1,Q_0 的频率分别是 CP 频率的 8 分频,4 分频,2 分频,所以从输入、输出频率的关系的角度又称该电路为分频器。当计数器作为分频器使用时,往往只需要一个输出端,只要在计数器的输出端中找出频率符合要求的一位输出即可。

计数和分频是两个完全不同的概念。计数器是用时序电路的状态来表示累计输入时钟脉冲的个数,它与计数时所采用的数制、码制有关,计数器通常对时序电路状态转换顺序有一定的要求,电路的输出形式为并行输出;而分频器的功能仅仅是降低输入时钟信号的频率,它对时序电路的状态转换顺序没有特殊要求,电路的输出形式为串行输出。但是,计数器和分频器这二者的电路结构和工作过程相类似,它们都是在输入时钟信号的作用下完成若干个状态的循环运行。因此,从广义上讲,分频器也是一种计数器,而计数器也可以完成分频的功能。

计数器电路的状态图包含一个主循环,称为有效循环。有效循环所包含的状态称为有效状态。除有效循环外所有的循环都是无效循环。不是有效状态的其他状态都是无效状态。计数器的有效循环所包含的状态个数称为计数器的模。计数/分频器的模数,用 M 表示。所谓计数器的模就是它的最大计数容量,即:它所能累计 CP 脉冲的最大数目。由于计数器在计数值达到最大容量(模 M)时会产生一个进位信号,所以有时也称模为 M 的计数器为 M 进制计数器;而分频器的模,就是它对时钟信号频率最大分频比,即:它所能降低 CP 信号频率的最大倍数。模数 M 的大小与构成计数/分频器的触发器个数有关。若计数/分频器由 k 个触发器构成,则它的模数 M 为 2^k。图 6.38 所示的计数器为模 8 计数器,或称为 3 位二进制加计数器。如果将图 6.38 中下降沿翻转的触发器改为上升沿翻转的触发器,如图 6.41 所示,此时每个触发器在前级触发器状态 Q 的上升沿翻转,其时序如图 6.42 所示。由时序图可知,此时的输出状态顺序为 111,110,…,000,111,是递减的,因此称为二进制减计数器。

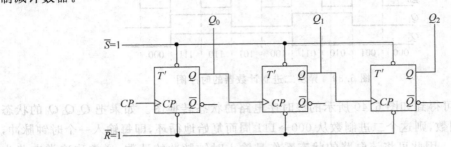

图 6.41　异步二进制减计数器逻辑图

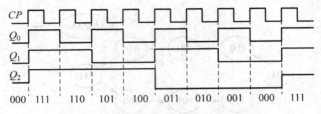

图 6.42　异步二进制减计数器时序图

(2) 任意模 M 异步计数器

利用触发器的异步复位端、异步置位端可分别得到反馈复位式、反馈置位式任意模计数器。

① 反馈复位式。

图 6.43 所示电路为在图 6.38 所示二进制加计数器电路的基础上增加了一个反馈异步复位电路而组成的电路,输出 Q_2、Q_0 经与非门后反馈至异步清零端。当与非门输出为 1 时,异步清零信号无效,计数器的工作过程与二进制加计数器相同;当与非门输出为 0 时异步清零信号有效,计数器清零。

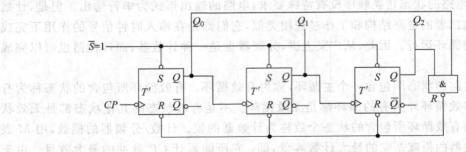

图 6.43　异步模 5 计数器逻辑图

设初始状态为 000,则在时钟作用下计数器状态依次为 000,001,010,011,100。当下一个时钟到达时,计数器状态翻转为 101,使与非门的输出变为 $\overline{R}=0$,该信号作用于所有触发器的清零端,使所有触发器清零,计数器回到初始状态 000。图 6.44 是该电路的时序图。由图 6.44 可见,该计数器的状态在 000～100 之间循环,而状态 101 只持续很短的时间,在时钟周期 T_5 中它只占很小一部分,其他时间均为状态 000,称状态 101 为过度状态或瞬态。

此后的状态又依次为 $001,010,\cdots$。所以该计数器是模 5 计数器，其状态图如图 6.45 所示，图中过渡状态用虚线表示，状态 110 和 111 是无效状态，这样就可以构成完整的状态图。

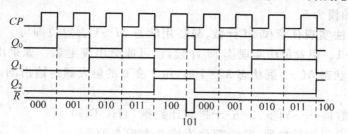

图 6.44　异步模 5 计数器时序图

Q_0 在 T_5 期间出现了很窄的脉冲称为"毛刺"。利用反馈复位实现模 M 计数器肯定会出现毛刺。毛刺只能出现在过渡状态。不同模的计数器，出现毛刺的 Q 端不同。如果毛刺对后续电路工作有影响，则不能使用反馈复位实现计数器。出现毛刺的 Q 端的判断：当计数器状态由 $M-1$ 到 M 时，状态由 0 变为 1 的 Q 端会出现毛刺。毛刺为一宽度很窄的正脉冲。如果要设计反馈复位式模 M 计数器，可分为三步操作：①确定触发器位数 n，$2^{n-1}<M\leqslant 2^n$；②将 n 位触发器接成 n 位二进制计数器；③用状态 M 构成异步清零。有效状态为 $0,1,2,\cdots,M-1$，状态 M 为过渡状态。

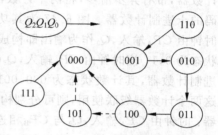

图 6.45　图 6.43 所示计数器的状态转换图

② 反馈置位式。

图 6.46 为利用异步二进制计数器的异步置位端构成的异步置位模 5 计数器。设计数器的初始状态为 000。

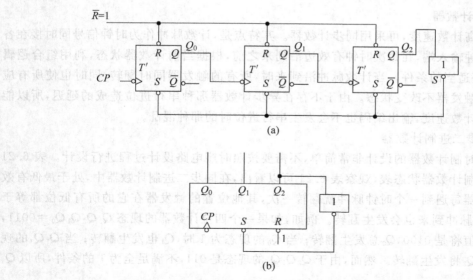

(a)

(b)

图 6.46　利用异步二进制计数器的异步置位端构成的异步置位模 5 计数器

(a) 异步置位模 5 计数器逻辑图；(b) 简化图

当计数器计数到 100 时置位信号 $\overline{S}$ 有效,将计数器状态置为 111,此后置位信号无效,计数器继续计数……。所以计数器的有效状态为 000,001,010,011,111,而 100 为过渡状态,所以计数器的模为 5。

用反馈置位法实现任意模 M 计数,只要用状态 $M-1$ 去置位即可。有效状态为 0,1,2,…,$M-2$,$M-1$。用置位法实现模 M 计数,也可能会出现毛刺。如果出现毛刺,则出现毛刺的位置是由状态 $M-2$ 到状态 $M-1$ 时,由 1 变 0 的触发器的输出端,毛刺为一宽度很窄的负脉冲。

（3）集成计数器——异步二-五-十进制计数器 74HCT390

74HCT390 是异步计数器,其内部分为模 2 和模 5 两个计数器,带有异步清零,将两个计数器级联,则可构成不同编码的十进制计数器。图 6.47 为其功能框图。其功能为:当时钟由 CP_A 输入,Q_0 作为输出即构成二进制计数器。其计数状态为 0,1;当时钟由 CP_B 输入,$Q_3 Q_2 Q_1$ 作为输出即构成五进制计数器,其计数状态为 000,001,010,011,100;如果将这两个计数器级联使用,则可分别构成两种编码的 BCD 计数

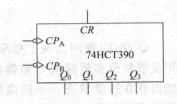

图 6.47　74HCT390 功能框图

器:时钟由 CP_A 输入,Q_0 与 CP_B 相连,构成输出编码 $(Q_3 Q_2 Q_1 Q_0)$ 为 8421 码的十进制计数器;当时钟由 CP_B 输入,Q_3 与 CP_A 相连,构成输出编码 $(Q_0 Q_3 Q_2 Q_1)$ 为 5421 码的十进制计数器,此时 Q_0 为最高位。

异步计数器的优点是电路结构非常简单,除了触发器以外,不需要附加任何其他电路单元。然而它的缺点也是很突出的。首先,它的工作速度很慢。由于进位信号是逐级传递的,所以每次输入计数脉冲以后,必须等待从最低位到最高位的进位传递时间以后,才能保证电路转入了新的稳定状态;其次,由于各个触发器的动作时间有先有后,在将电路状态译码时容易产生尖峰脉冲噪声。

2.　同步计数器

为了提高计数速度,可采用同步计数器。其特点是,计数脉冲作为时钟信号同时接在各触发器的时钟输入端,在每次时钟有效边沿到来之前,根据当前计数器状态,利用组合逻辑控制,准备好适当的条件。当计数脉冲沿到来时,所有的触发器同时翻转,同时也使所有应保持现状的触发器不改变状态。由于不存在异步计数器那种串行进位造成的延迟,所以能取得较高的计数速度,输出编码也不会发生串行进位时的那种混乱。

（1）同步二进制计数器

同步二时制计数器的设计非常简单,不需要按照时序电路设计过程进行设计。表 6.21 是 4 位二进制计数器状态表,观察表 6.21 可以看出,在同步二进制计数器中,处于最低有效位置的触发器每遇到一个时钟脉冲就翻转一次,其他位置的触发器在它的所有低位都等于 1 时,遇时钟脉冲到来也会发生翻转。例如,如果一个四位计数器的现态 $Q_3 Q_2 Q_1 Q_0 = 0011$,下一个计数值将是 0100,Q_0 总发生翻转;当 Q_0 的现态为 1 时,Q_1 也发生翻转;当 $Q_1 Q_0$ 的现态为 11 时,Q_2 将发生翻转。然而,由于 $Q_2 Q_1 Q_0$ 的现态是 011,不满足全为 1 的条件,所以 Q_3 不发生翻转。

表 6.21　4 位二进制计数器状态表

计数顺序	现　　态				次　　态				进 位 输 出
	Q_3^n	Q_2^n	Q_1^n	Q_0^n	Q_3^{n+1}	Q_2^{n+1}	Q_1^{n+1}	Q_0^{n+1}	
0	0	0	0	0	0	0	0	1	0
1	0	0	0	1	0	0	1	0	0
2	0	0	1	0	0	0	1	1	0
3	0	0	1	1	0	1	0	0	0
4	0	1	0	0	0	1	0	1	0
5	0	1	0	1	0	1	1	0	0
6	0	1	1	0	0	1	1	1	0
7	0	1	1	1	1	0	0	0	0
8	1	0	0	0	1	0	0	1	0
9	1	0	0	1	1	0	1	0	1

　　同步二进制计数器的结构比较有规则,可以由触发器和门来构成。从图 6.48 中 4 位计数器电路可以看出这种规则:所有触发器共用时钟输入,计数使能输入端连接到计数器的使能端,如果使能输入为 0,则所有 J 和 K 将都等于 0,计数器的状态保持不变;如果计数器使能输入为 1,第一级触发器的输入 J 和 K 将为 1,再看其他位置触发器情况,如果比它位置低的触发器输出为 1,并且计数使能为 1,则该位置触发器的 J 和 K 也都为 1。电路中的与门用来产生每个触发器的输入 J 和 K。触发器级数可以扩展,每一级都需要一个额外触发器和一个与门。在这里,所使用的翻转触发器类型可以由 JK 型、T 型或带异或门的 D 型触发器转换而来。

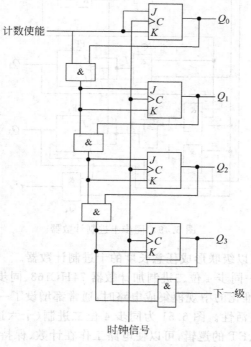

图 6.48　4 位同步二进制计数器

（2）BCD 计数器

BCD 十进制计数器的计数序列呈现出一个截断的 4 位二进制序列,从 0000 到 1001,然后再回到 0000,而不是从 1001 状态到 1010 状态。由于 9 之后回到 0,BCD 计数器不如二进制计数器那样结构规则。BCD 计数器的状态列于表 6.21,如果采用 T 触发器,则 T 触发器输入函数可以从现态和次态的关系中得到,当现态是 1001 时,输出为 1。

$$T_{Q_0} = 1 \tag{6-15}$$

$$T_{Q_1} = \overline{Q_3} Q_0 \tag{6-16}$$

$$T_{Q_2} = Q_1 Q_0 \tag{6-17}$$

$$T_{Q_3} = Q_2 Q_1 Q_0 + Q_3 Q_0 \tag{6-18}$$

$$C = Q_3 Q_0 \tag{6-19}$$

BCD 十进制计数器如图 6.49 所示,该电路包括了 4 个 T 触发器、5 个与门和 1 个或门。由式（6-15）～式（6-19）可得到该 BCD 计数器的状态转换表,如图 6.50 所示,由图可以看出,若电路的初始状态是有效状态循环（0000～1001）以外的任何一个状态时,在时钟脉冲的作用下,电路最终都能自动进入有效状态循环,将电路的这种性质称为自启动。

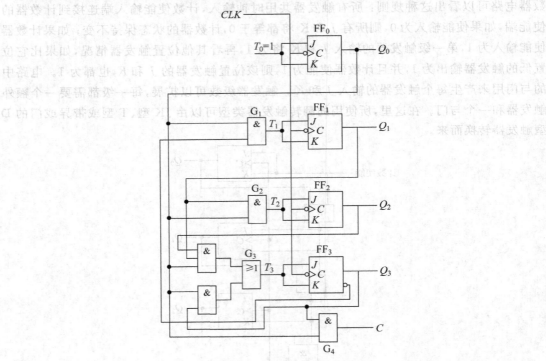

图 6.49　同步十进制计数器

同步 BCD 计数器可以级联形成任意长度的十进制计数器。

（3）集成计数器——同步 4 位二进制加计数器 74HC163、同步十进制计数器 74HC160

在将计数器做成标准化的中规模集成电路时,通常都增设了一些附加控制端,以扩展电路的功能,提高应用的灵活性。图 6.51 为同步 4 位二进制（十六进制）计数器 74HC163 的逻辑框图,通过给定 EP、ET 的逻辑,可以使电路工作在计数、保持、并行输入中的任何一种模式,其功能表见表 6.22。

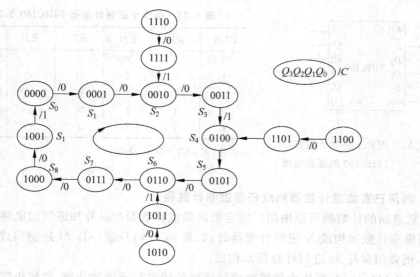

图 6.50 图 6.49 所示电路的状态转换图

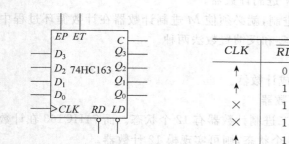

图 6.51 同步十六进制计数器
74HC163 逻辑框图

表 6.22 74HC163 功能表

CLK	$\overline{RD}$	$\overline{LD}$	$\overline{EP}$	ET	工作模式
↑	0	×	×	×	置 0
↑	1	0	×	×	预置数
×	1	1	0	1	保持
×	1	1	×	0	保持($C=0$)
↑	1	1	1	1	计数

注: $C = ET \cdot Q_3 Q_2 Q_1 Q_0$。

74HC163 采用了同步置 0 方式,和异步置 0 方式不同,在同步置 0 方式中,由于复位信号 $\overline{RD}$ 没有加到各触发器的异步置 0 输入端,而是加到每个触发器的 J、K 输入端上,所以当 $\overline{RD}$ 出现低电平时并不能立即将所有的触发器置 0,必须等 CP 的上升沿到达后,才能将所有的触发器置 0。在表 6.22 中,用 CP 一列里 ↑ 表示只有 CP 上升沿到达时 $\overline{RD}=0$ 的信号才起作用。

图 6.52 是同步十进制计数器 74HC160 的逻辑框图。和前面讲过的同步十六进制计数器 74HC163 类似,74HC160 也具有附加的预置数和保持功能。而且输出、输出端的设置和引出端的排列也与 74HC163 相同。将表 6.23 给出的 74HC160 的功能表与 74HC163 的功能表比较一下可以看出,两者几乎完全相同,所不同的在于 74HC163 是十六进制,而 74HC160 是十进制。此外,还有一点不同,就是 74HC160 是异步置 0 方式,只要 $\overline{RD}$ 出现低电平,所有的触发器立即被置 0,不受 CP 的控制。在功能表中用 CP 对应位置的 × 表示置 0 操作与 CP 无关。

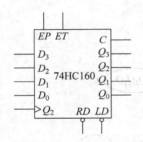

图 6.52　同步十进制计数器
74HC160 的逻辑框图

表 6.23　同步十进制计数器 74HC160 的功能表

CLK	$\overline{RD}$	$\overline{LD}$	EP	ET	工作模式
×	0	×	×	×	置 0
↑	1	0	×	×	预置数
×	1	1	0	1	保持
×	1	1	×	0	保持($C=0$)
↑	1	1	1	1	计数

注：$C = ET \cdot Q_3 \overline{Q_2 Q_1 Q_0}$。

3. 利用已有集成计数器构成任意进制计数器

任意进制的计数器可以由用厂家定型的集成计数器产品外加适当的电路连接而成。用 M 进制集成计数器构成 N 进制计数器时，如果 $M>N$，只需一片 M 进制集成计数器；如果 $M<N$，则要用多片 M 进制计数器来构成。

（1）当 $M>N$ 时，利用中规模集成计数器的清零和预置数功能，能够很容易地将已有的 M 进制计数器改接成小于 M 的任何一种 N 进制计数器。

为了将已有的 M 进制计数器接成 N 进制，就必须使 M 进制计数器在计数循环过程中跳过 $M-N$ 个状态。跳过的方法有反馈清零和反馈置数法两种。

① 反馈清零法。

反馈清零法适用于有清零输入端的集成计数器。

例 6.8　用 74HC163 构成十二进制计数器。

解：74HC163 具有同步清零功能。十二进制计数器有 12 个状态。而 74HC163 在计数过程中有 16 个状态。如果设法跳过多余 4 个状态，则可实现模 12 计数器。

如图 6.53(a)的状态图所示，在电路中进入 S_{11} 状态后，如果令下一个状态回到 S_0，就要跳过其余 $S_{12} \sim S_{15}$ 这 4 个状态，就能得到十二进制计数器。因此，用 S_{11} 译出低电平作为清零端 $\overline{RD}$ 的输入信号，如图 6.53(b)所示。由于 74HC163 采用了同步清零方式，所以变为低电平并不能立即将所有的触发器清零，必须等到下一个时钟脉冲到来时，所有触发器才同时清零，电路回到 S_0 状态。

如果计数器采用的是异步清零方式，则不能用 S_{11} 状态译出 $\overline{RD}$ 信号。因为 $\overline{RD}$ 一旦变为低电平，电路立刻返回 S_0 状态，S_{11} 状态立即消失，所以 S_{11} 状态是一个瞬态，不能成为稳定状态循环中的一个状态，所以得到的是十一进制计数器。为了得到十二进制计数器，应当在 S_{12} 状态译出低电平。在计数过程中 S_{12} 是过渡状态，这样才能得到包含 $S_0 \sim S_{11}$ 这 12 个稳定状态的十二进制计数器，如图 6.53(a)中的虚线所示。

使用反馈清零法设计计数器时需注意，由于计数过程中跳过了原有计数器产生进位输出信号的状态(如在 74HC163 中，进位输出信号 $C = ET \cdot Q_3 Q_2 Q_1 Q_0$，当 $Q_3 Q_2 Q_1 Q_0 = 1111$ 时产生进位输出信号，使 $C=1$)，所以 C 端始终为低电平，没有 $C=1$ 信号输出。这时需要从有效循环中的一个状态译出进位输出信号。在本例中，进位输出信号可用 S_{11} 状态译出。即当 $Q_3 Q_2 Q_1 Q_0 = 1011$ 时，从反相器 G_3 给出高电平进位输出信号。

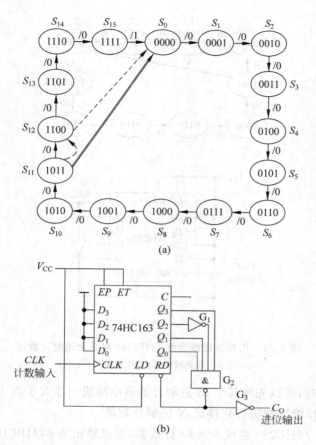

图 6.53 用反馈清零法将 74HC163 接成十二进制计数器

(a) 状态转换图；(b) 逻辑电路图

② 反馈置数法。

反馈置数法适用于有置数输入端的集成计数器。

例 6.9 用 74HC160 构成七进制计数器。

解：74HC160 具有同步置数功能。

如图 6.54(a) 的状态图所示，在电路中进入 S_9 状态后，如果令下一个状态进入预置数状态 0011，即 S_3 状态，就要跳过 S_0、S_1、S_2 这三个状态，得到七进制计数器。因此，用 S_9 译出低电平作为预置端 $\overline{LD}$ 的输入信号，由于进位输出信号 C 就是由 S_9 状态译出的，所以将 C 端的输出信号反向，就是所需要的 $\overline{LD}$ 信号，这样得到图 6.54(b) 所示电路。

用预置数设计计数器同样需要注意：①在预置方式上，也有同步预置和异步预置之分，如果是异步置数，那么分析过程类似例 6.8。②改接的计数器在计数过程中是否跳过了原有计数器产生进位输出信号的状态。在本例中，因为没有跳过 S_9 状态，所以每一个计数循环经过 S_9 状态时，都会在 C 端产生一个高电平输出信号。在这个例子中可以让 74HC160 从任何一个状态跳过三个状态而构成七进制计数器，因而在 S_9 状态被跳过的情况下，C 端不会给出进位信号，应当从某一个有效循环状态译码产生进位输出信号。

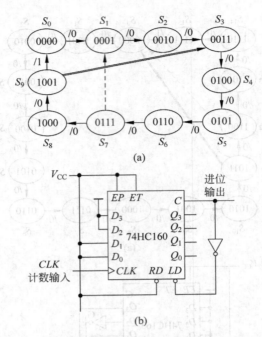

图 6.54　用反馈置数法将 74HC160 接成七进制计数器

(a) 状态转换图；(b) 电路图

（2）当 $N>M$ 时，可以先将几个 M 进制计数器串接成一个大于 N 进制的计数器，然后再用反馈清零法和反馈置数法将它接成 N 进制计数器。

例 6.10　试用 74HC390 实现 $M=24$ 计数器，要求输出为 8421BCD 码。

解：运用反馈清零法实现。在这里，$M=10<N=24$，所以需要两片 74HC390，先将两片计数器均接成 8421 码十进制计数器，然后将它们级联接成一百进制计数器，级联计数器的总的模等于单个模的积。在此基础上，借助与门译码和计数器异步清零功能，将 74HC390(1) 片的 Q_2 和 74HC390(2) 片的 Q_1 分别接到与门的输入端。工作时，在第 24 个计数脉冲作用后，计数器输出为 0010 0100 状态（十进制数 24），使与门输出高电平。它作用在计数器的清零端 CR（高电平有效），使计数器立即返回到 0000 0000 状态。状态 0010 0100 仅在瞬间出现一下。这样，就构成了二十四进制计数器。其逻辑电路如图 6.55 所示。

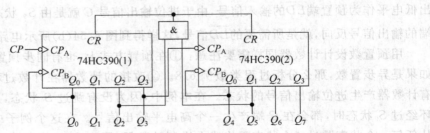

图 6.55　例 6.10 的逻辑电路图

4. 其他计数器

（1）环形计数器

在数字系统中,环形计数器是可循环移位的寄存器,在每个特定时刻只有一个触发器被置位,而其他触发器都被复位。唯一的一个 1 从一个触发器移到另一个触发器,这样产生定时信号。如图 6.56 所示是一个 4 位移位寄存器构造的环形计数器。若寄存器初始状态 $Q_3Q_2Q_1Q_0=0001$,那么环形计数器在 CP 脉冲作用下,将会有如图 6.57(a)所示的 4 个状态,于是,电路就成为模 4 计数器。图 6.57(b)所示为在 4 个 CP 脉冲作用下的波形。从图中可看出,这种计数器不必译码就能直接输出 4 个状态的译码信号,并且不存在普通译码电路输出易出现的竞争冒险现象。

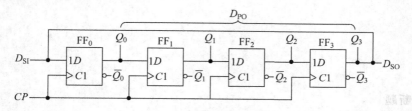

图 6.56 4 位环形计数器

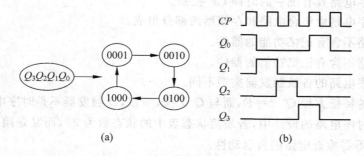

(a)   (b)

图 6.57 4 位环形计数器输出

(a)环形计数器状态图;(b)环形计数器波形图

（2）约翰逊计数器

一个 n 位的环形计数器中,可以产生 n 个不同的状态。环形计数器的状态利用率不高。如果移位寄存器按照扭环形计数器方式连接,如图 6.58 所示,则它的状态数目加倍。每来一个时钟,移位寄存器向右移位一次,同时,Q_3 反相输出传送给 Q_0。如果该扭环形计数器的状态序列从全零开始,则一共有 8 个状态,构成模 8 计数器,如表 6.24 所示,表 6.24 同时列出了对各状态译码的逻辑表达式。

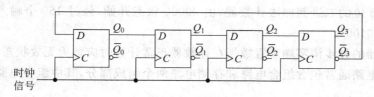

图 6.58 四级扭环形计数器

表 6.24　四级扭环形计数器状态表及其译码触发器输出

序号	Q_0	Q_1	Q_2	Q_3	输出译码"与门"要求
1	0	0	0	0	$\overline{Q_0}\,\overline{Q_3}$
2	1	0	0	0	$Q_0\overline{Q_1}$
3	1	1	0	0	$Q_1\overline{Q_2}$
4	1	1	1	0	$Q_2\overline{Q_3}$
5	1	1	1	1	$Q_0 Q_3$
6	0	1	1	1	$\overline{Q_0} Q_1$
7	0	0	1	1	$\overline{Q_1} Q_2$
8	0	0	0	1	$\overline{Q_2} Q_3$

习题

一、判断题

1. 当时序电路存在无效循环时该电路不能自启动。　　　　　　　　　（　　）

2. 同步时序电路具有统一的时钟 CP 控制。　　　　　　　　　　　（　　）

3. 同步时序电路由组合电路和存储器两部分组成。　　　　　　　　　（　　）

4. 组合电路不含有记忆功能的器件。　　　　　　　　　　　　　　　（　　）

5. 时序电路不含有记忆功能的器件。　　　　　　　　　　　　　　　（　　）

6. 异步时序电路的各级触发器类型不同。　　　　　　　　　　　　　（　　）

7. 触发器的特征方程 $Q^{n+1}=D$，而与 Q^n 无关，所以，D 触发器不是时序电路。（　　）

8. 在同步时序电路的设计中，若最简状态表中的状态数为 2^N，而又是用 N 级触发器来实现其电路，则不需检查电路的自启动性。　　　　　　　　　　　　（　　）

9. 利用反馈归零法获得 N 进制计数器时，若为异步置零方式，则状态 SN 只是短暂的过渡状态，不能稳定而是立刻变为 0 状态。　　　　　　　　　　　　（　　）

10. 寄存器具有存储数码和信号的功能。　　　　　　　　　　　　　（　　）

11. 构成计数电路的器件必须有记忆能力。　　　　　　　　　　　　（　　）

12. 移位寄存器只能串行输出。　　　　　　　　　　　　　　　　　（　　）

13. 移位寄存器就是数码寄存器，它们没有区别。　　　　　　　　　（　　）

14. 同步时序电路的工作速度高于异步时序电路。　　　　　　　　　（　　）

15. 移位寄存器有接收、暂存、清除和数码移位等作用。　　　　　　（　　）

16. 一个 5 位的二进制加法计数器，由 00000 状态开始，经过 169 个输入脉冲后，此计数器的状态为 01001。　　　　　　　　　　　　　　　　　　　　　（　　）

17. 计数器的异步清零端或置数端在计数器正常计数时应置为无效状态。　（　　）

18. 时序电路通常包含组合电路和存储电路两个组成部分，其中组合电路必不可少。
　　　　　　　　　　　　　　　　　　　　　　　　　　　　　　　（　　）

19. 任何一个时序电路，可能没有输入变量，也可能没有组合电路，但一定包含存储电路。　　　　　　　　　　　　　　　　　　　　　　　　　　　　（　　）

20. 自启动功能是任何一个时序电路都具有的。 （　　）

21. 一组 4 位二进制数要串行输入移位寄存器,时钟脉冲频率为 1kHz,则经过 4ms 可转换为 4 位并行数据输出。 （　　）

22. 若 4 位二进制减法计数器的初始状态为 1000,则经过 100 个 CP 脉冲作用之后的状态为 0100。 （　　）

23. 当用异步清零端来构成 M 进制计数器时,一定要借助一个过渡状态 M 来实现反馈清零。 （　　）

24. 当用同步清零端来构成 M 进制计数器时,不需要借助过渡状态就可以实现反馈清零。 （　　）

25. 若用置数法来构成任意 N 进制计数器,则在状态循环过程中一定包含一个过渡状态,该状态同样不属于稳定循环状态的范围。 （　　）

26. 置数控制端是异步的,则在状态循环过程中一定包含一个过渡状态;只要是同步的,则不需要过渡状态。 （　　）

二、填空题

1. 在数字电路中,按照逻辑功能和电路特点,各种数字集成电路可分为_____逻辑电路和_____逻辑电路两大类。

2. 时序逻辑电路一般由具有_____作用的_____电路和具有_____作用的_____电路两部分组成。

3. 时序逻辑电路的特点是,任意时刻的输出不仅取决于该时刻的输入信号,还与电路的_____有关。

4. 时序逻辑电路按照其触发器是否有统一的时钟控制分为_____和_____时序逻辑电路。

5. 时序逻辑电路按状态转换情况可分为_____时序电路和_____时序电路两大类。

6. 将 D 触发器的 D 端与它的 $\overline{Q^n}$ 端连接,假设 $Q_n = 0$,则经过 100 个脉冲作用后,它的状态 Q 为_____。

7. 按计数进制的不同,可将计数器分为_____、_____和 N 进制器等类型。

8. 用来累计和寄存输入脉冲个数的电路称为_____。

9. 寄存器的作用是用于_____、_____、_____数码指令等信息。

10. 存放 n 位二进制数码需要_____个触发器。

11. 按计数过程中数值的增减来分,可将计数器分为_____、_____、_____三种。

12. 数码寄存器主要由_____和_____组成,其功能是用来暂存二进制数码。

13. 能实现_____操作的电路称为计数器。计数器按 CP 控制方式不同可分为_____计数器和_____计数器。_____进制计数器是各种计数器的基础。

14. 异步十进制计数器由_____个 JK 触发器组成。

15. 用三个触发器组成的计数器最多可有_____个有效状态,它称为_____进制计数器。若要构成六进制计数器,最少用_____个触发器,有_____个无效状态。

16. 计数器按内部各触发器的动作步调,可分为_____计数器和_____计数器。

17. 按进位体制的不同,计数器可分为_____计数器和_____计数器两类;按计数过程中数字增减趋势的不同,计数器可分为_____计数器和_____计数器。

18. 要构成五进制计数器,至少需要_____级触发器。

19. 设集成十进制(默认为 8421 码)加法计数器的初态为 $Q_3Q_2Q_1Q_0 = 1001$,则经过 5 个 CP 脉冲以后计数器的状态为_____。

20. 将某时钟频率为 32MHz 的 CP 变为 4MHz 的 CP,需要_____个触发器。

21. 在各种寄存器中,存放 N 位二进制数码需要_____个触发器。

22. 有一个移位寄存器,高位在左,低位在右,欲将存放在该移位寄存器中的二进制数乘以十进制数 4,则需将该移位寄存器中的数移_____位,需要_____个移位脉冲。

三、选择题

1. 同步计数器和异步计数器比较,同步计数器的显著优点是(　　)。
   A. 工作速度高 　　　　　　　　　　　　B. 触发器利用率高
   C. 电路简单 　　　　　　　　　　　　　D. 不受时钟 CP 控制

2. 把一个五进制计数器与一个四进制计数器串联可得到(　　)进制计数器。
   A. 4 　　　　　　B. 5 　　　　　　C. 9 　　　　　　D. 20

3. N 个触发器可以构成最大计数长度(进制数)为(　　)的计数器。
   A. N 　　　　　B. $2N$ 　　　　　C. N^2 　　　　　D. 2^N

4. N 个触发器可以构成能寄存(　　)位二进制数码的寄存器。
   A. $N-1$ 　　　　B. N 　　　　　C. $N+1$ 　　　　D. $2N$

5. 5 个 D 触发器构成环形计数器,其计数长度为(　　)。
   A. 5 　　　　　　B. 10 　　　　　　C. 25 　　　　　　D. 32

6. 同步时序电路和异步时序电路比较,其差异在于后者(　　)。
   A. 没有触发器 　　　　　　　　　　　B. 没有统一的时钟脉冲控制
   C. 没有稳定状态 　　　　　　　　　　D. 输出只与内部状态有关

7. 一位 8421BCD 码计数器至少需要(　　)个触发器。
   A. 3 　　　　　　B. 4 　　　　　　C. 5 　　　　　　D. 10

8. 欲设计 0,1,2,3,4,5,6,7 这几个数的计数器,如果设计合理,采用同步二进制计数器,最少应使用(　　)级触发器。
   A. 2 　　　　　　B. 3 　　　　　　C. 4 　　　　　　D. 8

9. 8 位移位寄存器,串行输入时经(　　)个脉冲后,8 位数码全部移入寄存器中。
   A. 1 　　　　　　B. 2 　　　　　　C. 4 　　　　　　D. 8

10. 用二进制异步计数器从 0 做加法,计到十进制数 178,则最少需要(　　)个触发器。
    A. 2 　　　　　　B. 6 　　　　　　C. 7 　　　　　　D. 8
    E. 10

11. 某电视机水平-垂直扫描发生器需要一个分频器将 31500Hz 的脉冲转换为 60Hz 的脉冲,欲构成此分频器至少需要(　　)个触发器。
    A. 10 　　　　　B. 60 　　　　　C. 525 　　　　　D. 31500

12. 若要设计一个脉冲序列为 1101001110 的序列脉冲发生器,应选用(　　)个触发器。

　　A. 2　　　　　　　　B. 3　　　　　　　　C. 4　　　　　　　　D. 1011

13. 下列电路不属于时序逻辑电路的是（　　　）。

　　A. 数码寄存器　　　B. 编码器　　　　　C. 触发器　　　　　D. 可逆计数器

14. 下列逻辑电路不具有记忆功能的是（　　　）。

　　A. 译码器　　　　　B. RS 触发器　　　　C. 寄存器　　　　　D. 计数器

15. 时序逻辑电路特点中,下列叙述正确的是（　　　）。

　　A. 电路任一时刻的输出只与当时输入信号有关

　　B. 电路任一时刻的输出只与电路原来状态有关

　　C. 电路任一时刻的输出与输入信号和电路原来状态均有关

　　D. 电路任一时刻的输出与输入信号和电路原来状态均无关

16. 具有记忆功能的逻辑电路是（　　　）。

　　A. 加法器　　　　　B. 显示器　　　　　C. 译码器　　　　　D. 计数器

17. 数码寄存器采用的输入输出方式为（　　　）。

　　A. 并行输入、并行输出　　　　　　　　　B. 串行输入、串行输出

　　C. 并行输入、串行输出　　　　　　　　　D. 串行输入、并行输出

18. 某 4 位右移寄存器初始并行输出状态为 1111,若串行输入数据为 1001,则第三个 CP 脉冲作用下,并行输出的状态为（　　　）。

　　A. 1111　　　　　　B. 0111　　　　　　C. 0011　　　　　　D. 1001

19. 4 位移位寄存器可以寄存 4 位数码,若将这些数码全部从串行输出端输出,需经过个（　　　）时钟周期。

　　A. 3 个　　　　　　B. 4 个　　　　　　C. 6 个　　　　　　D. 8 个

20. 一个 512 位移位寄存器用作延迟线。如果时钟频率是 4MHz,则数据通过该延迟线的时间为（　　　）。

　　A. 128μs　　　　　B. 127.75μs　　　　C. 256μs　　　　D. 125μs

21. 不能完成计数功能的逻辑图为（　　　）。

　　　　　　A.　　　　　　　　B.　　　　　　　　C.　　　　　　　　D.

22. 7 个具有计数功能的 T 触发器连接,输入脉冲频率为 512kHz,则此计数器最高位触发器输出脉冲频率为（　　　）。

　　A. 8kHz　　　　　　B. 2kHz　　　　　　C. 128kHz　　　　　D. 4kHz

23. 若需要每输入 1024 个脉冲,分频器能输出一个脉冲,则这个分频器最少需要的触发器个数为（　　　）。

　　A. 9 个　　　　　　B. 10 个　　　　　　C. 8 个　　　　　　D. 11 个

24. 某移位寄存器的时钟脉冲频率为 100kHz,欲将存放在该寄存器中的数左移 8 位,

完成该操作需要（　　）。

  A. $10\mu s$ B. $80\mu s$ C. $100\mu s$ D. 800ms

25. 要产生 10 个顺序脉冲，若用 4 位双向移位寄存器 CT74LS194 来实现，需要（　　）片。

  A. 3   B. 4   C. 5   D. 10

四、分析设计题

1. 说明时序电路和组合电路在逻辑功能和电路结构上有何不同。

2. 同步时序逻辑电路与异步时序逻辑电路有何不同？

3. 表达时序电路的逻辑功能有哪些？为什么组合电路用逻辑函数就可以表示其逻辑功能，而时序电路则用驱动方程、状态方程、输出方程才能表示其功能？

4. 如图题 4 所示时序电路。写出电路的驱动方程、状态方程，画出电路的状态转换图，说明电路的逻辑功能，并分析该电路能否自启动。

5. 分析如图题 5 所示电路，画出 Z_1，Z_2，Z_3 的波形。

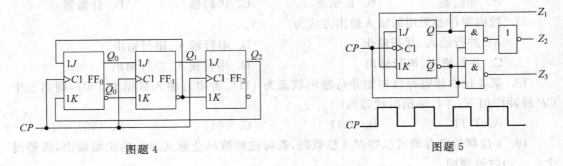

     图题 4   图题 5

6. 电路和输入波形 CP、A 如图题 6 所示，设起始状态 $Q_1 Q_0 = 00$，试画出 Q_1、Q_0、B、C 的波形。

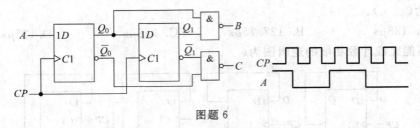

            图题 6

7. 电路如图题 7 所示，若输入 CP 脉冲频率为 20kHz，则输出 F 的频率为多少？

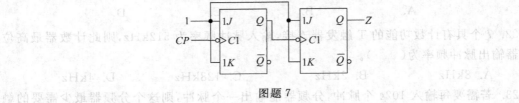

            图题 7

8. 分析如图题 8 所示时序电路的逻辑功能。列出其时序状态表，画出其时序波形图并说明电路类型。设各触发器初态均为 0。

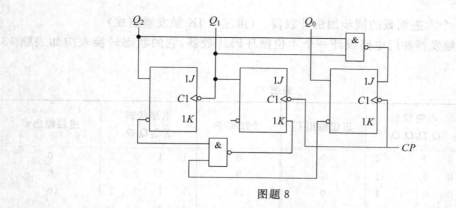

图题 8

9. 分析图题 9 时序电路的逻辑功能,写出电路的驱动方程、状态方程和输出方程,画出电路的状态转换图,说明电路能否自启动。

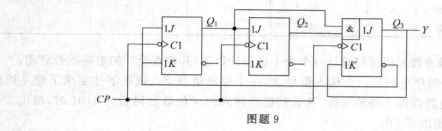

图题 9

10. 试分析图题 10 时序电路的逻辑功能,写出电路的驱动方程、状态方程和输出方程,画出电路的状态转换图。A 为输入逻辑变量。

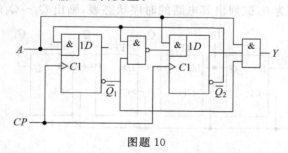

图题 10

11. 图题 11 是一个移位寄存器型计数器,试画出它的状态转换图,说明这是几进制计数器,能否自启动。

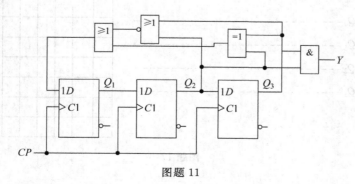

图题 11

12. 设计一个六进制数的同步加法计数器。（由三位 JK 触发器组成）

13. 用 JK 触发器和门电路设计一个 4 位循环码计数器,它的状态转换表应如表题 13 所示。

表题 13

计数顺序	电路状态 $Q_4 Q_3 Q_2 Q_1$				进位输出 C	计数顺序	电路状态 $Q_4 Q_3 Q_2 Q_1$				进位输出 C
0	0	0	0	0	0	8	1	1	0	0	0
1	0	0	0	1	0	9	1	1	0	1	0
2	0	0	1	1	0	10	1	1	1	1	0
3	0	0	1	0	0	11	1	1	1	0	0
4	0	1	1	0	0	12	1	0	1	0	0
5	0	1	1	1	0	13	1	0	1	1	0
6	0	1	0	1	0	14	1	0	0	1	0
7	0	1	0	0	0	15	1	0	0	0	1

14. 用 D 触发器和门电路设计一个十一进制计数器,并检查设计的电路能否启动。

15. 设同步时序电路有一个输入信号 X,一个输出信号 Z。试在下述要求下建立原始状态转换图。电路连续不停地工作,凡遇到连续输入的 4 位数据码元为 1101 时,输出 $Z=1$；其他情况下输出 $Z=0$。

16. 试用 D 触发器和门器件设计一个状态转换如 $0 \rightarrow 2 \rightarrow 4 \rightarrow 1 \rightarrow 3$ 的模 5 同步计数器。

17. 由 D 触发器组成的移位寄存器如图题 17 所示。已知 CP 和 D_{SL} 的输入波形如图所示,设各触发器的初态为 0,试列出其电路的时序状态表,画出 $Q_0 \sim Q_3$ 的各输出波形图。

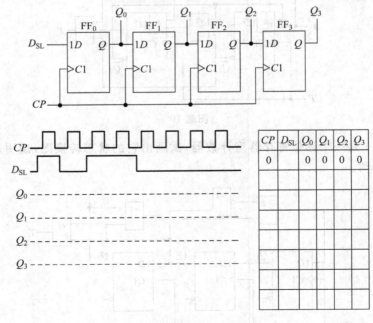

图题 17

18. 在图题 18 电路中,若两个移位寄存器中的原始数据分别为 $A_3 A_2 A_1 A_0 = 1001$, $B_3 B_2 B_1 B_0 = 0011$,试问经过 4 个 CP 信号作用以后两个寄存器中的数据如何?这个电路完成什么功能?

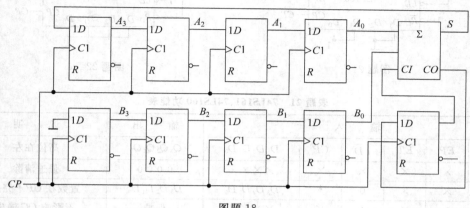

图题 18

19. 74LS194 是 4 位双向移位寄存器,试:

(1) 若串行输入数码是 101100,依次由输入端 D_{SR} 输入,此时工作方式控制端 $S_1 S_0$ 应置 _____ 状态,经过 6 个 CP 脉冲后,$Q_0 \sim Q_3$ 输出为 _____。

(2) 若串行输入数码是 101100,依次由输入端 D_{SL} 输入,此时工作方式控制端 $S_1 S_0$ 应置 _____ 状态,经过 6 个 CP 脉冲后,$Q_0 \sim Q_3$ 输出为 _____。

(3) 应用电路如图题 19,先清零,试填写输出状态表,并分析其电路功能。

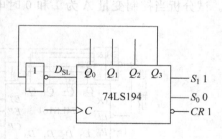

CP	Q_0	Q_1	Q_2	Q_3
0	0	0	0	0
1				
2				
3				
4				
5				
6				
7				
8				

图题 19

20. 74HC163 为 4 位二进制加法计数器,试用 $\overline{RD}$ 端或 $\overline{LD}$ 端设计构成十进制计数器。

21. 分析图题 21 的计数器电路,说明这是多少进制的计数器。十进制计数器 74LS160 的功能表见表题 21。

22. 分析图题 22 的计数器电路,画出电路的状态转换图,说明这是多少进制的计数器。十六进制计数器 74LS161 的功能表如表题 21 所示。

23. 试用 4 位同步二进制计数器 74LS161 接成十三进制计数器,标出输入、输出端。可以附加必要的门电路。74LS161 的功能表见表题 21。

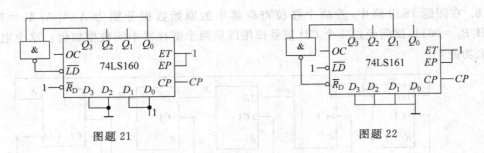

图题 21 图题 22

表题 21　74LS161、74LS160 功能表

输　入						输　出		说　明	
$\overline{R}_D$	EP	ET	$\overline{LD}$	CP	$D_3 D_2 D_1 D_0$	$Q_3 Q_2 Q_1 Q_0$		高位在左	
0	×	×	×	×	××××	0 0 0 0		强迫清除	
1	×	×	0	↑	$D_3 D_2 D_1 D_0$	$D_3 D_2 D_1 D_0$		置数在 CP↑ 完成	
1	0	×	1	×	××××	保持		不影响 OC 输出	
1	×	0	1	×	××××	保持		$ET=0,OC=0$	
1	1	1	1	↑	××××	计数			

注:(1) 只有当 $CP=1$ 时,EP、ET 才允许改变状态;
(2) 74LS161 的 OC 为进位输出,平时为 0,当 $Q_3 Q_2 Q_1 Q_0=1111$ 时,$OC=1$;
(3) 74LS160 是当 $Q_3 Q_2 Q_1 Q_0=1001$ 时,$OC=1$。

24.试分析图题 24 的计数器在 $M=1$ 和 $M=0$ 时各为几进制。74LS160 的功能表同上题。

25.图题 25 电路是可变进制计数器。试分析当控制变量 A 为 1 和 0 时电路各为几进制计数器。74LS161 的功能表见表题 21。

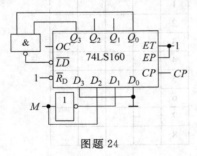

图题 24

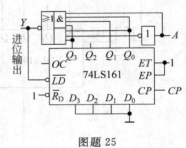

图题 25

26.用同步十进制 74160 接成五进制的计数器,并注明计数器输入端和进位输出端。允许附加必要的门电路。(限用清零法)

27.用同步十六进制 74163 设计一个可变进制的计数器,要求在控制信号 $M=0$ 时为十进制,而在 $M=1$ 时为十二进制。可以附加必要的门电路。请标明计数器的输入端和进位输出端。

28.图题 28 是一个移位寄存器型计数器,试画出它的状态转换图,说明这是几进制计数器,能否自启动。

29. 设计一个彩灯控制逻辑电路。R、Y、G 分别表示红、黄、绿三个不同颜色的彩灯。当控制信号 $A=0$ 时,要求三个灯的状态图按图题 29 的循环方式一变化;而 $A=1$ 时,要求三个灯的状态图按图题 29 的循环方式二变化。图中涂黑的圆圈表示灯点亮,空白的圆圈表示灯熄灭。限用 CD4027(JK 触发器)和必要的逻辑门实现。

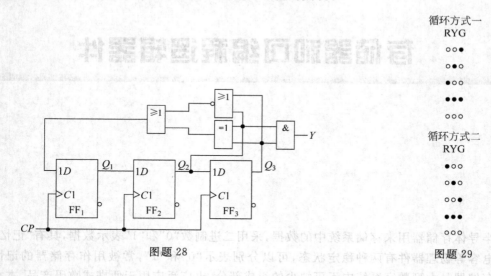

图题 28 　　　　　　　　　　　图题 29

第7章

存储器和可编程逻辑器件

半导体存储器用来存储系统中的数据,采用二进制数"0"和"1"表示数据,具有"记忆"功能。电容等物理器件有两种稳定状态,可以分别表示"0"和"1",常被用作存储器的记忆元件。存储器是大型数字系统中不可缺少的组成部分,也广泛应用于便携式数码产品,本章主要介绍存储器的基本结构和工作原理,及各类存储器的特点。

与低密度可编程逻辑器件(LDPLD)如 PAL、GAL 相比,高密度可编程逻辑器件 CPLD、FPGA 具有集成度更高、功能更复杂等特点,成为目前普遍采用的数字系统设计工具。高密度逻辑器件(HDPLD)的内部电路规模庞大且复杂,本章仅简单介绍其基本原理和开发过程。

7.1 半导体存储器基础

7.1.1 存储阵列

二进制数据的最小单位是位。在许多应用中,以 8 位为一个单元处理数据,这种 8 位单元称为一个字节。还有些存储器以 9 位来存储数据,即一个字节加上一个奇偶校验位组成。一个 8 位的字节又可以分为两个 4 位单元,称为半字节。

字被定义为一个由二进制数据组成的完整信息单位,一般由一个或者多个字节组成,一个字中所含的位数称为字长。

存储容量由可以存储的字数乘以字长决定:

$$存储容量＝字数×字长$$

存储器中的每一个存储元件都可以保存数据"0"或者"1",也就是存储一位二进制数据。存储器由单元阵列组成,如图 7.1(a)给出了一个 8×8 二维存储器阵列,也就是 64 位(8 字节)的内存单元。存储器阵列中数据单元的位置称为它的地址,图中深色标注的字节为第 3 行,其中地址单元第 3 行第 5 列的数据为"1"。

例如,8K×8 存储器阵列可以存储 8K 个 8 位二进制数据。这个存储器需要 13 根地址线,选定 8K(2^{13})个地址单元,需要 8 根数据线进行 8 位(也即一个字节)数据的存储。

而其他的存储方式,如 16×4 存储阵列,它是一个 16 个半字节的内存,需 4 根地址线和 4 根数据线进行数据存储。如图 7.1(b)所示 8×8×8 三维存储器阵列,有 8 行 8 列也就是 64 个地址单元,可以访问的最小位组为 8 位,为 64 字节容量,需要 6 根地址线、8 根数据线。

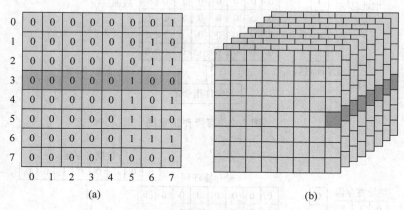

图 7.1　存储器阵列

(a) 8×8 二维阵列内存单元;(b) 8×8×8 三维阵列内存

7.1.2　存储器的基本操作

存储器存储二进制数据,将数据放到存储器中,在需要时从内存中复制数据,也就是写操作和读操作。

寻址操作是写操作和读操作的共同部分,用来选定指定的存储器地址。如图 7.1(b)为三维寻址内存,两个地址译码器,一个用于行译码,另一个用于列译码,一共需要 6 根地址线进行 8×8 个地址单元的寻址。例如,15 根地址线一共可以访问 2^{15} 个单元,计算机 64 位内存就是指其地址总线可以选择 2^{64} 个位置。

写操作就是将数据放到存储器中指定的地址,写操作时内存数据被改写,数据由数据总线传送“进入”内存。如图 7.2 所示是一个字节的简化写操作。第一步是寻址,地址寄存器中存放了地址数据(011),该数据被存放到地址总线上,地址译码器对地址(011)进行译码,在内存中选择指定位置,即地址 3;第二步,数据寄存器中的一个字节的数据(00000100)被放到数据总线上;第三步,存储器得到一个写命令,数据总线上的数据存储到指定的字节中(即地址 3),写操作改写了地址 3 中的内容。这样,一个写操作就完成了。

读操作是把存储器中指定地址的数据复制出来。在读操作时,内存数据被复制,数据又由数据总线传送“离开”内存。如图 7.3 是一个字节的简化读操作。和写操作一样,第一步寻址,地址寄存器中的数据(011)放到地址总线上,地址译码器对这个地址进行译码,并且选择存储器中指定的位置,即第 3 行;第二步,存储器得到一个读指令;第三步,地址 3 的内容被放到数据总线上,并且移位到数据寄存器中,读操作没有擦除地址 3 中的内容。

可见,数据总线是双向的,可以由前面学习的三态门实现。

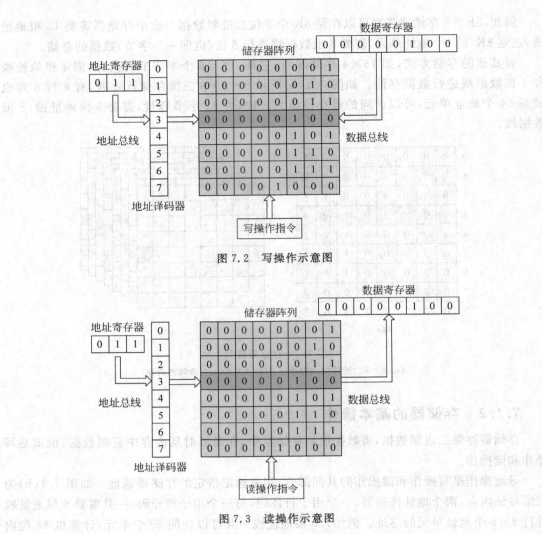

图 7.2　写操作示意图

图 7.3　读操作示意图

7.2　只读存储器

存储器可分成挥发性和不易挥发性两大类：随机存取存储器（Random Access Memory,RAM）能读能写,属于挥发性存储器,挥发性存储器在断电以后数据消失；只读存储器（Read Only Memory,ROM）为不易挥发性存储器,在没有电源供电的情况下,仍能保存数据。和 RAM 不同,ROM 只能进行读操作,不能进行写操作,微处理器的启动代码一般采用 ROM 保存。

7.2.1　ROM 电路的基本结构

ROM 是一种永久或半永久数据存储器,由专用装置写入数据,数据一旦写入,不能随意改写,在切断电源以后,数据也不会丢失。一般而言,ROM 由存储器阵列、地址译码器、输出缓冲器三部分组成,如图 7.4 所示。

（1）存储阵列是存放信息的主体,存储单元可以用二极管、双极型晶体管或 MOS 管构成;

（2）地址译码器进行地址单元的译码,地址译码器有 n 条地址输入线$(A_0 \sim A_{n-1})$和 2^n 条译码输出线$(W_0 \sim W_{2^n-1})$,每一条译码输出线都对应一个信息单元,比如一个"字",而这个字有 m 位信息 $D_{m-1} \sim D_0$ 组成;

（3）输出缓冲器是 ROM 的数据读出电路,通常由三态门构成,实现对输出数据的三态控制,提高负载能力。

图 7.5 为用 NMOS 管构成的 ROM 结构示意图,水平方向的字线和垂直方向的位线交叉处相当于一个存储单元,存储容量为 4×4。

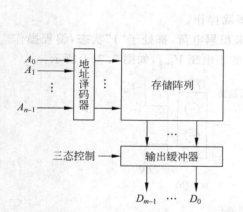

图 7.4 ROM 的基本结构框图

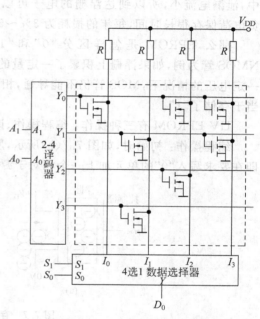

图 7.5 MOS 管构成的 ROM 结构示意图

当地址码 $A_1 A_0 = 10$ 时,2-4 线译码器只有 Y_2 输出为高电平,译码器的其他输出均为低电平。只有与 Y_2 字线相连的 MOS 管栅电源为高电平,该 MOS 管导通,漏源电压为低电平。则位线 I_2 通过该 MOS 管与地相连,位线 I_2 获得低电平。而其他位线都通过上拉电阻 R 与电源电压相连,均为高电平。

由分析可知,字线与位线交叉处相当于一个存储单元,若此处存在 MOS 管,则和"地线"相连,相当于存储了"0";若没有 MOS 管,则通过电阻 R 和电源相连,相当于存储了"1"。

7.2.2 可擦除可编程只读存储器

可擦除可编程只读存储器(EPROM)是一种基本不挥发的存储器,出现于 20 世纪 60 年代。因结构简单、制作成本较低,曾一度成为主流的不易挥发性存储器。EPROM 一旦被封装到一个系统中,从实际应用角度来讲它的内容将永远保存。一般来说,从生产线上出来以后它就永久充当 ROM 的功能,但一些特殊的封装方式可以使它实现可擦除、可编程,如下述两种。

1. 紫外线可擦除可编程 ROM(UV EPROM)

UV EPROM 采用叠栅注入 MOS 管(Stacked-gate Injection Metal Oxide Semiconductor，SIMOS)，如图 7.6 所示，它有两个栅极：浮栅和控制栅。其中浮栅没有引出线，被包围在二氧化硅中。以一个 NMOS 管为例，如果漏端电压使得沟道中的电场足够强，则会造成雪崩产生高能电子，而此时如果控制栅上加高压脉冲，形成方向与沟道垂直的电场，便可以使沟道中的电子穿过氧化层注入到浮栅上，因为浮栅被包围在绝缘体中，泄漏电流小，所以到达浮栅的电子可以使得浮栅上的负电荷保存很长时间，每年的损耗为 $3\%\sim5\%$。

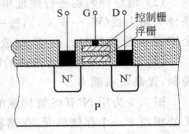

图 7.6　UV EPROM 硅结构

那么，EPROM 是怎样区分"0"和"1"的呢？还以 NMOS 管为例，如果浮栅上积累了一定量的电子，使得 MOS 管的开启电压变高，在栅极加一定电压的情况下，MOS 管仍不能导通，相当于存储了"0"；反之，浮栅上未积累电子，就相当于存储了"1"。

UV EPROM 有三种操作：编程操作、读操作和擦除操作。

编程操作：初始时，如图 7.7(b)所示，所有单元未积累电荷，都处于"1"状态，编程操作即在要求写入"0"的单元加上一个相对于源极足够大的正电压 V_{prog}，如图 7.7(a)所示。

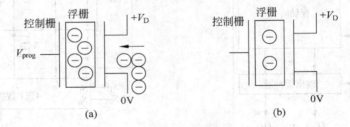

图 7.7　存储单元编程操作

(a) 存储 0，控制栅加正电压，负电荷聚积在浮栅上；(b) 存储 1，单元保持擦除状态

读操作：在读操作期间，如图 7.8(a)所示，电压加在控制栅上，浮栅所呈现的电荷量决定了控制栅上的电压能否使得晶体管导通。如果存储的是"0"，则控制栅上的电压不足以克服浮栅中的电荷，晶体管不导通；如图 7.8(b)所示，如果存储的是"1"，则控制栅上的电压足以使晶体管导通。

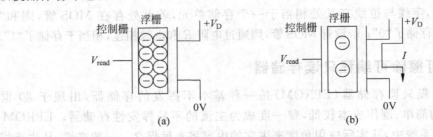

图 7.8　存储单元读操作

(a) 存储 0，控制栅加正电压，负电荷聚积在浮栅上；(b) 存储 1，单元保持擦除状态

擦除操作：EPROM 芯片的封装外壳装有透明的石英盖板，将器件放在紫外线下照射 20 分钟左右，浮栅中的电子获得足够能量，从而穿过氧化层回到衬底中，这样可以使浮栅上的电子消失，存储器回到未编程状态，全部都是"1"。

2. 电可擦除可编程 ROM（E²PROM）

E²PROM 既有 ROM 的非易失性，又具有写入功能。如图 7.9 所示，采用的是浮栅隧道氧化层 MOS 管（Floation-gate Tunnel Oxide MOS，FLOTOX）。与 SIMOS 相似，FLOTOX 也有两个栅极，浮栅和控制栅，但是栅极的形状不同，FLOTOX 浮栅下方有一段非常薄的氧化层，大概在 $100\text{Å}(1\text{Å}=10^{-10}\text{ m})$ 以下，称为隧道区，当隧道区的电场足够大时，浮栅跟漏区形成电子可以流通的导电隧道，产生电流。

快闪存储器（Flash Memory）是新一代电可擦除可编程 ROM，自 20 世纪 80 年代开始发展以来，目前已得到广泛应用。快闪具有诸多优点，如读写方便、读取速度快（小于100ns）、适用于手机等移动设备上、制作成本低等。

从器件结构上来看，快闪也采用叠栅 MOS 结构，和前述的 SIMOS 管非常相似，两者的区别在于浮栅下面的氧化层厚度不同：UV EPROM 的氧化层厚度一般为 30～40nm，快闪存储器为 10～15nm，后者的栅源电容更小。

在存储原理和读写操作上，电擦除和紫外擦除 PROM 基本相同，不再赘述；在擦除方式上有所不同，如图 7.10 所示，E²PROM 通过在 MOS 管的源极加一个足够大的正电压（与编程中使用的极性是相反的），此电压从浮栅中吸引电子，并耗尽它的电荷，将存储器恢复到未编程数据"1"。

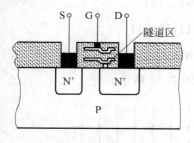

图 7.9 E²PROM 硅结构

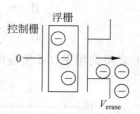

图 7.10 E²PROM 电擦除操作

7.2.3 ROM 应用举例

ROM 的应用很广泛，它可以作为代码转换器、数学函数表，在微处理机中也可以用来存储专用程序。除此以外，将 ROM 组件和一些简单的逻辑门、触发器组合在一起还可实现各种组合电路和时序电路的功能。

例 7.1 用 ROM 设计一个码制转换器，用于实现 4 位二进制码到格雷码的转换。

解： 图 7.11 是码制转换电路的逻辑示意图，$A_3A_2A_1A_0$ 是 4 位二进制码输入端，$B_3B_2B_1B_0$ 是 4 位格雷码输出端。4 位二进制码和 4 位格雷码的编码表如表 7.1 所示。

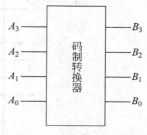

图 7.11 码制转换器示意图

表 7.1　码制转换器编码表

A_3	A_2	A_1	A_0	B_3	B_2	B_1	B_0
0	0	0	0	0	0	0	0
0	0	0	1	0	0	0	1
0	0	1	0	0	0	1	0
0	0	1	1	0	0	1	0
0	1	0	0	0	1	1	0
0	1	0	1	0	1	1	1
0	1	1	0	0	1	0	1
0	1	1	1	0	1	0	0
1	0	0	0	1	1	0	0
1	0	0	1	1	1	0	1
1	0	1	0	1	1	1	1
1	0	1	1	1	1	1	0
1	1	0	0	1	0	1	0
1	1	0	1	1	0	1	1
1	1	1	0	1	0	0	1
1	1	1	1	1	0	0	0

由编码表推导出 $B_3 B_2 B_1 B_0$ 的表达式为

$$B_3 = \sum_m (8,9,10,11,12,13,14,15)$$

$$B_2 = \sum_m (4,5,6,7,8,9,10,11)$$

$$B_1 = \sum_m (2,3,4,5,10,11,12,13)$$

$$B_0 = \sum_m (1,2,5,6,9,10,13,14)$$

根据上式得到用 ROM 实现的码制转换电路如图 7.12 所示。

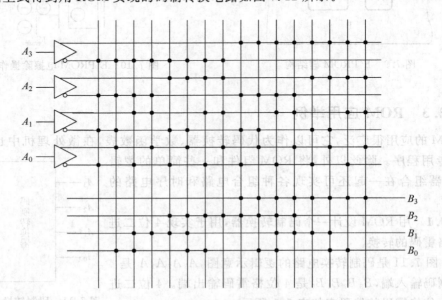

图 7.12　用 ROM 实现的码制转换图

7.3　随机存取存储器

RAM 的基本结构框图如图 7.13 所示,与 ROM 相似,主要由存储矩阵、地址译码器和读/写控制电路三部分组成。图中各信号如下:

(1) 片选信号 $\overline{CS}=1$ 时,所有的 I/O 单元均为高阻状态; $\overline{CS}=0$ 时,I/O 单元和存储矩阵连通。

(2) $R/\overline{W}=1$ 时,进行读操作; $R/\overline{W}=0$ 时,进行写操作。

(3) n 位地址线对应 2^n 个存储单元,每个地址可以确定存储矩阵中的一个"字", m 位数据线和存储矩阵被地址线选中的一个"字"连接,进行读、写操作,这个字有 m 位。

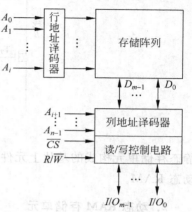

图 7.13　RAM 的基本结构框图

为了不增加芯片的引脚数,I/O 端口一般被设计成双向端口分时复用,在读操作期间完成数据输出,而在写操作期间完成数据输入。另外,制造商还经常采用"地址多路复用"技术来节省地址线,前一个周期地址线用于输入行信号,后一个周期地址线用于输入列信号,工作周期虽然变长了,但是 n 位地址线可以对应 2^{2n} 个存储单元,节省了一半的地址线端口。

7.3.1　RAM 的基本工作原理

RAM 可以分为静态 RAM 和动态 RAM。静态 RAM 通常使用触发器作为存储元件,存取速度快,加上直流电源就可以保存数据,且数据不消失,静态 RAM 存储电路速度较快,但是集成度相对较低,功耗相对较大;而动态 RAM 存储一段时间后数据会消失,所以在数据消失前需要对电容进行电荷补充来保存数据。

1. 静态 RAM 存储单元

静态 RAM 存储单元可以由基本 RS 触发器构成,由行、列选择线控制选择此存储单元。只要有电源加上,就能保存信息,这是它的主要特点。它的另一特点是,由于存储单元的动作稳定,故很容易实现高速存取。但是由于存储单元的元件数较多,与动态 RAM 相比,静态 RAM 的集成度很低。图 7.14 为六管静态 RAM 存储单元结构,其中 T_1, T_3 和 T_2,T_4 两个反相器交叉耦合构成一个基本 RS 触发器,用于记忆 1 位二进制数码。T_5, T_6 为门控管,由行译码器输出控制其导通或截止,T_7, T_8 为门控管,由列译码器输出控制其导通或截止,也是数据存入或读出的控制电路。当行选择线 X_i 和列选择线 Y_j 均为高电平时,$T_5 \sim T_8$ 均导通,该单元被选中,触发器的输出才与数据线接通,该单元通过数据线传送数据。

因此,若要读/写存储单元的信息,只要行选择线 X_i 和列选择线 Y_j 同时为 1,则触发器输出端与数据线相连,才能进行读/写操作。

该电路可以存储一位数据,若要利用该电路构成 4K×1 位的静态存储单元,这里若 4K 的存储单元有 64 根列选择线,则需要 $4096 \times 6 + 2 \times 64 = 24704$ 个 MOS 管。由此可见,用

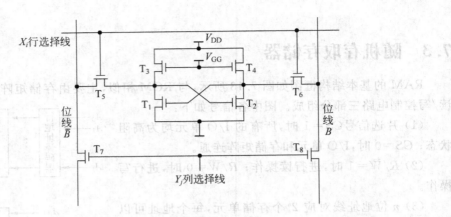

图 7.14　六管静态存储单元

静态存储单元构成的基片上元件数较多,占用芯片面积大,功耗也相应大,因此人们研制了动态 RAM。

2. 动态 RAM 存储单元

动态 RAM 存储数据是利用 MOS 管的栅极电容可以存储电荷的原理制成的。由于栅极电容容量很小(仅为几皮法),而漏电流又不可能一点也没有,所以电荷保存的时间有限。为了及时补充漏掉的电荷以避免存储的信息丢失,必须定时地给栅极电容补充电荷,通常把这种操作称为“刷新”。

动态 RAM 是目前最常用的内存类型,最简单的动态 RAM 单元由一个晶体管和一个电容器组成,每个单元可以保存一位信息。面积和功耗都小于静态 RAM 存储单元。

下面主要讲述动态存储器的基本工作原理。

动态 RAM 如图 7.15 所示,由一个 MOS 管和一个电容器组成。其结构简单、制作成本低,适用于构建内存大阵列。但是存储电容器不能长时间保持电荷,需要对电荷进行定期刷新来保持它的数据位。

(1)图 7.15(a)所示为写入数据“1”,三态刷新缓冲器在刷新信号为低电平时,输出为高阻,不进行数据刷新。$R/\overline{W}$ 信号为低电平时,进行写操作,输入数据 D_{IN} 为高电平,该高电平信号从输入缓冲器传送到列信号线上,写入数据“1”。

(2)图 7.15(b)所示为写入数据“0”,输入数据 D_{IN} 为低电平,存储电容通过 MOS 管放电,存储“0”。而当行线返回低电平时,晶体管截止,存储电容和位线断开,从而根据 D_{IN} 上的低电平,存储电容“俘获”了相应电荷(“0”)。

(3)图 7.15(c)为读出数据“1”的操作,$R/\overline{W}$ 信号为高电平,行信号线为高电平,晶体管导通,电容器连接到位线上,将位线上的数据通过输出缓冲器(或读放大器)传送到 D_{OUT},这样数据“1”就出现在数据输出线(D_{OUT})上。

(4)图 7.15(d)为刷新数据“1”的操作,刷新信号为高电平,数据输出线 D_{OUT} 的数据“1”又写到了列线,也就是数据位线上,这样,存储电容再次“俘获”数据位线上的电荷,实现了数据“1”的刷新。

数据“0”的读出和刷新不再赘述。

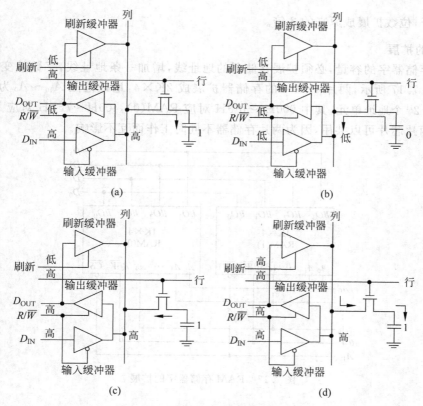

图 7.15 动态存储器的读写刷新操作

(a) 写入数据"1"；(b) 写入数据"0"；(c) 读出数据"1"；(d) 刷新数据"1"

7.3.2 RAM 应用举例

1. 位的扩展

增加存储器的字长，必须增加数据总线中的位数。位的扩展可以利用芯片并联实现将地址线、控制线连接在一起，扩展数据线。

如图 7.16 所示，两片 1K×4 的存储器扩展成 1K×8 的存储器，共用地址线和读写控制线等，组合成的存储器和单片存储器的地址数相同，两片存储器同时进行工作；两片存储器

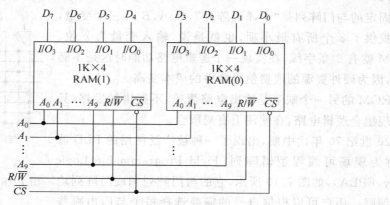

图 7.16 RAM 存储器位的扩展

数据线分开,位数扩展成原来的 2 倍。

2. 字的扩展

扩展存储器字的容量,必须扩展存储器的地址线,增加一条地址线,字数就变成原来的 2 倍。如图 7.17 所示,两片 $1K \times 4$ 的存储器扩展成 $2K \times 4$,地址范围 $A_{10} \sim A_0$ 为 000H 到 7FFH 一共 2^{11} 个地址单元,其中 000H $\sim$ 3FFH 对应 RAM(0),400H $\sim$ 7FFH 对应 RAM(1)。而数据线两片芯片可以共用,因为两片存储器不同时工作而互不影响。

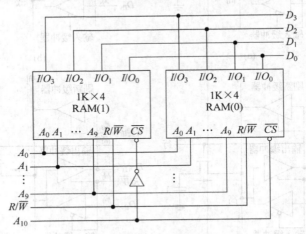

图 7.17　RAM 存储器字的扩展

7.4　可编程逻辑器件

7.4.1　低密度可编程逻辑器件

低密度可编程逻辑器件(LDPLD)主要包括 PROM、FPLA、PAL、GAL 四种类型。

第一代可以实际应用的 PLD 就是前面提到的只读存储器 ROM,可以通过熔断丝技术、MOS 技术等,实现 ROM 内部结构的修改。

如图 7.18 所示,PROM 是组合逻辑阵列,它包含一个固定的与门阵列和一个可编程或门阵列。

固定的与门阵列是"全译码阵列",如 A、B、C 三个变量,字线提供了 8 个所有最小项,也就是说,输入变量为 n 位,PROM 就有 2^n 条字线,在实现一个逻辑电路功能时这是不必要的,因为硬件资源的浪费使得器件的成本变高。

ROM 的另一个缺陷是输出电路简单,不提供触发器,只能实现组合逻辑电路,在使用上有局限性。

20 世纪 70 年代中期,出现了一种被广泛使用的 PLD 器件,称为现场可编程逻辑阵列(Field Programmable Logic Array,FPLA),如图 7.19 所示,它的与门阵列和或门阵列均可以编程。用户可以根据自己的需要选择每个与门由哪些

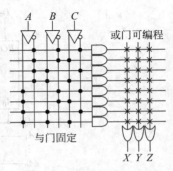

图 7.18　与门阵列固定、或门阵列可编程结构

变量(原变量或非变量)组成。也可以通过或门阵列的编程,自由选择每个输出端由哪些"与项"相或构成。这样,FPLA 比 RROM 使用更为灵活,利用率也高得多。FPLA 也由最早采用的熔断丝技术改为 MOS 技术,实现了从只能一次编程到多次编程。

而到了 20 世纪 70 年代末期,又出现了可编程阵列逻辑(Programmable Array Logic,PAL)。如图 7.20 所示,PAL 由三部分组成:

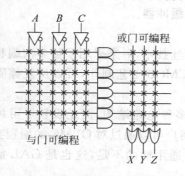

图 7.19 与门阵列、或门阵列均可编程结构 图 7.20 PAL 的电路结构示意图

(1) 可编程的与门阵列,这个和前面的 FPLA 是一样的,不再赘述;

(2) 固定的或门阵列,不同的 PAL 产品,相或的与门数是不同的,一般 PAL 可达 8 个,这在器件资料中会有说明,用户可以根据设计要求,选择合适的 PAL 产品;

(3) 输出级电路,增加各种灵活多变的输出级,如专用输出结构、寄存器输出结构、可编程输入/输出结构异或输出结构等,自此,PLD 除了可以实现组合逻辑电路外,还可以实现时序逻辑电路,使用更为灵活方便。

PAL 的型号很多,其命名遵从如下规则:"PAL+输入变量个数+输出级电路结构代号+输出级最大数量"。表 7.2 列举了一些常见的输出级电路结构代号的含义,如PAL16L4 输入变量为 16 个,输出信号低电平有效,输出级最大可设置 4 个输出变量。

表 7.2 PAL 输出级电路结构代号的含义

结 构 代 号	代 码 含 义	器 件 举 例
H	输出信号为高电平有效方式	PAL10H
L	输出信号为低电平有效方式	PAL16L4
C	输出信号为互补输出方式	PAL16C1
X	输出级为异或门或算术选通反馈方式	PAL20X4
P	输出信号极性可编程	PAL16P8
R	输出级带寄存器电路	PAL16R4

和以前的低密度 PLD 相比,PAL 的特点总结如下:

(1) 输出级带寄存器电路的结构,使得它不但可以实现组合逻辑,还可以实现时序逻辑电路;

(2) 集成度更高,设计更为灵活,实现的逻辑电路更为复杂;

(3) PAL 具有上电复位功能和加密功能,保密性更好。鉴于以上优点,PAL 得到了较为广泛的应用,但是 PAL 也有缺点:因为带有各种灵活多变的输出级结构,使得用户一定要查阅其手册了解其功能后才能正确使用,也就是在通用性上有一定的不足之处。

20 世纪 80 年代中期,Lattice 公司推出新型可编程逻辑器件——通用阵列逻辑(Generic Array Logic,GAL),下面以常用的 GAL16V8 介绍 GAL 的基本结构。

(1) 内部一共有 8 组结构相同的与门阵列单元,每组与门阵列为 8 行 32 列,所以,该器件共有 $32 \times 8 \times 8 = 2048$ 个编程单元;

(2) 8 个互补输入缓冲器、8 个互补的反馈/输入缓冲器。

和 PAL 相比,GAL 主要优点在于下面几点:

(1) 早期的 PAL 采用的是只能编程一次的熔断丝技术,后来采用了可多次编程的浮栅 MOS 技术。而 GAL 采用了电擦除、电可编程的 E^2CMOS 工艺制作,可以反复擦除编程上百次。

(2) GAL 的输出级电路不再像 PAL 那样存在多种电路结构,而是设置了可编程的输出逻辑宏单元(Output Logic Macro Cell,OLMC),用户可以通过对 OLMC 的编程实现各种组合逻辑电路和时序逻辑电路,这样就弥补了 PAL 通用性的不足,这也是 GAL 能得到广泛应用的主要原因。

当然,GAL 也存在互补输入缓冲器、集成度比较低等缺点,相当于几十个普通逻辑门,相对于电路现在规模越来越大的设计要求,GAL 还是与 PAL 一样,属于低密度 PLD。

GAL 内部 OLMC 的时钟信号一般共接在一起,OLMC 的触发器也只能同时清零、置位,这也限制了 GAL 的应用。在这种情况下,高密度 PLD 应运而生。下面来介绍高密度可编程逻辑器件。

7.4.2 高密度可编程逻辑器件

高密度可编程逻辑器件(HDPLD)主要包括 EPLD、CPLD、FPGA 三种类型。

EPLD(Erasable Programmable Logic Device)是 Altera 公司在 20 世纪 80 年代中期推出的可编程可擦除逻辑器件。采用了 CMOS 和 UVEPROM 工艺制作,其结构与 GAL 相似,大量增加了输出逻辑宏单元(OLMC)的数量,增加了对 OLMC 的置数(置"1")和清零(置"0")功能。

复杂可编程逻辑器件(Complex Programmable Logic Device,CPLD)是在 EPLD 的基础上发展起来的器件,采用 E^2PROM 制作工艺。

现场可编程门阵列(Field-Programmable Gate Array,FPGA)是 Xilinx 公司在 20 世纪 80 年代中期推出的一种新型可编程逻辑器件。电路结构和编程方式也与 CPLD 完全不同。

随着集成密度、生产工艺、器件的编程和测试技术等方面不断发展,高密度可编程逻辑器件通常将集成密度大于 1000 等效门/片的 PLD 称为高密度可编程逻辑器件。

7.4.3 复杂可编程逻辑器件

复杂可编程逻辑器件(CPLD),是从可擦除可编辑逻辑器件(EPLD)的基础上发展起来的高密度器件。与 EPLD 相比,CPLD 采用了 E^2PROM 制作工艺,有些还集成 RAM、FIFO 或双口 RAM 等存储器。另外,CPLD 还增加了内部连线,对逻辑宏单元和 I/O 单元都做了重大改进。使用更为灵活,因而得到广泛应用。

CPLD 主要由可编程逻辑功能块、可编程内部连线阵列和可编程 I/O 控制模块三部分组成。

对于可编程逻辑功能块,各个公司命名不同,Altera 公司命名为 LAB(Logic Array Block),Lattice 公司命名为 GLB(Generic Logic Block)。下面以 Altera 公司的 MAX7000 系列为例介绍 CPLD 的内部结构。

如图 7.21 所示,CPLD 主要包括下面三个部分:

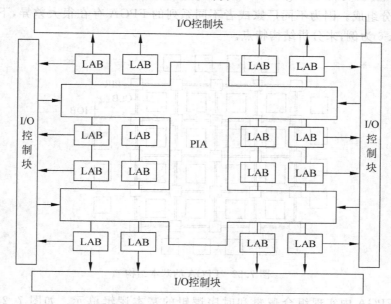

图 7.21　CPLD 的结构图

1. 可编程逻辑功能块(LAB)

MAX7000 系列的芯片上一般有 2~16 个 LAB,每个 LAB 由 16 个宏单元组成,也就是说每个芯片最多可达 256 个宏单元。每个宏单元由组合逻辑阵列、可编程与阵列、可编程触发器三个功能块组成,以实现复杂的逻辑函数。

2. 可编程连线阵列(PIA)

PIA 呈矩阵网络结构,是 CPLD 内设置的可编程的内部连线矩阵,通过这个 PIA 的可编程布线通道把多个 LAB、I/O 控制块相互连接,进行数据的传输。

3. I/O 控制块

I/O 控制块是 CPLD 的 I/O 接口电路,其内部由三态输出缓冲器、输入缓冲器、输入寄存器和可编程数据选择器组成,允许每个 I/O 引脚单独配置成输入、输出和双向工作方式。

7.4.4　现场可编程门阵列

现场可编程门阵列(FPGA)是在 PAL、GAL、CPLD 等可编程器件的基础上发展的高密度可编程逻辑器件。1985 年,Xilinx 公司推出全球首款 FPGA 产品——XC2064,采用 $2\mu m$ 工艺,包含 64 个逻辑模块,门数量不超过 1000 个,电路结构与编程方式与 CPLD 完全不同。

FPGA 最初只是用于胶合逻辑(Glue Logic,连接复杂逻辑电路的简单逻辑电路的统称），但作为专用集成电路（ASIC）领域中的一种半定制电路，它既解决了定制电路的制作成本高、开发周期长等不足，又克服了原有可编程器件门电路数有限的缺点，从胶合逻辑到算法逻辑再到数字信号处理、高速串行收发器和嵌入式处理器，从配角变成了主角。

图7.22是FPGA的基本结构，它主要由可配置逻辑块（Configurable Logic Black，CLB）、可编程互联资源（Programmable Interconnect Resource，PIR）和输入/输出模块（IOB）三个部分组成。因为不同厂家或者不同系列的FPGA存在很大差异，下面以Xilinx出产的Virtex-6为例，来分析结构特点。

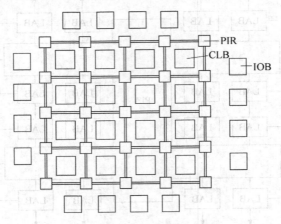

图7.22　FPGA的基本结构

CLB是FPGA内实现组合逻辑和时序逻辑的基本逻辑单元。如图7.23所示，一个CLB内部包含2个Slice，Slice的位置用"$XmYn$"表示，其中m为Slice所在横坐标，一个CLB的两个Slice的横坐标分别是m和$m+1$；n为CLB的纵坐标，一个CLB的两个Slice有相同的n，左下角的Slice编号为$X0Y0$。一个CLB内部两个Slice是相互独立的，分别连接开关阵列（Switch Matrix），以便与通用布线阵列（General Routing Matrix）相连。

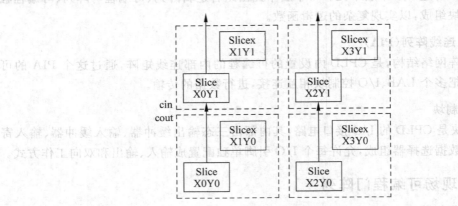

图7.23　CLB单元的结构

Slice包含逻辑函数发生器（即LUT）、存储元件、多功能多路复用器（MUXF）、进位逻辑和算法单元（MULT_AND）等资源。其中LUT可以实现组合逻辑、ROM、分布式RAM、移位寄存器等功能。进一步细分，Slice分为Slicex、Slicel和Slicem三种。Slicex不具有存储功能,也没有进位链;Silcel 不具有存储功能,但包含进位链;Slicem 具有存储/移位寄存器功能,也包含进位链。

PIR 实现各个单元的可编程连接,由许多金属线段构成,这些金属线段都带有晶体管,晶体管作为可编程开关,通过自动布线实现所需要的电路连接。器件内部阵列规模变大,连线通路数量也随之增多。而 FPGA 的内部时延与器件结构和逻辑布线有关。IOB 则提供了器件引脚和内部逻辑阵列的接口电路,每一个 IOB 控制一个引脚,可以配置为输入、输出或者双向传输信号源。

7.4.5 可编程逻辑器件的开发

数字电路设计的数学基础是布尔函数,并利用卡诺图进行化简。以组合逻辑电路为例,数字电路的设计方法是:根据题目确定逻辑关系,列真值表并进行化简,画出逻辑电路图。而在实际的应用中,基于可编程逻辑器件的数字电路设计过程并不是这样的。

如图 7.24 所示,数字系统有"自底向上"(Bottom-up)和"自顶向下"(Top-down)两种设计步骤。"自底向上"的设计思路是:先选择标准的通用集成电路,然后利用这些芯片加上其他元件"自底向上"构成电路或系统。这种"搭积木"的方法要求设计者对各种器件比较熟悉,这样设计难度较大,芯片数量较多,修改比较麻烦。

图 7.24　设计步骤
(a)"自底向上";(b)"自顶向下"

随着 CPLD/FPGA 器件的应用,传统的"自底向上"的设计方法逐渐转变为"自顶向下"的设计方法。

"自顶向下"的设计方法是从系统设计入手,在顶层首先进行功能模块的划分和结构的设计。

(1) 行为设计,确定该电子系统或 ASIC 芯片的功能、性能及允许的芯片面积和成本等。

(2) 结构设计,将系统划分为相互关系明确、接口清晰的子系统。

(3) 逻辑设计,采用验证过的逻辑单元或模块。

(4) 电路设计,将逻辑电路图转换为电路图。

(5) 版图设计,根据电路图画出版图进行 ASIC 设计,或者用 PLD 现场编程实现,如CPLD/FPGA。

这种设计步骤有利于早期发现产品结构设计中的错误,提高设计效率,被越来越广泛地采用,下面是 CPLD/FPGA 的基本工作流程(图 7.25)。

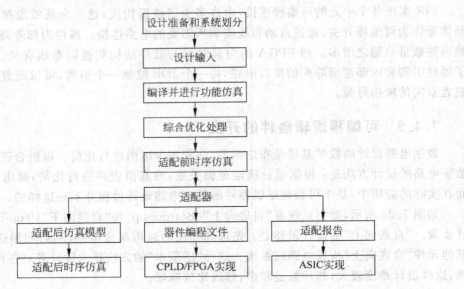

图 7.25　CPLD/FPGA 基本设计工作流程

(1) 按照"自顶向下"的设计方法进行系统划分和设计分析。

(2) 设计输入,以 Quartus Ⅱ 为例,支持原理图输入、文本输入(如 Verilog HDL、VHDL 代码)和内存编辑输入等多种输入方法。

(3) 编译并进行代码级的功能仿真,Quartus Ⅱ 编译器的功能包括设计错误检查、逻辑综合、Altera 适配器件以及为仿真、定时分析和器件编程产生输出文件。

(4) 综合优化,就是根据 ASIC 芯片供应商提供的综合库,利用综合器对源代码进行综合优化处理,生成门级描述的网表文件,这是将高层次描述转换为硬件电路的关键步骤。

(5) 在适配前对网表文件进行时序仿真,一般的设计也可以省略这一步。

(6) 适配器将综合后的网表文件根据选定的某目标器件进行逻辑映射,包括底层器件配置、逻辑分割、逻辑优化和布局布线。

(7) 适配完成后,产生包括芯片内部资源利用情况等的适配报告,根据适配后的仿真模型,进行适配后的时序仿真,因为已经得到器件延时特性等实际硬件特性,后仿真的结果比前仿真更加贴近芯片的实际性能。通过后仿真修改源代码或选择不同器件以达到设计要求。

(8) 将适配器产生的器件编程文件下载到目标芯片 FPGA 或者 CPLD 中,也可以根据厂家提供的综合库以 ASIC 的方式实现。

习题

1. 一个 16K×8 位的 ROM,地址线和数据线各多少根?

2. 已知 16×4 位的 RAM 如图题 2 所示。按下面要求画出扩展电路图。

(1) 扩展成 32×4 位的 RAM

（2）扩展成 32×8 位的 RAM

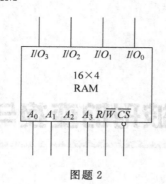

图题 2

3. 试用与门固定、或门可编程的 PLD 实现下面的多输出函数：

（1）$F_1=\overline{A}B+A\overline{B}+BC$

（2）$F_2(A,B,C)=\sum_m(3,4,5,6)$

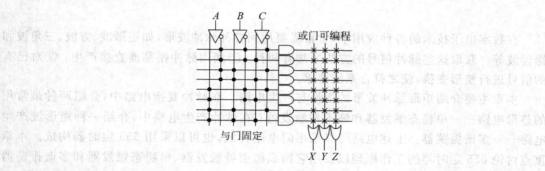

4. 试用 4 输入 4 输出的与门、或门均可编程的 PLD 实现 8421BCD 码至余 3 码的转换。

5. 比较 GAL 和 PAL 器件在电路结构上有何异同点。

6. 试用下面 3 输入 PAL 和 D 触发器实现一个模 7 计数器。

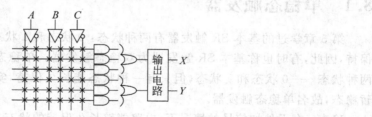

7. 比较 CPLD 和 FPGA 可编程逻辑器件的异同。

8. 简述"自顶向下"的设计方法。

第8章

脉冲波形的变换与产生

在数字电子技术的各种应用中,常常需要用到各种脉冲波形,如矩形波、方波、三角波和锯齿波等。获取这些脉冲信号的方法通常有两种:①利用脉冲振荡器直接产生;②对已有的信号进行整形变换,使之符合系统要求。

本章主要介绍矩形脉冲波形的变换与产生电路。在脉冲变换电路中,介绍两种最常用的整形电路——单稳态触发器和施密特触发器;在脉冲产生电路中,介绍一种矩形波产生电路——多谐振荡器。上述电路可以采用门电路构成,也可以采用555定时器构成。本章重点讨论555定时器的工作原理以及用它构成施密特触发器、单稳态触发器和多谐振荡器的方法和应用。

8.1 单稳态触发器

第5章学过的基本SR触发器有两种状态:0状态和1状态,而且这两种状态都能长久保持,因此,有时也称基本SR触发器为双稳态触发器。单稳态触发器则不同,它虽然也有两种状态——0状态和1状态,但只有一种状态能长久保持,实际上一种为稳态,另一种为暂稳态,故名单稳态触发器。

稳态:在无外加信号的情况下,电路能够长久保持的状态。稳态时,电路中的电流和电压保持不变。

暂稳态:不能长久保持的状态。暂稳态期间,电路中一些电压和电流会随着电容的充电、放电而发生变化。

单稳态触发器具有下列特点:

(1)电路有稳态和暂稳态两种状态;

(2)平时电路处于稳态,在外部触发脉冲的作用下,状态由稳态翻转到暂稳态;

(3)暂稳态维持一定时间后将自动返回稳态,而且暂稳态维持时间的长短与触发脉冲和电源电压无关,仅由电路本身的参数决定。这个时间又等于单稳态触发器输出脉冲的宽

度 t_W。

单稳态触发器在实际生活中也有应用的例子。如楼道触摸灯控制系统,平时楼道灯不亮,当用手触摸按钮(相当于外部给了一个触发信号)时,楼道灯点亮,过了一定时间后又自动熄灭。显然,楼道灯有两种状态:灯暗的状态为稳态,灯亮的状态为暂稳态。

单稳态触发器在外加触发脉冲信号的作用下,能够产生具有一定宽度和一定幅度的矩形脉冲信号。单稳态触发器在数字系统和装置中,一般用于定时(产生一定宽度的矩形波)、整形(将不规则的波形转换成宽度、幅度都相等的波形)以及延时(将输入信号延迟一定时间后输出)等。

8.1.1 几种类型的单稳态触发器

1. 用门电路组成的单稳态触发器

（1）电路的组成和工作原理

从单稳态触发器的电路结构来看,主要有两种类型:微分型单稳态触发器和积分型单稳态触发器。微分型单稳态触发器电路中含有 RC 微分电路,而积分型单稳态触发器电路中含有 RC 积分电路。本章讨论由 CMOS 门电路构成的微分型单稳态触发器。微分型单稳态触发器由门电路和 RC 微分电路组成。微分型单稳态触发器中的门电路既可以是与非门,也可以是或非门。图 8.1 是由 CMOS 或非门构成的微分型单稳态触发器。

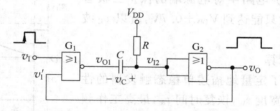

图 8.1 CMOS 或非门构成的微分型单稳态触发器

在图 8.1 中,G_1、G_2 为 CMOS 或非门,R、C 构成微分电路。且设定 CMOS 门的阈值电压 $V_{TH} \approx V_{DD}/2$,输出高电平 $V_{OH} \approx V_{DD}$,输出低电平 $V_{OL} \approx 0V$。v_I 为触发器输入脉冲,v_{O1}、v_O 分别为 G_1、G_2 门的输出电压,v_{I2} 为 G_2 门的输入电压,v_C 为电容 C 两端的电压。由或非门构成的单稳态触发器采用正脉冲触发。

下面以图 8.1 所示的单稳态触发器为例,说明单稳态触发器的工作原理。

① 单稳态触发器的稳态。当输入端无触发脉冲时,单稳态触发器处于稳态,此时 v_I 为低电平(因为是正脉冲触发),同时,电容 C 无充放电存在,因此电容 C 相当于断开。电源 V_{DD} 通过电阻 R 对 C 充电已达到稳态值,故 $v_{I2} = V_{DD} = 1$。由此可以确定 G_2 门的输出 v_O 为低电平,从而 G_1 门截止,输出 v_{O1} 为高电平,电容 C 上的电压 v_C 为 0。因此,可以得到单稳态触发器的稳态为:$v_{O1} \approx V_{DD}$,$v_O \approx 0V$。

② 当 v_I 加一正脉冲时,电路由稳态进入暂稳态。当 v_I 变为高电平时,G_1 门输出 v_{O1} 立即变为低电平,由于电容 C 两端的电压不能突变,所以 v_{I2} 也立即变为低电平,G_2 门的输出 v_O 便立即变为高电平,并返送到 G_1 门的输入端,这时即使输入信号 v_I 高电平撤销,v_{O1} 仍维持为低电平。电路即进入暂稳态:$v_{O1} \approx 0V$,$v_O \approx V_{DD}$。这里有一正反馈现象如下,其作用是改善 v_{O1}、v_O 边沿。

$$v_{\mathrm{I}} \uparrow \to v_{\mathrm{O1}} \downarrow \to v_{\mathrm{I1}} \downarrow \to v_{\mathrm{O}} \uparrow$$

③ 暂稳态维持一定时间后又自动返回稳态：进入暂稳态后，v_{O1} 为低电平，V_{DD} 经过电阻 R 向电容 C 充电，v_{I2} 逐渐上升，当 v_{I2} 上升到 V_{TH} 即 $V_{\mathrm{DD}}/2$ 时，G_2 门输出低电平，即 $v_{\mathrm{O}} \approx 0 \mathrm{V}$。如果此时输入触发脉冲已经消失，即 v_{I} 已由高电平回到低电平，则 G_1 门输出 $v_{\mathrm{O1}} \approx V_{\mathrm{DD}}$，电路又回到稳态。这里也有正反馈现象如下，这一正反馈过程使电路迅速返回到 G_1 门截止、G_2 门导通的稳定状态。

$$v_{\mathrm{I2}} \uparrow \to v_{\mathrm{O}} \downarrow \to v_{\mathrm{O1}} \uparrow$$

④ 恢复过程。回到稳态后，电容 C 处于放电过程，由 G_1 门的输出级导通管、电阻 R 构成放电回路，v_{I2} 逐步趋向 V_{DD}，此时，单稳态触发器完整的工作过程完成，其工作波形如图 8.2 所示。

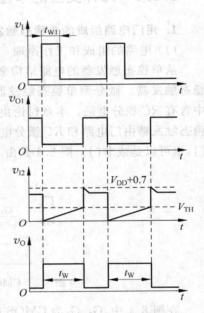

图 8.2　微分型单稳态触发器的工作波形

需要指出的是，在暂稳态结束时，v_{O1} 由 $0\mathrm{V}$ 上跳变到高电平 V_{DD}，由于电容 C 两端的电压不能突变，所以理论上，v_{I2} 将在 $V_{\mathrm{DD}}/2$ 的基础上上跳 V_{DD}，达到 $3V_{\mathrm{DD}}/2$，但由于 CMOS 门输入保护电路中对电源端的保护二极管的钳位作用，使 v_{I2} 最大只能达到 $V_{\mathrm{DD}} + 0.7\mathrm{V}$，所以 v_{I2} 波形中只有 1 个"小尖"。

（2）主要参数的计算

在实际应用中，为了定量地描述单稳态触发器的性能，经常使用输出脉冲宽度 t_{w}，恢复时间 t_{re}，最高工作频率 $f_{\max}$，输出脉冲幅度 V_{m} 等参数。

① 输出脉冲宽度 t_{w}。输出脉冲宽度 t_{w} 就是暂稳态维持的时间，也就是定时电容 C 的充电时间。由图 8.2 所示的 v_{I2} 工作波形不难看出，在电容 C 充电的过程中，$v_{\mathrm{C}}(0^+) \approx 0\mathrm{V}$，$v_{\mathrm{C}}(\infty) = V_{\mathrm{DD}}$，$v_{\mathrm{C}}(t_{\mathrm{w}}) = V_{\mathrm{TH}} = \frac{1}{2}V_{\mathrm{DD}}$，$\tau = RC$，代入 RC 过渡过程全响应的计算公式：$v_{\mathrm{C}}(t) = v_{\mathrm{C}}(\infty) + [v_{\mathrm{C}}(0^+) - v_{\mathrm{C}}(\infty)]\mathrm{e}^{-\frac{t}{\tau}}$，可得

$$
\begin{aligned}
t_{\mathrm{w}} &= \tau \ln \frac{v_{\mathrm{C}}(\infty) - v_{\mathrm{C}}(0^+)}{v_{\mathrm{C}}(\infty) - v_{\mathrm{C}}(t_{\mathrm{w}})} \\
&= \tau \ln \frac{V_{\mathrm{DD}} - 0}{V_{\mathrm{DD}} - \frac{1}{2}V_{\mathrm{DD}}} \\
&= \tau \ln 2 \\
&\approx 0.7 RC
\end{aligned}
$$

由上式可知，单稳态触发器输出脉冲宽度 t_{w} 仅取决于定时元件 R、C 的值，与输入触发信号和电源电压无关，调节 R、C 的值，即可方便地调节 t_{w}。

② 恢复时间 t_{re}。暂稳态结束后，电路需要一段时间恢复到稳态的初始值，这一段时间

称为恢复时间 t_{re},也就是电容 C 放电所需的时间。一般,恢复时间 t_{re} 为 $(3\sim5)\tau_d$(τ_d 为放电时间常数,通常放电时间常数远小于充电时间常数 RC),即

$$t_{re} \approx (3\sim5)\tau_d$$

③ 最高工作频率 f_{max}。设触发信号 v_I 的时间间隔为 T,为了使单稳态触发器能够正常工作,应当满足 $T>t_W+t_{re}$ 的条件,即触发信号 v_I 的最小周期 $T_{min} = t_W+t_{re}$。因此,单稳态触发器的最高工作频率为

$$f_{max} = 1/T_{min} = 1/(t_W+t_{re})$$

④ 输出脉冲幅度 V_m。输出脉冲幅度就是 G_2 门输出的高低电平之差,即

$$V_m = V_{OH} - V_{OL} \approx V_{DD}$$

（3）触发脉冲宽度对单稳态触发器工作的影响

在使用微分型单稳态触发器时,输入触发脉冲 v_I 的宽度 t_{W1} 应小于输出脉冲的宽度 t_W,即 $t_{W1}<t_W$,即当暂稳态回到稳态时,触发脉冲 v_I 已由高电平转换成低电平。如果触发脉冲 v_I 的宽度 t_{W1} 大于输出脉冲的宽度 t_W,则虽然电路也能工作,但由于 G_2 门输出 v_O 由高电平向低电平跳变时,v_I 仍为高电平,无法形成正反馈从而使 v_O 下降沿变差。

当出现 $t_{W1}>t_W$ 的情况时,为使电路仍能正常工作,通常可在触发信号源 v_I 和 G_1 门输入端之间接入一个 RC 微分电路。

2. 集成单稳态触发器

用门电路构成的单稳态触发器虽然电路较为简单,但输出脉冲宽度 t_W 的稳定性较差,调节范围也小,而且触发方式单一,因此实际应用中常采用集成单稳态触发器。目前市场上有很多 TTL 和 CMOS 型的单片集成单稳态触发器。这些器件使用时只需外接很少的元件和连线,使用起来十分方便,在电路上可以采取温漂补偿措施,温度稳定性好。

集成单稳态触发器按照触发方式的不同可分为不可重复触发型与可重复触发型两种类型,如图 8.3 所示。

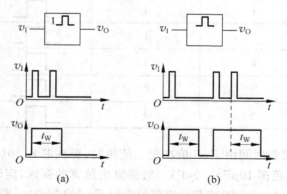

图 8.3 不可重复触发型与可重复触发型单稳态触发器工作波形
(a) 不可重复触发单稳；(b) 可重复触发单稳

图 8.3(a)所示为不可重复触发型单稳态触发器,该电路在触发进入暂稳态期间如再次受到触发,对原暂稳态时间不会产生影响,输出脉冲宽度 t_W 仍从第一次触发开始计算。图 8.3(b)所示为可重复触发型单稳态触发器,该电路在触发进入暂稳态期间如再次被触发,则输出脉冲宽度可在此前暂稳态时间的基础上再展宽 t_W。因此,采用可重复触发型单

稳态触发器时能比较方便地得到持续时间更长的输出脉冲宽度。

下面介绍最常用的集成单稳态触发器 74121，其电路逻辑符号如图 8.4 所示。

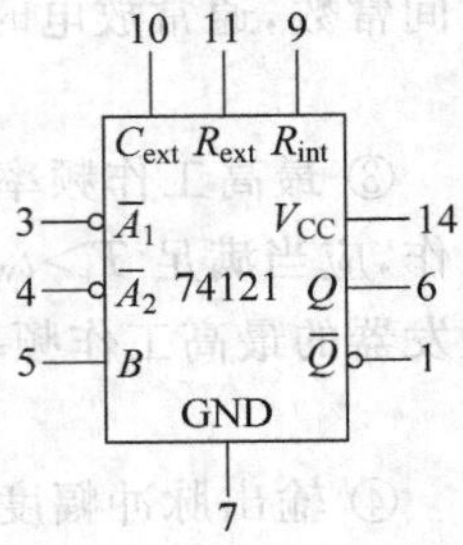

图 8.4 74121 的逻辑符号

74121 是一种不可重复触发型单稳态触发器，$\overline{A_1}$、$\overline{A_2}$ 和 B 为触发脉冲输入端，其中 $\overline{A_1}$、$\overline{A_2}$ 是两个下降沿有效的触发信号输入端，B 是上升沿有效的触发信号输入端。R_{ext}、C_{ext} 是外接定时电阻和电容的连接端，R_{int} 是内置定时电阻（2kΩ 左右）的引出端，Q 和 $\overline{Q}$ 是两个状态互补的输出端。控制电路根据 $\overline{A_1}$、$\overline{A_2}$、B 的输入状态产生触发窄脉冲（该窄脉冲宽度非常窄，可以理解为其宽度肯定小于暂稳态维持时间）。一旦控制电路产生触发窄脉冲，单稳态触发器立即进入暂稳态，Q 及 $\overline{Q}$ 输出互补的脉冲。

当出现以下几种情况时，控制电路将产生触发窄脉冲：

（1）当 $\overline{A_1}$、$\overline{A_2}$ 中至少有一个接低电平时，同时在 B 端输入一上升沿，此为上升沿触发；

（2）当 B 端接高电平时，$\overline{A_1}$、$\overline{A_2}$ 中至少有一个输入下降沿，此为下降沿触发。

集成单稳态触发器 74121 的功能表如表 8.1 所示。表中 1 表示高电平，0 表示低电平。

表 8.1　74121 电路的功能表

输入			输出	
$\overline{A_1}$	$\overline{A_2}$	B	Q	$\overline{Q}$
0	×	1	0	1
×	0	1	0	1
×	×	0	0	1
1	1	×	0	1
1	↓	1	⊓	⊔
↓	1	1	⊓	⊔
↓	↓	1	⊓	⊔
0	×	↑	⊓	⊔
×	0	↑	⊓	⊔

74121 的暂稳态维持时间由 R、C 值决定。使用时，要在芯片 10（C_{ext}）、11（R_{ext}）引脚之间接电容 C（一般取值范围 10pF～10μF）。根据输出脉宽的要求，定时电阻 R 可采用外接电阻（一般取值范围 1.4～40kΩ）或芯片内部的电阻 R_{int}（约 2kΩ）。图 8.5 为 74121 定时电容、电阻的两种典型接法。

74121 的输出脉冲宽度为

$$t_W \approx 0.7RC$$

使用外接电阻时，$t_W \approx 0.7R_{ext}C$；使用内部电阻时，$t_W \approx 0.7R_{int}C$。

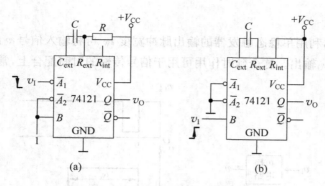

图 8.5 74121 定时电容、电阻的连接

(a) 使用外接电阻 R,下降沿触发;(b) 使用内部电阻 R_{int},上升沿触发

8.1.2 单稳态触发器的应用

单稳态触发器是数字系统中常用的基本单元电路,用途很广,经常用在脉冲波形的定时、延时和整形等方面。现将其应用叙述如下:

1. 定时

由于单稳态触发器能产生一个 t_W 定宽的矩形输出脉冲,因此利用这个脉冲控制某一电路,则可使它在 t_W 时间内动作(或者不动作)。图 8.6 所示是单稳态触发器用于定时的电路示意图(图 8.6(a))和波形图(图 8.6(b))。图中利用单稳态触发器电路输出 v_B 的正脉冲去控制一个与门,在输出脉冲宽度为 t_W 这段时间内能让频率很高的 v_A 脉冲信号通过,其他时间内,v_A 就会被单稳态触发器输出 v_B 的低电平所禁止。

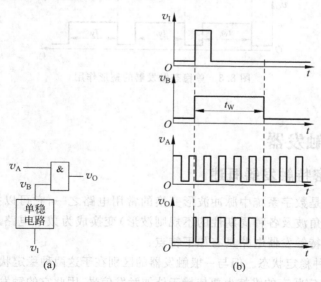

图 8.6 单稳态触发器的定时作用

(a) 电路示意图;(b) 波形图

2. 延时

如图 8.7 所示,利用单稳态触发器的输出脉冲宽度 t_W 可将输入信号 v_I 的下降沿向后延时 t_W 时间,由输出端 v_O 输出。这个延时作用可用于信号传输的时间配合上,常用于时序控制。

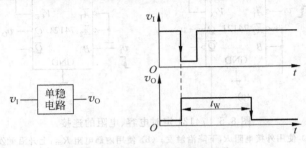

图 8.7　单稳态触发器的延时作用

3. 整形

由单稳态触发器的特点可知,一经触发,其输出电平的高低就不再与输入信号电平高低有关,且暂稳态的时间 t_W 也是可以控制的。图 8.8 所示是单稳态触发器用于波形整形的一个简单例子,将输入信号 v_I 的波形加到一个下降沿触发的单稳态触发器输入端,就可从输出端得到相应的定宽(决定于暂稳态时间)、定幅(取决于单稳态电路输出的高、低电平)且边沿陡峭的矩形波,这就起到了对输入信号整形的作用。

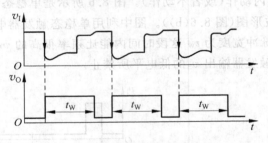

图 8.8　单稳态触发器的整形作用

8.2　施密特触发器

8.2.1　施密特触发器概述

施密特触发器是数字系统中脉冲波形变换的常用电路之一,它可以把变化缓慢的脉冲波形(如正弦波、三角波及各种周期性的不规则波形)变换成为数字电路所需要的边沿陡峭的矩形脉冲。施密特触发器电路具有如下特点:

(1) 电路有两种稳定状态。但与一般触发器的区别在于这两种稳定状态间的转换需要外加触发信号,而且稳定状态的维持也要依赖于外加触发信号,因此它的触发方式是电平触发。

(2) 电压传输特性特殊。电路有两个阈值电压,输入信号增加和减少时,电路的阈值电压分别是正向阈值电压(V_{T+})和负向阈值电压(V_{T-})。即电路具有回差特性(或称迟滞电压传输特性)。

（3）状态翻转时有正反馈过程，从而输出边沿陡峭的矩形脉冲。

施密特触发器的逻辑符号和电压传输特性如图8.9所示。图8.9(a)是反相输出的施密特触发器的逻辑符号，图8.9(b)是同相输出的施密特触发器逻辑符号。如图8.9(c)所示，反相输出的施密特触发器是当输入信号正向增加到V_{T+}时，输出由1态翻转到0态，而当输入信号负向减小到V_{T-}时，输出由0态翻转到1态；同相输出只是输出状态转换时与上述反相施密特触发器的相反。

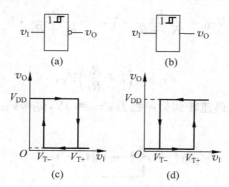

图8.9 施密特触发器的逻辑符号和电压传输特性

(a)反相输出的逻辑符号；(b)同相输出的逻辑符号；(c)反相输出的电压传输特性；(d)同相输出的电压传输特性

8.2.2 几种类型的施密特触发器

1. 用门电路组成的施密特触发器

（1）电路的组成和工作原理

将两个CMOS反相器G_1和G_2级联起来，通过分压电阻R_1、R_2将输出端的电压反馈到输入端，就构成了施密特触发器，电路如图8.10(a)所示。为了使电路正常工作，电路中要求$R_1 < R_2$。

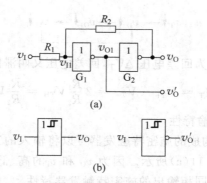

图8.10 用集成门电路构成的施密特触发器

(a)电路；(b)逻辑符号

由图8.10(a)可知，G_1门的输入电平v_{I1}决定着电路的状态，根据叠加定理，有

$$v_{I1} = \frac{R_2}{R_1 + R_2} v_I + \frac{R_1}{R_1 + R_2} v_O$$

设 CMOS 反相器 G_1 和 G_2 门的阈值电压 $V_{TH} = V_{DD}/2$，输入信号 v_I 为三角波。当 $v_I =$ 0V 时，由于 $R_1 < R_2$，G_1 门截止，G_2 门导通，可得到 G_1 门输出为高电平，$v_{O1} \approx V_{DD}$，$v_O \approx 0V$。此为第一种稳态。

当 v_I 从 0V 逐渐升高时，G_1 门的输入电压 v_{I1} 也升高。但只要 $v_{I1} < V_{TH}$，则保持 $v_O = 0V$ 不变。当 v_{I1} 上升达到 $V_{DD}/2$（即 V_{TH}）时，G_1、G_2 门的输出状态发生翻转，此时对应的 v_I 值就是施密特触发器的正向阈值电压 V_{T+}，即

$$V_{TH} = \frac{R_2}{R_1 + R_2} \cdot V_{T+} + \frac{R_1}{R_1 + R_2} \cdot 0$$

由上式可求得

$$V_{T+} = \left(1 + \frac{R_1}{R_2}\right) V_{TH}$$

当 v_I 大于 V_{T+} 时，电路迅速转到另一稳态：$v_{O1} \approx 0V$，$v_O \approx V_{DD}$。在状态转换过程中将引发如下正反馈现象：

$$v_I \uparrow \longrightarrow v_{I1} \uparrow \longrightarrow v_{O1} \downarrow \longrightarrow v_O \uparrow$$

而当 v_I 由高变低时，v_{I1} 也由高变低。但只要 $v_{I1} > V_{TH}$，则保持 $v_O = V_{DD}$ 不变。当 $v_{I1} \leqslant V_{DD}/2$（即 V_{TH}）时，电路又将发生转换，此时对应的 v_I 值就是施密特触发器的负向阈值电压 V_{T-}，即

$$V_{TH} = \frac{R_2}{R_1 + R_2} \cdot V_{T-} + \frac{R_1}{R_1 + R_2} \cdot V_{DD}$$

得

$$V_{T-} = \left(1 - \frac{R_1}{R_2}\right) V_{TH}$$

当 v_I 小于 V_{T-} 时，电路迅速转到另一稳态：$v_{O1} \approx V_{DD}$，$v_O \approx 0V$。这时，电路同样存在正反馈现象：

$$v_I \downarrow \longrightarrow v_{I1} \downarrow \longrightarrow v_{O1} \uparrow \longrightarrow v_O \downarrow$$

将 V_{T+} 与 V_{T-} 之差定义为回差电压 ΔV_T，回差电压又叫滞回电压。

$$\Delta V_T = V_{T+} - V_{T-} = 2\frac{R_1}{R_2}V_{TH} = \frac{R_1}{R_2}V_{DD}$$

（2）工作波形与电压传输特性

根据以上分析，门电路构成的施密特触发器可以将输入的三角波 v_I 变换成输出矩形波 v_O。电路的工作波形如图 8.11(a) 所示。因为 v_O 和 v_I 的高、低电平是同相的，所以也把这种形式的电压传输特性称为同相输出的施密特触发器特性。

图 8.11(b) 所示是门电路构成的施密特触发器的电压传输特性。从传输特性曲线可知，当输入电压 v_I 由低升高至 V_{T+} 时，输出电压 v_O 会发生由低到高的跳变。而当输入电压 v_I 由高变低时，输出电压 v_O 并不沿原路线跳回去，而是按另一路线跳回低电平，形成一回路。这种带回线的电压传输特性称为电压滞回特性。

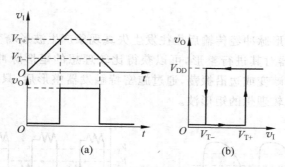

图 8.11 施密特触发器的工作波形和传输特性

(a) 工作波形；(b) 传输特性曲线

（3）主要静态参数

① 正向阈值电压 V_{T+}。输入电压 v_I 上升过程中，输出电压 v_O 发生跳变时所对应的输入电压值。

② 负向阈值电压 V_{T-}。输入电压 v_I 下降过程中，输出电压 v_O 发生跳变时所对应的输入电压值。

③ 回差电压 ΔV_T。又叫滞回电压，定义为正向阈值电压 V_{T+} 与负向阈值电压 V_{T-} 之差，即 $\Delta V_T = V_{T+} - V_{T-}$。

2. 集成施密特触发器

由门电路构成的施密特触发器，具有阈值电压稳定性差，抗干扰能力弱等缺点，不能满足实际数字系统的需要。而集成施密特触发器以其性能一致性好，触发阈值电压稳定，可靠性高等优点，在实际中得到广泛的应用。

具有施密特触发器功能的 TTL 集成门电路有很多，如 74LS13、74LS14、74LS132 等。74LS13 为施密特触发的双 4 输入与非门，74LS14 为施密特触发的六反相器，74LS132 为施密特触发的四 2 输入与非门。CMOS 集成施密特触发器也有很多种类，如 74C14、74HC14、CC40106、CC4093 等。74C14、74HC14 和 CC40106 均为施密特触发的六反相器，CC4093 为施密特触发的四 2 输入与非门。集成施密特触发器的 V_{T+} 和 V_{T-} 具体数值均可从相应的集成电路手册中查到。

8.2.3 施密特触发器的应用

施密特触发器抗干扰能力强，应用十分广泛，常用于波形变换、波形整形、消除干扰、幅度鉴别、电平转换等。

1. 波形变换

利用施密特触发器状态转换过程中的正反馈作用，可以把边沿变化缓慢的周期性信号变换为边沿很陡的矩形脉冲信号（如将三角波或正弦波变换成同周期的矩形波）。在图 8.12 所示的例子中，输入信号是正弦波信号，只要信号的幅度大于 V_{T+}，即可在施密特触发器的输出端得到同频率的矩形脉冲信号。

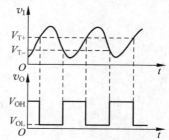

图 8.12 施密特触发器用于波形变换

2. 波形整形

在数字系统中,矩形脉冲经传输后往往发生失真现象产生波形畸变,或者边沿产生振荡等。通过施密特触发器对其进行整形,可以获得比较理想的矩形脉冲波形。如图 8.13 所示,输入矩形波有波形畸变或边沿振荡,通过施密特触发器整形后,只要畸变部分不超过阈值电压,就可以得到比较理想的矩形波。

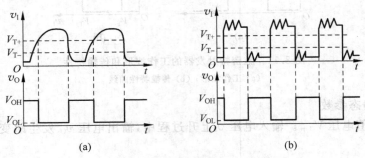

图 8.13　施密特触发器用于波形整形

(a) 消除波形畸变；(b) 消除边沿振荡

3. 消除干扰信号

由于施密特触发器具有滞回特性,所以可用于消除干扰。如果输入信号具有如图 8.14(a) 所示的顶部干扰,而又希望得到如图 8.14(c) 所示的波形,当回差电压较小时,将出现如图 8.14(b) 所示波形,顶部干扰造成了不良影响。此时,应选择回差电压较大的施密特触发器,以提高电路的抗干扰性能。

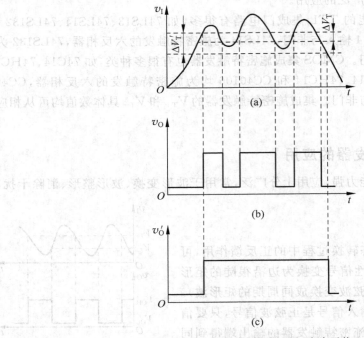

图 8.14　施密特触发器用于消除干扰

(a) 具有顶部干扰的输入信号；(b) 回差电压小的输出波形；(c) 回差电压大于顶部干扰时输出波形

4. 幅度鉴别

利用施密特触发器输出状态取决于输入信号 v_I 幅度的工作特点,可以用它作为幅度鉴别电路。例如,输入信号不等的一串脉冲,需要消除幅度较小的脉冲,而保留幅度大于某个阈值电压 V_{TH} 的脉冲,只要将施密特触发器的正向阈值电压 V_{T+} 调整到规定的幅度 V_{TH},这样,幅度超过 V_{TH} 的脉冲就使电路动作,输出端有脉冲输出;而对于幅度小于 V_{TH} 的脉冲,电路则无脉冲输出,从而达到幅度鉴别的目的,如图 8.15 所示。可见,只有那些幅度大于 V_{T+} 的输入脉冲才会在输出端产生输出信号,而幅度小于 V_{T+} 的输入信号则被消去,施密特触发器具有脉冲鉴幅能力。

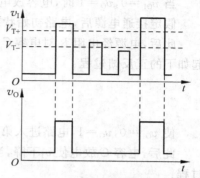

图 8.15 施密特触发器用于脉冲鉴幅

8.3 多谐振荡器

8.3.1 多谐振荡器概述

在数字电路中,常常需要一种不需外加触发脉冲就能够产生具有一定频率和幅度的矩形波电路。由于矩形波中除基波外,还含有丰富的高次谐波成分,因此称这种电路为多谐振荡器。多谐振荡器又称无稳态电路,是一种自激振荡电路,在数字系统中常常用以产生矩形脉冲,作为时钟脉冲信号源。通常在频率稳定性和准确性要求不高的场合,可以采用 TTL 或 CMOS 门电路构成的多谐振荡器;当对频率稳定性要求高时,可在多谐振荡器电路中接入石英晶体,组成石英晶体振荡器。

多谐振荡器电路具有如下特点:

(1) 没有稳定状态,只有两个暂稳态。

(2) 通过电容的充电和放电,两个暂稳态相互交替转换,从而产生自激振荡,无需外触发,其状态转换完全由电路自行完成。

(3) 当电路接好之后,只要接通电源,在其输出端便可获得一定频率和幅度的周期性的矩形波脉冲,由于含有丰富的谐波分量,故称作多谐振荡器。

8.3.2 几种类型的多谐振荡器

1. 用门电路组成的多谐振荡器

(1) 电路的组成和工作原理

图 8.16 所示是电容正反馈多谐振荡器的典型电路,由两个 CMOS 反相器 G_1、G_2 级联构成,并通过电容 C 引入正反馈。这种多谐振荡器主要是依靠电容 C 的充电、放电引起电压 v_{O1} 的变化来实现振荡。当 v_{O1} 达到 CMOS 门的阈值电压 V_{TH} 时,引起反相器状态的翻转。

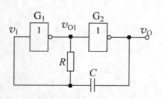

图 8.16 门电路组成的多谐振荡器

电容 C 接在 v_O 与 v_I 之间，v_{O1} 与 v_O 反相：

当 $v_{O1}=1$，$v_O=0$ 时，电容充电，v_I 增加；

当 $v_{O1}=0$，$v_O=1$ 时，电容放电，v_I 下降。

假定接通电源后，电路初始状态为：$v_I=0$，$v_{O1}=1$，$v_O=0$，该状态为第一暂稳态。

此后，电源经电阻 R 对电容 C 充电使 v_I 升高，当 v_I 上升到 G_1 门的阈值电压 V_{TH} 时，将引起如下的正反馈过程：

$$v_I \uparrow \longrightarrow v_{O1} \downarrow \longrightarrow v_O \uparrow$$

使 $v_{O1}=0$，$v_O=1$，电路进入第二暂稳态。

此后，电容 C 放电使 v_I 下降，当 v_I 下降到 G_1 门的阈值电压 V_{TH} 时，又将引起如下的正反馈过程：

$$v_I \downarrow \longrightarrow v_{O1} \uparrow \longrightarrow v_O \downarrow$$

使 $v_{O1}=1$，$v_O=0$，电路返回到第一暂稳态。

这样，周而复始，电路不停地在两个暂稳态之间振荡，输出端产生了周期性的矩形脉冲。工作波形如图 8.17 所示。

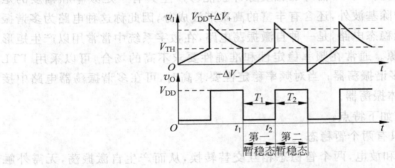

图 8.17　多谐振荡器的工作波形

（2）主要参数的计算

由图 8.17 可知，门电路组成的多谐振荡器输出端矩形脉冲的振荡周期为

$$T = T_1 + T_2$$

其中：

$$T_1 = \tau \ln \frac{v_C(\infty) - v_C(0^+)}{v_C(\infty) - v_C(t_2)}$$

$$= \tau \ln \frac{V_{DD} - 0}{V_{DD} - \frac{1}{2}V_{DD}}$$

$$= \tau \ln 2$$

$$\approx 0.7RC$$

$$T_2 = \tau \ln \frac{v_C(\infty) - v_C(0^+)}{v_C(\infty) - v_C(t_1)}$$

$$= \tau\ln\frac{0 - V_{DD}}{0 - \frac{1}{2}V_{DD}}$$

$$= \tau\ln 2$$

$$\approx 0.7RC$$

所以

$$T = RC\ln 4 \approx 1.4RC$$

由上式可知,由门电路组成的多谐振荡器的振荡周期 T 取决于 R、C 和 V_{TH} 电路参数,频率稳定性较差。

2. 用施密特触发器组成的多谐振荡器

图 8.18 给出了由施密特触发器构成的多谐振荡器。该电路非常简单,仅由一个反相的施密特触发器、一个电阻 R 和一个电容 C 组成。

该电路的工作原理如下:

接通电源瞬间,假设电容 C 上的初始电压为 0,此时输出 v_O 为高电平。v_O 通过电阻 R 对电容 C 充电,电压 v_I 逐渐升高。当 v_I 达到施密特反相器的正向阈值电压 V_{T+} 时,施密特触发器发生翻转,输出 v_O 跳变为低电平。此后电容 C 又通过 R 放电,v_I 随之下降。当 v_I 下降到施密特反相器的负向阈值电压 V_{T-} 时,触发器再次发生翻转,输出 v_O 又跳变成高电平。如此周而复始地形成振荡。v_I 和 v_O 的波形如图 8.19 所示。

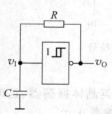

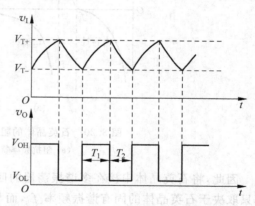

图 8.18 由施密特触发器构成的多谐振荡器　　图 8.19 施密特触发器构成的多谐振荡器工作波形

上述电路的工作频率由充放电回路的电阻值 R 和电容值 C 确定。由于 TTL 反相器具有一定的输入阻抗,它对电容的放电影响较大,因此放电回路的电阻值不能太大,否则放电电压将不会低于触发器的下限触发电平 V_{T-}。通常放电回路的电阻取值小于 $1\text{k}\Omega$,如果需要改变输出信号的频率,可以通过改变电容值来实现。其输出矩形波的振荡周期为

$$T = T_1 + T_2$$

$$= \tau\ln\frac{v_C(\infty) - v_C(0^+)}{v_C(\infty) - v_C(T_1)} + \tau\ln\frac{v_C(\infty) - v_C(0^+)}{v_C(\infty) - v_C(T_2)}$$

$$= \tau\ln\frac{V_{DD} - V_{T-}}{V_{DD} - V_{T+}} + \tau\ln\frac{0 - V_{T+}}{0 - V_{T-}}$$

$$= RC\ln\left(\frac{V_{DD} - V_{T-}}{V_{DD} - V_{T+}} \cdot \frac{V_{T+}}{V_{T-}}\right)$$

3. 石英晶体多谐振荡器

在许多数字系统中,都要求时钟脉冲频率十分稳定,例如在数字钟表中,计数脉冲频率的稳定性,就直接决定了计时的精度。前面介绍的多谐振荡器的一个共同特点就是振荡频率不稳定,容易受温度、电源电压波动和 RC 参数误差的影响。而在数字系统中,矩形脉冲信号常用作时钟信号来控制和协调整个系统的工作,因此,控制信号频率不稳定会直接影响到系统的工作。显然,前面讨论的多谐振荡器是不能满足要求的,可以采用频率稳定度更高的石英晶体多谐振荡器。

石英晶体的阻抗频率特性和电路符号如图 8.20 所示。由图可见,石英晶体的选频特性非常好,具有一个极为稳定的固有谐振频率 f_0。而 f_0 只由石英晶体的结晶方向和外尺寸所决定。当振荡信号的频率和石英晶体的固有谐振频率 f_0 相同时,石英晶体呈现很低的阻抗,信号很容易通过,而其他频率的信号则被衰减掉。目前,具有各种谐振频率的石英晶体(简称"晶振")已被制成标准化和系列化的产品出售。

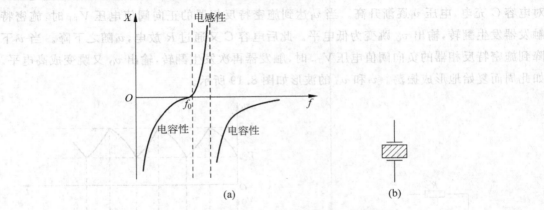

图 8.20　石英晶体的阻抗频率特性图和电路符号
(a) 阻抗频率特性;(b) 电路符号

因此,将石英晶体串接在多谐振荡器的回路中就可组成石英晶体振荡器,这时,振荡频率只取决于石英晶体的固有谐振频率 f_0,而与 RC 等其他电路参数无关。

图 8.21 给出了一种常见的石英晶体振荡器电路。在对称式多谐振荡器的基础上,串接一块石英晶体,就可以构成一个石英晶体振荡器电路。电阻 R_1、R_2 的作用是保证两个反相器在静态时都能工作在线性放大区。对 TTL 反相器,常取 $R_1 = R_2 = R = 0.7 \sim 2\text{k}\Omega$,而对于 CMOS 门,则常取 $R_1 = R_2 = R = 10 \sim 100\text{k}\Omega$。$C_1 = C_2 = C$ 是耦合电容,它们的容抗在振荡电路正常工作时可以忽略不计。石英晶体构成选频环节,工作在固有谐振频率 f_0 下,只有频率为 f_0 的信号才能通过,满足振荡条件。因此,电路产生的矩形脉冲振荡频率为 f_0,与外接元件 R、C 无关,所以这种电路振荡频率的稳定度很高。

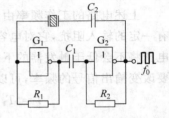

图 8.21　非门与石英晶体构成的多谐振荡器

石英晶体振荡器的突出优点是具有极高的频率稳定度,且工作频率范围非常宽,从几百赫兹到几百兆赫兹,多用于要求高精度时基的数字系统中。目前,家用电子钟几乎都采用具有石英晶体振荡器的矩形波发生器。由于它的频率稳定度很高,所以走时很准。通常选用振荡频率为 32768Hz 的石英晶体谐振器,因为 $32768=2^{15}$,将 32768Hz 经过 15 次二分频,即可得到 1Hz 的时钟脉冲作为计时标准。

4. 环形振荡器

环形振荡器就是将奇数个非门首尾相接,构成环形,利用门电路固有的传输延迟时间而构成的振荡电路。

图 8.22(a)是三个反相器组成的最简单的环形振荡器,图 8.22(b)为电路的工作波形图。

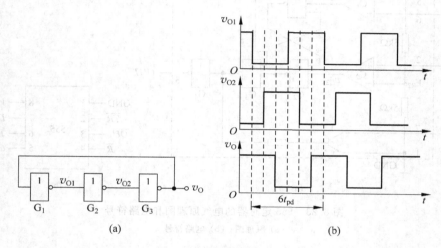

图 8.22 环形多谐振荡器
(a) 电路;(b) 工作波形

设图 8.22(a)中 3 个非门的特性相同,平均传输延迟时间均为 t_{pd}。由工作波形图容易分析出此电路的振荡周期 $T=6t_{pd}$。显然,这种方法形成的环形振荡器的振荡频率 $f=1/2nt_{pd}$(n 为组成的环形振荡器电路中非门的数目,$n=3,5,7,\cdots$)。

这种振荡器的优点是电路简单,缺点是由于门的 t_{pd} 一般很小,TTL 电路 t_{pd} 约为几十纳秒,COMS 电路的 t_{pd} 为 $100\sim200ns$,所以振荡频率太高而且不可调节。

8.4 555 定时器电路

555 定时器是一种将模拟和数字电路结合的、多用途的单片中规模集成电路,应用极为广泛。该电路使用灵活、方便,只需外接少量的阻容元件就可以构成单稳态触发器、多谐振荡器和施密特触发器。因而广泛用于信号的产生、变换、控制与检测。

目前生产的 555 定时器有双极型和 CMOS 两种类型,其型号分别有 NE555(或 5G555)和 C7555 等多种。它们的结构及工作原理基本相同。通常,双极型定时器具有较大的驱动能力,而 CMOS 定时器具有功耗低、输入阻抗高等优点。555 定时器工作的电源电压很宽,并可承受较大的负载电流。双极型定时器电源电压范围为 $5\sim16\mathrm{V}$,最大负载电流可达 $200\mathrm{mA}$;CMOS 定时器电源电压范围为 $3\sim18\mathrm{V}$,最大负载电流在 $4\mathrm{mA}$ 以下。

8.4.1　555 定时器的结构与工作原理

1. 555 定时器的电路结构

图 8.23 所示为 555 集成定时器的电气原理图和电路符号,其电路由五个部分组成:

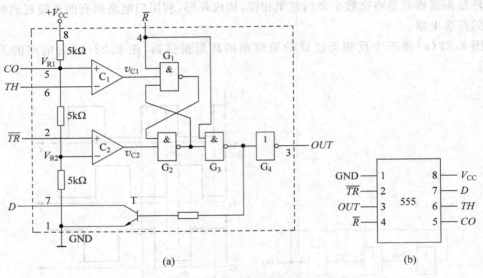

图 8.23　555 定时器的电气原理图和电路符号
(a) 原理图;(b) 电路符号

(1) 由三个阻值为 $5\mathrm{k}\Omega$ 的电阻组成电阻分压器,为电压比较器 C_1 和 C_2 提供基准电压 V_{R1} 和 V_{R2}:当 5 脚 CO 悬空时,$V_{R1}=(2/3)V_{CC}$,$V_{R2}=(1/3)V_{CC}$。CO 为控制电压输入端,可在此外加控制电压改变基准电压值。CO 端不用时,可外接 $0.01\mu\mathrm{F}$ 的去耦电容,以消除干扰,保证基准电压不变。

(2) 集成运算放大器组成两个电压比较器 C_1 和 C_2,每个电压比较器两个输入端标有"+"号和"-"号:

当 $v_+>v_-$,比较器输出 $v_O=1$;

当 $v_+<v_-$,比较器输出 $v_O=0$。

(3) 基本 SR 触发器,其置 0 端(R 端)和置 1 端(S 端)均为低电平有效触发,R、S 的值取决于比较器的输出($R=v_{C1}$,$S=v_{C2}$)。

(4) 放电三极管 T,相当于一个受控电子开关:当输出 OUT 为 0 时,T 导通;输出 OUT 为 1 时,T 截止。

(5) 输出缓冲器 G_3 和 G_4,主要用于提高电路的带负载能力,同时也隔离了负载对定时器的影响。

由图 8.23(b)可知 555 定时器各引脚端如下：

1 端 GND 为接地端；

2 端 $\overline{TR}$ 为低电平触发端，也称为触发输入端，由此输入触发脉冲。

3 端 OUT 为输出端，输出电流可达 200mA，可直接驱动继电器、发光二极管、扬声器、指示灯等。

4 端 $\overline{R}$ 为复位端，当 $\overline{R}=0$ 时，输出 OUT 为低电平；正常工作时，$\overline{R}$ 必须接高电平。

5 端 CO 为电压控制端，如果在 CO 端另加控制电压，则可改变比较器 C_1、C_2 的基准电压。工作中不使用 CO 端时，一般都通过一个 $0.01\mu F$ 的电容接地，以消除干扰。

6 端 TH 为高电平触发端，又叫阈值输入端，由此输入触发脉冲。

7 端 D 为放电端。

8 端 V_{CC} 为电源端，可在 $5\sim16V$ 范围内使用，若为 CMOS 电路，则 $V_{DD}=3\sim18V$。

2. 工作原理

当 555 定时器的复位端 $\overline{R}$ 为低电平时，不管其他输入端的状态如何，输出 OUT 始终为低电平，放电三极管 T 饱和导通，这说明在 555 定时器电路的输入端中，$\overline{R}$ 的控制级别最高。正常工作时，一般应将其接高电平。

当复位端 $\overline{R}$ 为高电平，且 5 脚 CO 端不使用外接控制电压时，比较器 C_1 和 C_2 的比较电压分别为 $V_{R1}=\frac{2}{3}V_{CC}$ 和 $V_{R2}=\frac{1}{3}V_{CC}$，工作状态将受阈值输入、触发输入的影响：

(1) 当 $TH>\frac{2}{3}V_{CC}$，$\overline{TR}>\frac{1}{3}V_{CC}$ 时，比较器 C_1 输出 v_{C1} 为低电平，C_2 输出 v_{C2} 为高电平，基本 SR 触发器置 0 端有效，被置 0，放电三极管 T 导通，输出端 OUT 为低电平。

(2) 当 $TH<\frac{2}{3}V_{CC}$，$\overline{TR}<\frac{1}{3}V_{CC}$ 时，比较器 C_1 输出 v_{C1} 为高电平，C_2 输出 v_{C2} 为低电平，基本 SR 触发器置 1 端有效，被置 1，放电三极管 T 截止，输出端 OUT 为高电平。

(3) 当 $TH<\frac{2}{3}V_{CC}$，$\overline{TR}>\frac{1}{3}V_{CC}$ 时，比较器 C_1 输出 v_{C1} 为高电平，C_2 输出 v_{C2} 也为高电平，即基本 SR 触发器 $R=1$，$S=1$，触发器状态不变，电路亦保持原状态不变。

由于阈值输入端 TH 为高电平 $\left(>\frac{2}{3}V_{CC}\right)$ 时，555 定时器输出 OUT 为低电平，因此也将该端称为高电平触发端（或称高触发端）。而触发输入端 $\overline{TR}$ 为低电平 $\left(<\frac{1}{3}V_{CC}\right)$ 时，555 定时器输出 OUT 为高电平，因此也将该端称为低电平触发端（或称低触发端）。

如果在电压控制端 CO(5 脚)施加一个外加电压(其值在 $0\sim V_{CC}$ 之间)，则比较器的基准电压将发生变化，电路相应的阈值、触发电平也将随之变化，进而影响整个电路的工作状态。

表 8.2 所示为 555 定时器的功能表，由电路框图和功能表可以得出如下结论：

(1) 555 定时器有两个阈值，当 CO 端悬空不用时，它们分别是 $\frac{2}{3}V_{CC}$ 和 $\frac{1}{3}V_{CC}$。

(2) 输出端 3 脚和放电端 7 脚的状态一致，输出低电平对应放电管饱和导通，输出高电平对应放电管截止。

(3) 输出端状态的改变有滞回现象，回差电压为 $\frac{1}{3}V_{CC}$。

表 8.2 555 定时器功能表

阈值输入（TH）	触发输入（$\overline{TR}$）	复位（$\overline{R}$）	输出（OUT）	放电管 T
×	×	0	0	导通
$< \frac{2}{3}V_{CC}$	$< \frac{1}{3}V_{CC}$	1	1	截止
$> \frac{2}{3}V_{CC}$	$> \frac{1}{3}V_{CC}$	1	0	导通
$< \frac{2}{3}V_{CC}$	$> \frac{1}{3}V_{CC}$	1	不变	不变

（4）输出与触发输入反相。可简记口诀"都大为 0,都小为 1,一大一小保持不变"以帮助理解 555 定时器的输入输出关系。

掌握以上四条,对分析 555 定时器组成的电路将十分有利。

8.4.2 555 定时器的应用

1. 用 555 定时器构成单稳态触发器

（1）电路组成及其工作原理

由 555 定时器构成的单稳态触发器电路图及工作波形如图 8.24 所示。由图 8.24 可知,将 555 定时器的阈值输入端 TH（6 号脚）和放电端 D（7 号脚）接在一起,并添加一个电容 C 和一个电阻 R,就可以构成一个单稳态触发器电路,可简记为口诀"七六搭一,上 R 下 C"以帮助理解电路的结构。5 脚 CO 端通过一个 $0.01\mu F$ 的电容接地,说明在工作中不使用外接控制电压。外加触发信号 v_I 由 2 脚 $\overline{TR}$ 接入,为下降沿触发方式。

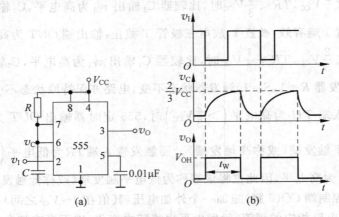

图 8.24 用 555 定时器构成的单稳态触发器及工作波形
(a) 电路图;(b) 工作波形

电路的工作原理如下:

① 无触发信号输入时电路工作在稳定状态。当电路无触发信号时,v_I 保持高电平,电路工作在稳定状态,即输出端 v_O 保持低电平,555 定时器内放电三极管 T 饱和导通,管脚 7"接地",电容通过 T 放电,使电容电压 v_C 为 0V。

② v_I 下降沿触发。当 v_I 下降沿到达时,555 定时器触发输入端（2 脚 $\overline{TR}$）由高电平跳变

为低电平,电路被触发,v_0 由低电平跳变为高电平,电路由稳态转入暂稳态,放电三极管 T 截止。

③ 暂稳态的维持时间。在暂稳态期间,555 定时器内放电三极管 T 截止,V_{cc} 经电阻 R 向电容 C 充电。其充电回路为 $V_{cc} \rightarrow R \rightarrow C \rightarrow$ 地,充电时间常数 $\tau_1 = RC$,电容电压 v_C 由 0V 开始逐渐增大,在电容电压 v_C 上升到阈值电压 $\frac{2}{3}V_{cc}$ 之前,电路将保持暂稳态不变。

④ 自动返回(暂稳态结束)时间。当 v_C 上升至阈值电压 $\frac{2}{3}V_{cc}$ 时,输入信号 v_I 应已回到高电平,从而使得输出电压 v_0 由高电平又跳变为低电平,555 定时器内放电三极管 T 由截止转为饱和导通,管脚 7"接地",电容 C 经放电三极管对地迅速放电,电压 v_C 由 $\frac{2}{3}V_{cc}$ 迅速降至 0V,电路由暂稳态重新转入稳态。

⑤ 恢复过程。当暂稳态结束后,电容 C 通过饱和导通的三极管 T 放电,时间常数 $\tau_2 = R_{CES}C$,式中,R_{CES} 是 T 的饱和导通电阻,其阻值非常小,因此 τ_2 值亦非常小。经过 $(3 \sim 5)\tau_2$ 后,电容 C 放电完毕,恢复过程结束。

(2) 输出脉冲宽度 t_W 的计算

输出脉冲宽度 t_W 就是暂稳态维持的时间,也就是定时电容 C 的充电时间。由图 8.24(b) 所示的电容电压 v_C 的工作波形不难看出,在电容 C 的充电过程中,$v_C(0^+) \approx 0V$,$v_C(\infty) = V_{cc}$,$v_C(t_W) = \frac{2}{3}V_{cc}$,代入 RC 过渡过程计算公式,可得

$$t_W = \tau_1 \ln \frac{v_C(\infty) - v_C(0^+)}{v_C(\infty) - v_C(t_W)}$$

$$= \tau_1 \ln \frac{V_{cc} - 0}{V_{cc} - \frac{2}{3}V_{cc}}$$

$$= \tau_1 \ln 3$$

$$\approx 1.1RC$$

上式说明,单稳态触发器输出脉冲宽度 t_W 仅决定于定时元件 R、C 的取值,与输入触发信号和电源电压无关,调节 R、C 的取值,即可方便地调节 t_W。

2. 用 555 定时器构成施密特触发器

(1) 电路组成及其工作原理

由 555 定时器构成的施密特触发器电路图及工作波形如图 8.25 所示。由图 8.25(a) 可知,只要将 555 定时器的 2 号脚($\overline{TR}$ 端)和 6 号脚(TH 端)接在一起作为信号输入端 v_I,就可以构成一个施密特触发器。可简记为口诀"二六搭一"帮助理解电路结构。5 脚 CO 端通过一个 $0.01\mu F$ 的电容接地,说明在工作中不使用外接控制电压。

电路的工作原理如下:

① 当 $v_I = 0V$ 时,v_{O1} 输出高电平。

② 当 v_I 上升到 $\frac{2}{3}V_{cc}$ 时,v_{O1} 输出将变为低电平。当 v_I 由 $\frac{2}{3}V_{cc}$ 继续上升,v_{O1} 保持低电平不变。

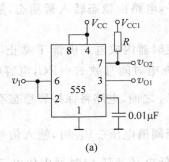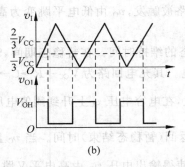

图 8.25　555 定时器构成的施密特触发器

(a) 电路图；(b) 工作波形

③ 当 v_I 下降到 $\frac{1}{3}V_{CC}$ 时，电路输出 v_{O1} 由低电平跳变为高电平，而且在 v_I 继续下降到 0 V 时，电路的这种高电平状态将保持不变。

图 8.25(a) 中，由电阻 R、电源 V_{CC1} 构成另一输出端 v_{O2}，其输出的高电平可以通过改变 V_{CC1} 的值进行调节。

（2）主要参数估算

① 正向阈值电压 V_{T+}——v_I 上升过程中，输出电压 v_{O1} 由高电平跳变到低电平时，所对应的输入电压值。可知，$V_{T+} = \frac{2}{3}V_{CC}$。

② 负向阈值电压 V_{T-}——v_I 下降过程中，输出电压 v_{O1} 由低电平跳变到高电平时，所对应的输入电压值。可知，$V_{T-} = \frac{1}{3}V_{CC}$。

③ 回差电压 ΔV_T——回差电压又叫滞回电压，定义为 $\Delta V_T = V_{T+} - V_{T-} = \frac{1}{3}V_{CC}$。

若在电压控制端 CO 端（5 脚）外加控制电压 V_{CO}，则有 $V_{T+} = V_{CO}$，$V_{T-} = V_{CO}/2$，$\Delta V_T = V_{CO}/2$，而且当改变 V_{CO} 时，它们的值也随之改变。

3. 用 555 定时器构成多谐振荡器

（1）电路组成及其工作原理

图 8.26(a) 所示为 555 定时器构成的多谐振荡器电路，电阻 R_1、R_2 和电容 C 是外接定时元件。5 脚 CO 端通过一个 $0.01\mu F$ 的电容接地，在工作中不使用外接控制电压。

电路的工作原理如下：

接通电源 V_{CC} 后，V_{CC} 经电阻 R_1 和 R_2 对电容 C 进行充电，使 v_C 逐渐升高。当 v_C 上升到 $\frac{2}{3}V_{CC}$ 时，555 定时器内比较器 C_1 的输出即基本 SR 触发器的 R 端跳变为低电平，比较器 C_2 的输出即基本 SR 触发器的 S 端跳变为高电平，使基本 SR 触发器置 0 有效，输出端 OUT 即 $v_O = 0$，放电管 T 导通，电容 C 通过电阻 R_2 和 7 脚的放电管 T 放电，使 v_C 下降。当 v_C 下降到 $\frac{1}{3}V_{CC}$ 时，比较器 C_1 的输出即基本 SR 触发器的 R 端跳变为高电平，比较器 C_2 的输出即基本 SR 触发器的 S 端跳变为低电平，使基本 SR 触发器置 1 有效，输出端 OUT 即 v_O 又由 0 变为 1，放电管 T 截止，V_{CC} 又经 R_1 和 R_2 再次对电容 C 进行充电，使 v_C 再次升高。如此重复上述过程,周而复始,在输出端 v_O 就产生了连续的矩形脉冲。电路的工作波形如图 8.26(b)所示。

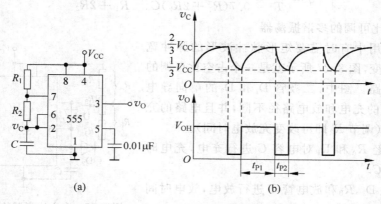

图 8.26 用 555 定时器构成的多谐振荡器

(a) 电路图;(b) 工作波形

（2）主要参数估算

多谐振荡器有两个暂稳态,持续时间分别为 t_{p1} 和 t_{p2},见图 8.26(b)。

t_{p1} 为电容 C 充电的时间:

$$
\begin{aligned}
t_{p1} &= \tau_1 \ln \frac{v_C(\infty) - v_C(0^+)}{v_C(\infty) - v_C(t_{p1})} \\
&= \tau_1 \ln \frac{V_{CC} - \dfrac{1}{3}V_{CC}}{V_{CC} - \dfrac{2}{3}V_{CC}} \\
&= \tau_1 \ln 2 \\
&\approx 0.7(R_1 + R_2)C
\end{aligned}
$$

t_{p2} 为电容 C 放电的时间:

$$
\begin{aligned}
t_{p2} &= \tau_2 \ln \frac{v_C(\infty) - v_C(0^+)}{v_C(\infty) - v_C(t_{p2})} \\
&= \tau_2 \ln \frac{0 - \dfrac{2}{3}V_{CC}}{0 - \dfrac{1}{3}V_{CC}} \\
&= \tau_2 \ln 2 \\
&\approx 0.7 R_2 C
\end{aligned}
$$

因此,输出矩形波的振荡周期为

$$
T = t_{p1} + t_{p2} = 0.7(R_1 + 2R_2)C
$$

振荡频率为

$$
f = \frac{1}{T} = \frac{1}{0.7(R_1 + 2R_2)C} \approx \frac{1.43}{(R_1 + 2R_2)C}
$$

脉冲宽度与周期之比称为占空比 q

$$q = \frac{t_{p1}}{T} = \frac{0.7(R_1 + R_2)C}{0.7(R_1 + 2R_2)C} = \frac{R_1 + R_2}{R_1 + 2R_2}$$

（3）占空比可调的多谐振荡器

在实际应用中有时需要矩形脉冲波形的脉冲宽度或占空比可变，图 8.27 所示就是一个占空比可调的多谐振荡器电路。图中，二极管 D_1 和 D_2 的单向导电性使得电容 C 的充电和放电路径不同，并且电路的充放电时间可调（调节 R_2 即可改变充放电时间）。

电源 V_{CC} 经 R_A 和 D_1 对电容 C 进行充电，充电时间 $t_{p1} \approx 0.7 R_A C$。

电容 C 经 D_2，R_B 和放电管 T 进行放电，放电时间 $t_{p2} \approx 0.7 R_B C$。

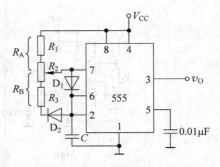

图 8.27　占空比可调的多谐振荡器

所以，输出波形的振荡周期为

$$T = t_{p1} + t_{p2} = 0.7(R_A + R_B)C$$

振荡频率为

$$f = \frac{1}{T} = \frac{1}{0.7(R_A + R_B)C} \approx \frac{1.43}{(R_A + R_B)C}$$

占空比为

$$q = \frac{t_{p1}}{T} = \frac{0.7 R_A C}{0.7(R_A + R_B)C} = \frac{R_A}{R_A + R_B}$$

习题

一、填空题

1. 矩形脉冲的获取方法通常有两种：一种是_____；另一种是_____。

2. 单稳态触发器的工作原理是：没有触发信号时，电路处于一种_____。外加触发信号，电路由_____翻转到_____。电容充电时，电路由_____自动返回至_____。

3. 在数字系统中，单稳态触发器一般用于_____、_____、_____等。

4. 集成单稳态触发器，分为_____及_____两类，其中_____指的是在_____期间，能够接收新的触发信号，重新开始暂稳态过程。

5. 单稳态触发器只有_____个稳定状态，其最重要的参数为_____。

6. 施密特触发器具有_____特性，又称_____特性。

7. 施密特触发器能将缓慢变化的非矩形脉冲变换成_____。

8. 施密特触发器有_____个阈值电压，分别称作_____和_____。

9. 常见的脉冲产生电路有_____，常见的脉冲整形电路有_____、_____。

10. 施密特触发器有_____个稳定状态；多谐振荡器有_____个稳定状态。

11. 为了实现高的频率稳定度，常采用_____振荡器。

12. 占空比是_____与_____的比值。

13. 555 定时器构成的单稳态触发器,电源电压为 10V,定时电容为 6200pF,要求输出脉冲宽度为 150μs,定时电阻 $R=$_____ kΩ。

二、判断题

1. 单稳态触发器有两个稳态,分别是高电平 0 态和低电平 0 态。　　　　　　（　　）

2. 单稳态触发器的暂稳态时间与输入触发脉冲宽度成正比。　　　　　　　　（　　）

3. 单稳态触发器中,欲加大输出脉冲宽度,可增加输入脉冲宽度。　　　　　（　　）

4. 单稳态触发器的暂稳态维持时间用 t_w 表示,与电路中 RC 成正比。　　　（　　）

5. 采用不可重触发单稳态触发器时,若在触发器进入暂稳态期间再次受到触发,输出脉宽可在此前暂稳态时间的基础上再展宽 t_w。　　　　　　　　　　　　　　　（　　）

6. 单稳态触发器有外加触发信号时,电路由暂稳态翻转到稳态。　　　　　　（　　）

7. 施密特触发器有两个稳态。　　　　　　　　　　　　　　　　　　　　　（　　）

8. 施密特触发器能把缓慢变化的输入信号转换成矩形波。　　　　　　　　　（　　）

9. 施密特触发器可用于将三角波变换成正弦波。　　　　　　　　　　　　　（　　）

10. 施密特触发器的正向阈值电压一定大于负向阈值电压。　　　　　　　　（　　）

11. 对于施密特触发器,使电路输出信号从 0 翻转到 1 的电平与从 1 翻转到 0 的电平是不同的。　　　　　　　　　　　　　　　　　　　　　　　　　　　　　　　（　　）

12. 多谐振荡器电路没有稳定状态,只有两个暂稳态。　　　　　　　　　　（　　）

13. 多谐振荡器在工作时需要接输入触发信号。　　　　　　　　　　　　　（　　）

14. 多谐振荡器的输出信号的周期与阻容元件的参数有关。　　　　　　　　（　　）

15. 石英晶体多谐振荡器的振荡频率与电路中的 R、C 成正比。　　　　　（　　）

16. 脉冲宽度与脉冲周期的比值叫做占空比。　　　　　　　　　　　　　　（　　）

17. 为得到频率稳定很高的脉冲波形,多采用由石英晶体组成的石英晶体振荡器。因为石英晶体的选频特性非常好。　　　　　　　　　　　　　　　　　　　　　　　（　　）

18. 石英晶体多谐振荡器电路的振荡频率不仅取决于石英晶体的串联谐振频率,还与电路中 R、C 的数值有关。　　　　　　　　　　　　　　　　　　　　　　　　（　　）

三、单项选择题

1. 单稳态触发器有(　　)个稳定状态。

　　A. 0　　　　　　　　　B. 1　　　　　　　　　C. 2　　　　　　　　　D. 3

2. 如图 8.1 所示门电路组成的单稳态触发器的输出脉冲宽度 $t_w=4\mu$s,恢复时间 $t_{re}=1\mu$s,则该电路的最高工作频率为(　　)。

　　A. 250kHz　　　　　　B. 1MHz　　　　　　　C. 200kHz

3. 单稳态触发器的主要用途是(　　)。

　　A. 整形、延时、鉴幅　　　　　　　　B. 延时、定时、存储

　　C. 延时、定时、整形　　　　　　　　D. 整形、鉴幅、定时

4. 能把 2kHz 正弦波转换成 2kHz 矩形波的电路是(　　)。

　　A. 多谐振荡器　　　B. 施密特触发器　　C. 单稳态触发器　　D. 二进制计数器

5. 能把三角波转换为矩形脉冲信号的电路为(　　)。

　　A. 多谐振荡器　　　B. DAC　　　　　　C. ADC　　　　　　　D. 施密特触发器

6. 下面是脉冲整形电路的是( )。

    A. 多谐振荡器　　　　B. JK 触发器　　　　C. 施密特触发器　　　　D. D 触发器

7. 多谐振荡器可产生( )。

    A. 正弦波　　　　　　B. 矩形脉冲　　　　C. 三角波　　　　　　D. 锯齿波

8. 石英晶体多谐振荡器的突出优点是( )。

    A. 速度高　　　　　　　　　　　　　　B. 电路简单

    C. 振荡频率稳定　　　　　　　　　　　D. 输出波形边沿陡峭

9. 555 定时器不可以组成( )。

    A. 多谐振荡器　　　　　　　　　　　　B. 单稳态触发器

    C. 施密特触发器　　　　　　　　　　　D. JK 触发器

10. 用 555 定时器组成施密特触发器,当输入控制端 CO 外接 10V 电压时,回差电压为
( )。

    A. 3.33V　　　　　　B. 5V　　　　　　C. 6.66V　　　　　　D. 10V

11. 以下各电路中,( )可以产生脉冲定时。

    A. 多谐振荡器　　　　　　　　　　　　B. 单稳态触发器

    C. 施密特触发器　　　　　　　　　　　D. 石英晶体多谐振荡器

12. 石英晶体电路的振荡频率取决于( )。

    A. 固有谐振频率　　B. 电阻 R　　　　C. 电容 C　　　　D. 电阻 R 和电容 C

13. 脉冲周期为 0.01s,那么它的脉冲频率为( )Hz。

    A. 0.01　　　　　　B. 1　　　　　　　C. 100　　　　　　　D. 500

14. 用来鉴别脉冲信号幅度时,应采用( )。

    A. 稳态触发器　　　　　　　　　　　　B. 双稳态触发器

    C. 多谐振荡器　　　　　　　　　　　　D. 施密特触发器

15. 输入为 2kHz 矩形脉冲信号时,欲得到 500Hz 矩形脉冲信号输出,应采用( )。

    A. 多谐振荡器　　　　　　　　　　　　B. 施密特触发器

    C. 单稳态触发器　　　　　　　　　　　D. 二进制计数器

16. 以下各电路中,( )可以产生脉冲定时。

    A. 多谐振荡器　　　　　　　　　　　　B. 单稳态触发器

    C. 施密特触发器　　　　　　　　　　　D. 石英晶体多谐振荡器

17. 下图是由 555 定时器组成的( )电路? 已知图(a)输入、输出脉冲波形如图(b)所示。

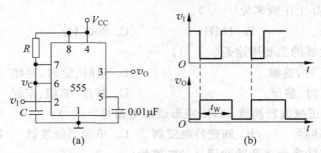

    A. 单稳态触发器　　　B. 施密特触发器　　　C. 多谐振荡器

18. 由 555 定时器构成的单稳态触发器,其输出脉冲宽度取决于(　　)。
   A. 电源电压　　　　　　　　　　　　B. 触发信号幅度
   C. 外接定时元件 R、C 的数值　　　　D. 触发信号宽度

19. 只有暂稳态的电路是(　　)。
   A. 555 定时器　　　　　　　　　　　B. 单稳态电路
   C. 施密特触发器　　　　　　　　　　D. 多谐振荡器

20. 回差电压是(　　)电路的特性参数。
   A. 施密特触发器　　　　　　　　　　B. 时序逻辑
   C. 单稳态触发器　　　　　　　　　　D. 多谐振荡器

21. (　　)能自动产生输出脉冲。
   A. 单稳态触发器　　　　　　　　　　B. 多谐振荡器
   C. 施密特触发器　　　　　　　　　　D. 双稳态触发器

22. 实验中若要得到一个周期为 1s 的时钟信号,则可将 555 定时器连成(　　)电路。
   A. 单稳态触发器　　B. 施密特触发器　　C. 多谐振荡器　　D. 计数器

23. 滞后性是(　　)的基本特性。
   A. 多谐振荡器　　　B. 施密特触发器　　C. T 触发器　　　D. 单稳态触发器

24. 已知某电路的输入输出波形如下图所示,则该电路可能为(　　)。
   A. 多谐振荡器　　B. 双稳态触发器　　C. 单稳态触发器　　D. 施密特触发器

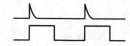

25. 由 555 定时器构成的单稳态触发器,其输出脉冲宽度取决于(　　)。
   A. 电源电压　　　　　　　　　　　　B. 触发信号幅度
   C. 触发信号宽度　　　　　　　　　　D. 外接 R、C 的数值

26. 由 555 定时器构成的电路如下图所示,该电路的名称是(　　)。
   A. 单稳态触发器　　　　　　　　　　B. 施密特触发器
   C. 多谐振荡器　　　　　　　　　　　D. SR 触发器

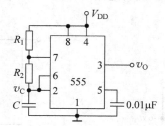

四、分析计算题

1. 如图题 1 所示电路为由 CMOS 或非门构成的单稳态触发器的另一种形式。

(1) 分析电路的工作原理。

(2) 画出加入触发脉冲 v_I(上升沿触发)后,v_{O1} 及 v_{O2} 的工作波形。

(3) 若已知 $R=51\text{k}\Omega$,$C=0.01\mu\text{F}$,试求在触发信号作用下输出脉冲的宽度。

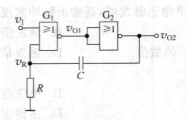

图题 1

2. 如图题 2(a)所示是用两个集成电路单稳态触发电器 74121 所组成的脉冲变换电路，外接电阻和外接电容的参数如图中所给。试计算在输入触发信号 v_I 作用下 v_{O1}、v_{O2} 输出脉冲的宽度，并画出与 v_I 波形相对应的 v_{O1}、v_{O2} 的电压波形。v_I 的波形如图题 2(b)所示。

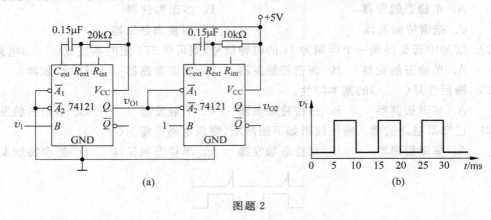

(a)   (b)

图题 2

3. 电路如图题 3 所示，其中 G_1、G_2 门均为 CMOS 系列。

(1) 说出电路名称。

(2) 画出其电压传输特性。

(3) 列出主要参数的计算公式。

4. 分析如图题 4 所示脉冲电路的工作原理，设门电路均为 TTL 电路，其阈值电压为 V_{TH}；设二极管的导通电压为 V_D。说明电路的功能，画出电路的电压传输特性。

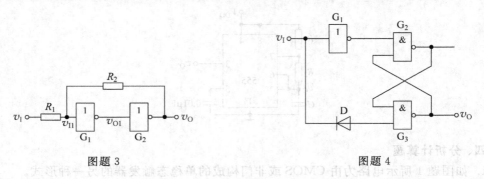

图题 3   图题 4

5. 图题 5(a)所示的电路是用施密特触发器构成的多谐振荡器，施密特触发器的阈值电压分别为 V_{T+} 和 V_{T-}。

(1) 试在图题 5(b)中画出电容器 C 两端电压 v_C 和输出电压 v_O 的波形。

（2）如要使输出波形的占空比可调，试问电路可以如何修改？

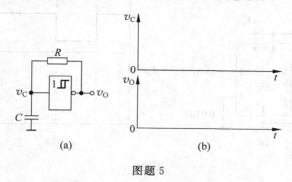

图题 5

6. 图题 6 所示是用 COMS 反相器组成的对称式多谐振荡器。若 $R_{F1} = R_{F2} = 10\text{k}\Omega$，$C_1 = C_2 = 0.01\mu\text{F}$，$R_{P1} = R_{P2} = 33\text{k}\Omega$，试求电路的振荡频率，并画出 v_{I1}、v_{O1}、v_{I2}、v_{O2} 各点的电压波形。

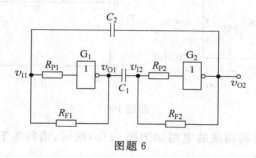

图题 6

7. 在使用如图题 7 所示的由 555 定时器组成的单稳态触发器电路时对触发脉冲的宽度有无限制？当输入脉冲的低电平持续时间过长时，电路应作何修改？

8. 用集成 555 定时器构成的电路如图题 8 所示，请回答下列问题：

（1）555 定时器构成电路的名称是什么？

（2）求输出脉冲宽度的范围。

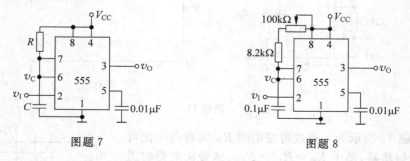

图题 7   图题 8

9. 由集成 555 定时器构成的电路如图题 9(a) 所示，已知输入信号 v_I 波形如图题 9(b) 所示，试画出电路中相应的 v_O 的波形（请标明 v_O 波形的脉冲宽度）。

10. 用集成芯片 555 构成的施密特触发器电路及输入波形 v_I 如图题 10(a)、(b) 所示，试画出对应的输出波形 v_O。

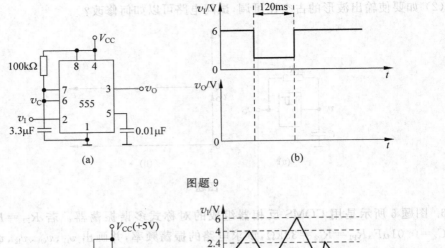

图题 9

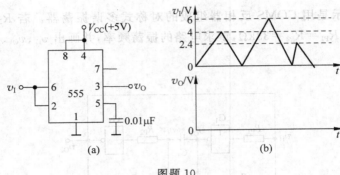

图题 10

11. 由集成 555 定时器构成的电路如图题 11(a)所示,请回答下列问题:

(1) 构成电路的名称。

(2) 画出电路中 v_C、v_O 的波形(标明各波形电压幅度,v_O 波形周期)。

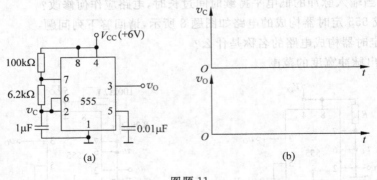

图题 11

12. 图题 12 所示为一通过可变电阻 R_W 实现占空比可调节的多谐振荡器,图中 $R_W = R_{W1} + R_{W2}$,试分析电路的工作原理,并写出输出振荡频率 f 和占空比 q 的表达式。

13. 四位二进制加法计数器 74161 和集成单稳态触发器 74121 组成如图题 13(a)所示电路。

(1) 分析 74161 组成的电路构成的是几进制计数器?画出计数器的状态图。

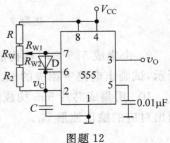

图题 12

（2）估算 74121 组成电路的输出脉宽 t_w 值。

（3）设 CP 为方波（周期 $T \geqslant 1ms$），在图题 13(b) 中画出图题 13(a) 中 v_I、v_O 两点的工作波形。

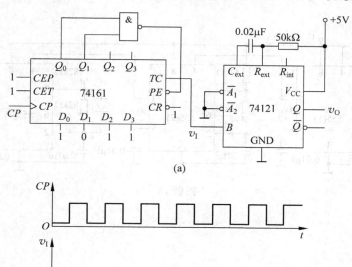

(a)

(b)

图题 13

14．图题 14 所示是一个由 555 定时器构成的防盗报警电路，a、b 两端被一细铜丝接通，此铜丝置于盗窃者必经之路，当盗窃者闯入室内将铜丝碰断后，扬声器即发出报警声。

（1）试问 555 定时器接成何种电路？

（2）说明本报警电路的工作原理。

15．图题 15 所示为一触摸式定时控制开关电路，P 为供人体触摸的金属片，R_L 为灯泡。

（1）试问 555 定时器接成了何种电路？

（2）说明电路的工作原理。

（3）计算触摸后灯泡发光的时间。

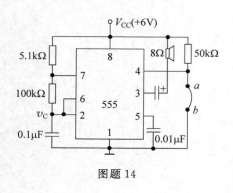

图题 14

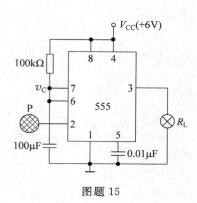

图题 15

16. 图题 16 所示是用 555 定时器构成的一击三呼电子门铃电路,参数如图中所给。试定性画出三个 555 芯片的输出波形(即 v_{O1}、v_{O2} 和 v_{O3}),并计算各输出波形的定时宽度或振荡周期。

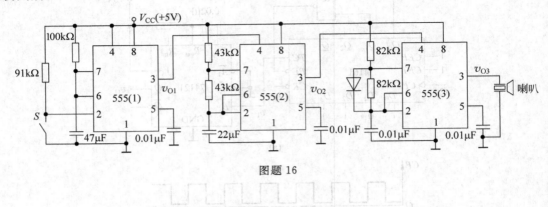

图题 16

第9章

数/模和模/数转换

在日常生活中,我们所遇到的物理量大多是连续变化的模拟量,例如温度、湿度、压力、位移、电压、电流等,其中电压、电流是电的模拟量,而其他非电量可以通过传感器转换成电压或电流等电的模拟量。目前计算机技术和数字系统得到了飞速发展与普及,但计算机等数字系统只能对数字信号进行运算和处理,经过运算和处理的结果也还是数字量,所以需要一种能在模拟信号与数字信号之间起桥梁作用的电路,这就是数/模和模/数转换电路。

能将模拟量转换成数字量的电路,称为模/数转换器,简称为 A/D 转换器(Analog to Digital Converter);而能将数字量转换成模拟量的电路称为数/模转换器,简称为 D/A 转换器(Digital to Analog Converter)。

图 9.1 是一个典型的数字控制系统框图。从图中可以看出 A/D 和 D/A 转换器在系统中的重要地位。

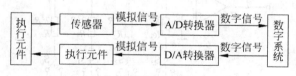

图 9.1　数字控制系统框图

本章主要介绍几种常用的 A/D 与 D/A 转换器的电路结构、工作原理及其应用。

9.1　D/A 转换器

D/A 转换器是将数字信号转换为相应的模拟信号,因此 D/A 转换器的输入是数字信号,通常是二进制代码,转换器的输出应该是与数字信号相对应的模拟信号,通常是电压或电流信号。数字信号是用按数位组合的一组代码来表示的,或者用按权展开来表示的。每一位代码都有一定的权,所以,为了将数字信号转换为模拟信号,必须将每一位代码按权值转换成相应的模拟量,然后将代表各位的模拟量相加,这样便得到与数字量成正比的模拟量。这就是组成 D/A 转换器的基本指导思想。这种转换器通常是将各位代码同时转换,故称为并行 DAC。它的转换速度快,一般仅为几十纳秒。

图 9.2 是一 n 位 DAC 框图。输入数字信号先放在寄存器中,寄存器并行输出的各位数码驱动一个模拟开关,通过模拟开关将基准电压按位切换到电阻解码网络中获得相应数位的权值,使求和电路输出模拟电压与该位数码所具有的权值相对应。实现 D/A 转换的方法有许多种,本节仅介绍其中最常用的几种。

图 9.2　n 位 DAC 框图

9.1.1　二进制权电阻网络 D/A 转换器

图 9.3 所示为一种 4 位二进制权电阻网络 D/A 转换器,该转换器由 4 部分组成。

(1) 权电阻网络:它包含 4 个权电阻。输入二进制数码的每一数码 D_i 均有一个电阻 R_i 与之相对应,电阻的阻值与该位的权系数成反比,最高位 D_3 的权系数为 2^3,对应的电阻为 R,对应于 D_i 的电阻值 $R = 2^{3-i}R$。

(2) 模拟开关:它们分别与 4 个权电阻串联。开关 S_i 由 D_i 控制。当 $D_i = 0$ 时,它控制的那个开关 S_i 使 R_i 接地;当 $D_i = 1$ 时,S_i 使 R_i 与 V_{REF} 接通。

(3) 参考电压 V_{REF},又称基准电压。

(4) 求和放大器:它通常由运算放大器构成,并连接成反相放大器。

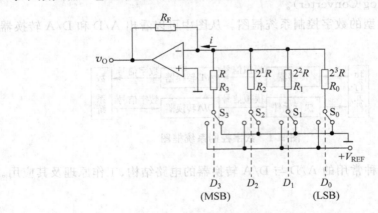

图 9.3　4 位权电阻网络 D/A 转换器

根据叠加原理,对于任一输入二进制数 $D_3 D_2 D_1 D_0$,应有

$$i = D_3 i_3 + D_2 i_2 + D_1 i_1 + D_0 i_0$$
$$= D_3 V_{REF}/R + D_2 V_{REF}/(2^1 R) + D_1 V_{REF}/(2^2 R) + D_0 V_{REF}/(2^3 R)$$
$$= \frac{V_{REF}}{2^3 R}(D_3 \times 2^3 + D_2 \times 2^2 + D_1 \times 2^1 + D_0 \times 2^0)$$

$$= \frac{V_{REF}}{2^3 R} \sum_{i=0}^{3} (D_i \times 2^i) \tag{9-1}$$

根据反相加法器输入信号和输出信号的关系式可得

$$v_O = -i \times R_F = -\frac{V_{REF} \times R_F}{2^3 R} \sum_{i=0}^{3} (D_i \times 2^i) \tag{9-2}$$

当 $R_F = \dfrac{R}{2}$ 时,得

$$v_O = -i \times R_F = -i \times R/2 = -\frac{V_{REF}}{2^4} \sum_{i=0}^{3} (D_i \times 2^i) \tag{9-3}$$

推广到 n 位权电阻网络,可得

$$v_O = -\frac{V_{REF}}{2^n} \sum_{i=0}^{n-1} (D_i \times 2^i) = K \sum_{i=0}^{n-1} (D_i \times 2^i) \tag{9-4}$$

其中

$$K = -\frac{V_{REF}}{2^n} \tag{9-5}$$

由式(9-4)可知电路输出 v_O 与数字输入成一定的比例关系,数字大则输出电压高,数字小则输出电压低,因而可实现数字信号到模拟信号的转换。

由图9.3可知,当输入信号为 8 位的二进制数时,权电阻网络中,最小的电阻为 R,最大的电阻为 $2^7 R$,两者相差 128 倍。大阻值的电阻除工作不稳定外,还不利于电路的集成,当位数增多时,要求的电阻阻值的品种也随之增加,这为提高精度带来较多的困难。所以采用权电阻网络的集成 DAC 一般不超过 5 位。

9.1.2　倒 T 电阻网络 D/A 转换器

倒 T 电阻网络 D/A 转换器是为了克服权电阻网络 D/A 转换器电阻阻值相差很大的缺点而制成的。倒 T 电阻网络 D/A 转换器的电路如图 9.4 所示。该转换器也是由 4 部分组成:电阻网络、模拟开关、基准电压、求和放大器。电阻网络只有 R 和 $2R$ 两种阻值的电阻,它构成倒 T 形网络,有效地解决了权电阻网络 D/A 转换器电阻阻值相差很大的缺点。图中 $S_0 \sim S_3$ 为模拟开关,开关 S_i 由 D_i 控制。当 $D_i = 0$ 时,它控制的那个开关 S_i 使 $2R$ 接地;当 $D_i = 1$ 时,S_i 接运算放大器反相端,各个支路电流流入求和电路。根据运算放大器线性运用时"虚地"的概念,所以不论模拟开关处于何种位置,与电子开关相连的电阻一端总是接地,由此可得出受模拟开关控制的各支路电流大小的等效电路,如图 9.5 所示,从图中可看出,从每个节点向右看的二端网络等效电阻均为 R,所以电路的总电流 $I = V_{REF}/R$,根据并联分流公式可得各模拟开关所在支路的电流为 $I/2, I/4, I/8, I/16$,再根据求和反相器的计算公式可得电路的输出电压为

$$v_O = -i \times R_F = -\frac{V_{REF}}{R} \left(\frac{D_0}{2^4} + \frac{D_1}{2^3} + \frac{D_2}{2^2} + \frac{D_3}{2^1} \right) \times R_F$$

$$= -\frac{R_F}{R} \frac{V_{REF}}{2^4} \sum_{i=0}^{3} (D_i \times 2^i) \tag{9-6}$$

若放大器反馈电阻 $R_F = R$,则输出电压为

$$v_O = -\frac{V_{REF}}{2^4} \sum_{i=0}^{3} (D_i \times 2^i) \tag{9-7}$$

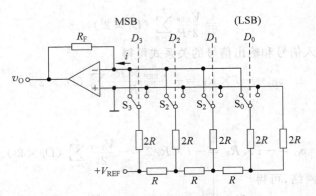

图 9.4　4 位倒 T 电阻网络 D/A 转换器

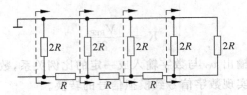

图 9.5　各支路电流的等效电路

推广到 n 位 D/A 转换器,有

$$v_O = -\frac{V_{REF}}{2^n} \sum_{i=0}^{n-1} (D_i \times 2^i) \tag{9-8}$$

　　倒 T 电阻网络 D/A 转换器电路中只需要两种阻值的电阻,实际上只需一种电阻,$2R$ 可用 2 只 R 串联而成,这对集成工艺十分有利,易于提高转换精度。另一方面,由于在倒 T 电阻网络 D/A 转换器中,各支路电流直接流入运算放大器的输入端,它们之间不存在传输上的时间差,电路的这一特点提高了转换速度,倒 T 电阻网络 D/A 转换器具有开关时间短、缓冲性能好、转换精度高、转换速度快等优点。因此倒 T 电阻网络 D/A 转换器是目前 D/A 转换器中应用非常广泛的一种。

　　上述讨论的 D/A 转换器的共同之处是基准电压均为电压源,统称电压激励型 D/A 转换器,在电压激励型 D/A 转换器中由于存在模拟开关电压降,当流过各支路的电流稍有变化时,就会产生转换误差。这将会降低 D/A 转换器的转换精度。

9.1.3　权电流 D/A 转换器

　　权电流 D/A 转换器与倒 T 电阻网络 D/A 转换器原理基本类似,由于倒 T 电阻网络 D/A 转换器模拟开关的导通电阻和导通压降的存在,引起转换误差。这里用模拟电流开关去替换接恒定的电流源。众所周知,由于电流开关的开关速度高,因而可以提高 D/A 转换器的转换速度,又由于各支路权电流的大小均不受开关导通电阻和压降的影响,这就降低了对开关电路的要求,因而提高了转换精度。

　　在图 9.6 中,当输入数字信号的某一位 $D_i = 1$ 时,开关 S_i 接运算放大器的反相端,相应的权电流流入求和电路;当 $D_i = 0$ 时,开关 S_i 接地。由图分析可知

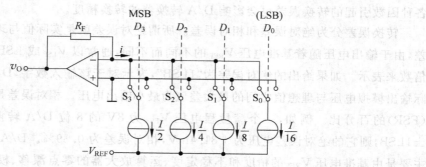

图 9.6 权电流 D/A 转换器

$$v_O = i \times R_F = R_F \times \left(\frac{I}{2}D_3 + \frac{I}{4}D_2 + \frac{I}{8}D_1 + \frac{I}{16}D_0 \right)$$

$$= \frac{I}{2^4} \times R_F \sum_{i=0}^{3} (D_i \times 2^i) \tag{9-9}$$

9.1.4 D/A 转换器的主要技术指标

D/A 转换器技术参数有许多,其中最主要的指标有转换精度和转换速度。

1. 转换精度

D/A 转换器的转换精度通常用分辨率和转换误差表述。

分辨率是电路最小输出电压与最大输出电压的比值。例如在图 9.4 的 4 位权电阻 D/A 转换器电路中,如果输入数字信号为 1,即 $D_3D_2D_1D_0 = 0001$,根据式(9-3),则电路输出为最小值

$$v_O = v_{Omin} = -\frac{V_{REF}}{2^4} \sum_{i=0}^{3} D_i \times 2^i$$

$$= -\frac{V_{REF}}{2^4}(1 \times 2^0 + 0 \times 2^1 + 0 \times 2^2 + 0 \times 2^3) = -\frac{V_{REF}}{2^4} \tag{9-10}$$

如果输入数字信号为最大值,即 $D_3D_2D_1D_0 = 1111$,根据式(9-3),则电路输出为最大值

$$v_O = v_{Omax} = -\frac{V_{REF}}{2^4} \sum_{i=0}^{3} D_i \times 2^i$$

$$= -\frac{V_{REF}}{2^4}(1 \times 2^0 + 1 \times 2^1 + 1 \times 2^2 + 1 \times 2^3)$$

$$= -\frac{V_{REF}}{2^4} \times 15 = -\frac{V_{REF}}{2^4} \times (2^4 - 1) \tag{9-11}$$

$$\frac{v_{Omin}}{v_{Omax}} = \frac{1}{2^4 - 1} \tag{9-12}$$

由此得到 4 位 D/A 转换器的分辨率为 $\dfrac{1}{2^4 - 1}$,同理可得 n 位 D/A 转换器的分辨率为 $\dfrac{1}{2^n - 1}$。它表示 D/A 转换器在理论上可以达到的精度。由于 D/A 转换器的各个环节在指标和性能上与理论值之间不可避免地存在差异,所以实际能达到的转换精度低于理论值,由

各种因数引起的转换误差也会影响 D/A 转换器的转换精度。

转换误差分为绝对误差和相对误差。所谓绝对误差就是实际值与理想值之间的最大误差,由于输出电压随着基准电压 V_{REF} 的不同而不同,通常以 V_{LSB} 或 LSB(最小输出电压)的倍数来表示。如果给出的绝对误差为"1LSB",表示对于该输入数字,D/A 转换器产生的实际输出模拟电压与理想值之间的最大差值为最小输出电压。相对误差是绝对误差与满量程(FSR)的百分比。例如,一个满量程电压 V_{FSR} 为 8V 的 8 位 D/A 转换器,若绝对误差为 $\pm 1LSB$,则它的绝对误差电压为 $\pm 31.4mV$,相对误差为 0.39%。D/A 转换器的转换误差主要是由基准电压 V_{REF} 的精度和不稳定度、运算放大器的零点漂移、模拟开关的导通电阻差异、电阻网络电阻值偏差等引起的。

2. 转换速度

转换速度即每秒可转换的次数,其倒数为转换时间。通常用建立时间 t_{set} 描述 D/A 转换器的转换速度。

建立时间 t_{set} 指从输入数字量发生变化开始,到输出电压进入与稳态值相差 $\pm LSB/2$ 范围内所需时间,如图 9.7 所示。一般产品说明书给出的是输入数字量从全 0 跳变到全 1 时的建立时间。

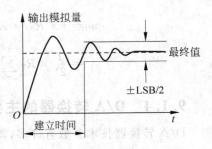

图 9.7　D/A 转换器的建立时间

9.1.5　D/A 转换器典型应用

AD7520 是 10 位 CMOS 电流开关型 D/A 转换器,其结构简单,通用性好。AD7520 芯片内只含倒 T 电阻网络、CMOS 电流开关和反馈电阻,该集成 D/A 转换器在应用时必须外接参考电压源和运算放大器。利用 AD7520 和 74160 十进制计数器可以组成阶梯波信号发生器。

典型的波形信号发生器电路结构如图 9.8 所示。若参考电压 $V_{REF} = -10.24V$,在 CP 脉冲信号的驱动下,根据式(9-8)可生成如图 9.9 所示的阶梯波信号。

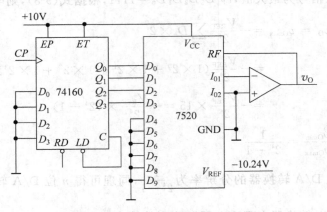

图 9.8　阶梯波信号发生器电路结构

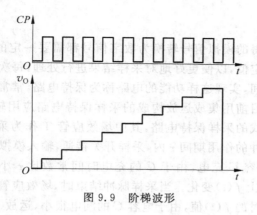

图 9.9　阶梯波形

9.2　A/D 转换器

A/D 转换器是将输入的模拟信号转换成数字信号输出,即对输入模拟量 v_I 进行二进制编码,输出与 v_I 大小成比例的数字量。我们知道,模拟信号是在时间上、幅值上均连续的信号,而数字信号是在时间上、幅值上均离散的信号,它可以通过每隔一定时间对模拟信号进行采样来获得,因此 A/D 转换器一般要经过采样、保持、量化和编码几个步骤。

9.2.1　A/D 转换器的基本组成

1. 采样

采样就是把一个时间上连续变化的模拟量转换为时间上断续变化的模拟量。采样一般由采样器来完成。采样器实际上是一个模拟开关电路,如图 9.10 所示,它在采样控制信号 $s(t)$ 的作用时间间隔 τ 内接通,在此时间内输出信号 $f_s(t)$ 等于原输入信号 $f(t)$,而在其他的时间间隔里,由于 $s(t)=0$,所以 $f_s(t)=0$,采样器的输出 $f_s(t)$ 是一系列的窄脉冲,而脉冲的包络线就是输入信号。由图 9.11 可知,采样过程的实质就是把连续变化的模拟信号变换成一串时间上断续的模拟量。由采样定理可知,只要采样信号 $s(t)$ 的频率 f_s 大于等于输入信号 $f(t)$ 最高频率的 2 倍,就可以从采样信号 $f_s(t)$ 中恢复原输入信号。

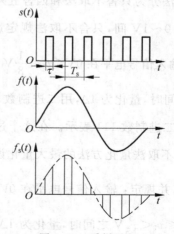

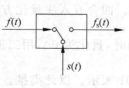

图 9.10　采样器　　　　　　　　　　图 9.11　采样过程

2. 保持

由采样电路每次取得的模拟信号转换为数字信号都需要一定的时间,为了给后续的量化编码电路提供一个稳定值,以便更好地对采样结果进行处理,每次取得的模拟信号必须通过保持电路保持一段时间,实现这样功能的电路称为保持电路,常常把采样器和保持电路合并称为采样保持电路。目前用集成运放构成的采样保持电路应用较广。图 9.12 所示电路为运算放大器跟随器形式的采样保持电路,其中场效应管 T 作为采样开关,电容 C 用来存储输入信号。在采样脉冲的作用期间 τ 内,采样开关接通,输入模拟信号 $f(t)$ 经运放跟随器和场效应管 T 向存储电容 C 充电,由于 C 的充电时间常数比 τ 小得多,电容 C 上的电压 $v_C(t)$ 在时间 τ 内完全跟上 $f(t)$ 变化。当采样脉冲结束时,场效应管 T 很快截止,电容 C 上的电压值将保持前一瞬时的 $f(t)$ 值,由于电容 C 的漏电很小,运放 A_2 的输入阻抗和场效应管 T 截止时的阻抗都很大,所以电容上的电压可以保持到下一采样脉冲到来之前,这样就能较好地完成采样保持作用。当下一脉冲到达之后,T 重新导通,电容 C 上的电压又及时跟踪 $f(t)$ 值,此时输出的将是新的采样数据。

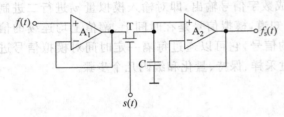

图 9.12 采样保持电路

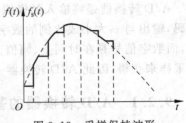

图 9.13 采样保持波形

3. 量化

从图 9.13 可以看出,采样保持后的输出电压幅度是阶梯形的,而阶梯形的高度是连续变化的,仍是一个模拟量,在 A/D 转换器中,必须将采样保持电路的输出电压,按某种近似方式归化到与之相应的离散电平上。这一转化过程叫做量化。量化过程中所取最小数量单位称为量化单位,用 Δ 表示。Δ 就是把模拟量转换为数字量后的数字最低有效位为 1 时,代表的输入电平的大小。

量化方法分为只舍不取法和四舍五入法。以 3 位 A/D 转换器为例,假设采样保持电路输出电平在 $0 \sim 1V$ 间,只舍不取法规定量化单位 $\Delta = \frac{1}{8}V$,量化中把不足量化单位部分舍去。例如,输入信号电平在 $0V \leqslant v_I < \frac{1}{8}V$ 之间时,量化为 0Δ,用二进制数 000 表示;在 $\frac{1}{8}V \leqslant v_I < \frac{2}{8}V$ 之间时,量化为 1Δ,用二进制数 001 表示。以此类推,在 $\frac{7}{8}V \leqslant v_I < 1V$ 之间时,量化为 7Δ,用二进制数 111 表示。在这个过程中不可避免地引入了误差,这种误差称为量化误差。只舍不取法量化方法的最大量化误差为 Δ,即 $\frac{1}{8}V$。四舍五入法量化方法中,量化单位 $\Delta = \frac{2}{15}V$,并规定:输入信号电平在 $0V \leqslant v_I < \frac{1}{15}V$ 之间时,量化为 0Δ,用二进制数 000 表示;在 $\frac{1}{15}V \leqslant v_I < \frac{3}{15}V$ 之间时,量化为 1Δ,用二进制数 001 表示。以此类推。不难看出,四

舍五入法的最大量化误差为 $\frac{1}{2}\Delta$，即 $\frac{1}{15}\text{V}$。四舍五入的量化方法比只舍不取量化方法的误差小，故为大多数 A/D 转换器所采用。

4. 编码

量化后的量用一个二进制代码与之对应就是编码。编码的方式很多，例如自然二进制编码、格雷码和 BCD 码等。经过编码后，输入信号就转换成一组 n 位的二进制符号构成的数字输出。

9.2.2 A/D 转换器的类型

A/D 转换器的种类很多，按其工作原理可分为直接 A/D 转换器和间接 A/D 转换器两类。直接 A/D 转换器的功能是将输入的模拟电压信号直接转换成二进制代码输出。其典型电路有并行比较型 A/D 转换器和逐次渐近型 A/D 转换器。间接 A/D 转换器的功能是先将输入的模拟电压信号转换成一个中间量，例如时间、频率，然后再将中间量转换成二进制代码输出。

1. 并行比较型 A/D 转换器

3 位并行比较型 A/D 转换器的原理图如图 9.14 所示，其由电阻分压器、比较器、寄存

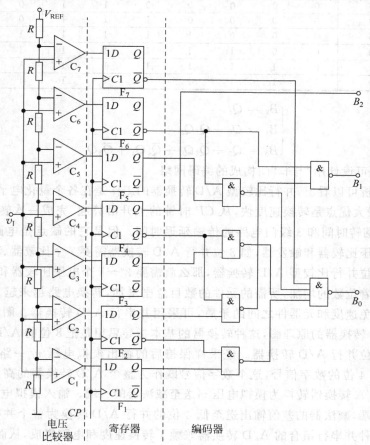

图 9.14 3 位并行比较型 A/D 转换器电路

器和编码器构成。从图中可看出,经采样保持后的输入模拟电压 v_I 同时送入 7 个电压比较器的输入端,而各个电压比较器的参考电压是由基准电压源 V_{REF} 经电阻分压器取得的,由于 8 个电阻阻值相同,因而构成了除 0 电平之外的七级量化电平,最后输出的是 3 位数字的二进制编码信号。下面详细阐述工作过程。

假设基准电压 V_{REF} 为 +2V,那么经分压器送到各电压比较器的参考电压分别为 +0.25V、+0.5V、+0.75V、+1.00V、+1.25V、+1.50V、+1.75V。由电压比较器的工作特性可知,当输入电压 v_I 高于比较器参考电压时,比较器输出"1"电平;当输入电压 v_I 小于比较器参考电压时,比较器输出"0"电平,各比较器的输出在时钟脉冲 CP 的作用下送到由 D 触发器构成的寄存器中寄存,这样就避免了因各比较器响应速度的差异而可能造成的逻辑错误。表 9.1 列出了输入模拟电压与 7 个比较器的输出状态和经编码后的输出二进制代码之间的关系。根据表 9.1 可得编码器各输出变量的逻辑关系。

表 9.1　并行比较型 A/D 转换器编码表

输入模拟电压 /V	D 触发器状态							输出二进制码		
	Q_7	Q_6	Q_5	Q_4	Q_3	Q_2	Q_1	B_2	B_1	B_0
0.00~0.25	0	0	0	0	0	0	0	0	0	0
0.25~0.50	0	0	0	0	0	0	1	0	0	1
0.50~0.75	0	0	0	0	0	1	1	0	1	0
0.75~1.00	0	0	0	0	1	1	1	0	1	1
1.00~1.25	0	0	0	1	1	1	1	1	0	0
1.25~1.50	0	0	1	1	1	1	1	1	0	1
1.50~1.75	0	1	1	1	1	1	1	1	1	0
1.75~2.00	1	1	1	1	1	1	1	1	1	1

$$\begin{cases} B_2 = Q_4 \\ B_1 = Q_6 + \overline{Q}_4 Q_2 \\ B_0 = Q_7 + \overline{Q}_6 Q_5 + \overline{Q}_4 Q_3 + \overline{Q}_2 Q_1 \end{cases} \tag{9-13}$$

根据式(9-13),可设计用"与非"门构成的编码网络。

由以上分析可以看出,并行比较型 A/D 转换器的工作是在各个量化电平上同时进行比较,所以它的最大优点是转换速度快,从 CP 时钟的上升沿算起,完成一次转换的时间只有 1 级触发器的翻转时间和 3 级门电路的传输延迟时间。但是它的缺点是电路比较复杂,需要用很多的电压比较器和触发器,如 3 位并行 A/D 转换器需要 7 个比较器、7 个触发器。

如果是 n 位并行比较型 A/D 转换器,那么就需要 $2^n - 1$ 个电压比较器和相同数量的触发器。因此随着位数的增加,所需的元件的数目急剧增加,转换电路越来越复杂,电路难以集成。为了避免速度和元器件之间的矛盾,可采用并串行 A/D 转换器。图 9.15 为一个 8 位并串行 A/D 转换器的原理图,这种转换器的基本指导思想是把 8 位的 A/D 转换分解成 2 级位数少的 4 位并行 A/D 转换器。经采样保持后的输出模拟电压 v_I 一路送到 4 位并行 A/D 转换为高 4 位的数字信号,这个数字信号既作为整个 A/D 转换器的高 4 位输出,又经相应的 4 位 D/A 转换器转换为模拟电压 v_I' 送至减法器的一端。输入模拟电压 v_I 另一路送至减法器另一端,减法器的差值输出送至低 4 位的并行 A/D 转换为整个并行 A/D 转换器的低 4 位。这种并串行结合的 A/D 转换器兼顾了转换速度和电路集成,从而以较少的元器件提高了转换速度。

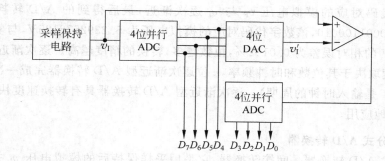

图 9.15 并串行 A/D 转换原理图

2. 逐次渐近型 A/D 转换器

在 A/D 转换器中,逐次渐近型 A/D 转换器是目前在工程上用得较为广泛的一种。逐次渐近型 A/D 转换器的工作核心在于"逐次渐近"。它的工作原理很像人们称体重的过程:假如你的体重不超过 100kg,你会先加一个 50kg 的砝码试一下,如果发现 50kg 的砝码偏小,你会将其保留,然后再加一个 25kg 的砝码,发现体重不足 75kg,再将此 25kg 的砝码去除改换一个更小的砝码,如此进行,逐次渐近,直到满足要求为止。图 9.16 是一个 n 位二进制码的逐次渐近型 A/D 转换原理图,该转换器主要由控制电路、逐次渐近寄存器、n 位 D/A 转换器、输出缓冲器、电压比较器构成,下面说明它的工作原理。

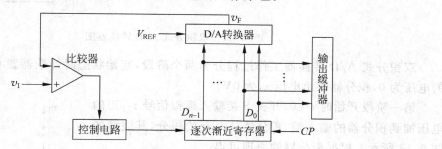

图 9.16 逐次渐近型 A/D 转换原理图

电路由启动脉冲启动后,在第一个脉冲作用下,控制电路使逐次渐近寄存器的最高位置 1,其余位置 0,即 $1000\cdots0$,送入 D/A 转换器。这样输入电压首先与 D/A 转换器的输出电压($V_{REF}/2$)相比较,如 $v_I \geqslant V_{REF}/2$,则比较器输出为 1,如 $v_I < V_{REF}/2$,则比较器输出为 0。比较结果存于输出缓冲寄存器的 D_{n-1} 位。然后在第二个 CP 脉冲作用下,移位寄存器的次高位置 1,其他低位置 0,如果最高位已存 1,则此时 D/A 转换器输出 $v_F = (3/4)V_{REF}$。于是 v_I 再与 $(3/4)V_{REF}$ 相比较,如 $v_I \geqslant (3/4)V_{REF}$,则次高位 D_{n-2} 存 1,否则 D_{n-2} 存 0,$\cdots$。以此类推,逐次比较得到输出结果。以 12 位 A/D 转换器为例,设模拟输入 $v_I = 5.24V$,D/A 转换器的基准电压 $V_{REF} = 10V$。在第一个脉冲 CP 的作用下,逐次渐近寄存器输出 $D_{11} \sim D_0 = 100000000000$,送到 D/A 转换器,它的输出 $v_F = 5V$。v_I 与 v_F 比较,$v_I > v_F$(即 $5.24 > 5$),于是 D_{11} 存 1;第二个脉冲到来时,逐次渐近寄存器输出 $D_{11} \sim D_0 = 110000000000$,$v_F = 7.5V$,$v_I$ 再与 v_F 比较,$v_I < v_F$,于是 D_{10} 存 0;第三个脉冲到来时,逐次渐近寄存器输出 $D_{11} \sim D_0 = 101000000000$,$v_F = 6.25V$,$v_I$ 再与 v_F 比较,$v_I < v_F$,于是 D_9 存 0,$\cdots$,如此反复比较下去,输

出的二进制代码对应的模拟电压 v_F 与 v_I 逐次渐近,最后得到的 A/D 转换器的结果为 $D_{11} \sim D_0 = 100001100010$,该数字代码对应的模拟电压为 5.2392578125V,与实际输入的模拟电压 5.24V 的相对误差为 0.0142%,位数越多,转换的精度越高。逐次渐近型 A/D 转换器的转换速度取决于其位数和时钟频率,n 位逐次渐近型 A/D 转换器完成一次转换的时间是 $(n+1)T$(T 是输入时钟的周期)。逐次渐近型 A/D 转换器具有转换速度快,精度高的特点,它被广泛地应用。

3. 双积分式 A/D 转换器

双积分式 A/D 转换器是间接转换器,它是用采样保持后的模拟电压 v_I 去控制时间间隔,并且使这个时间间隔与 v_I 成比例,然后在该时间间隔内对恒定频率的计数脉冲进行计数,计数器中的数字量也就与 v_I 成比例,从而实现了 A/D 转换。双积分式 A/D 转换器的电路结构如图 9.17 所示,它由积分器、过零比较器、时钟控制与门和计数器构成。

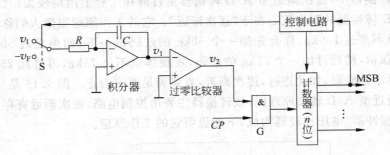

图 9.17 双积分式 A/D 转换器图

双积分式 A/D 转换器工作过程分为两个阶段,起始状态时计数器置 0,积分电容 C 上的电压为 0,积分器输出电压 v_1 为 0V。

第一阶段开始时 $t=0$,开关 S 接输入模拟信号 v_I,正的电压加到积分器的输入端,积分器从 0 开始积分,其波形如图 9.18 所示。根据积分器的原理可得

$$v_1 = -\frac{1}{RC}\int_0^t v_I \mathrm{d}t \tag{9-14}$$

由于 v_I 为采样保持电压,是一恒值,上式可变成

$$v_I = -\frac{v_I}{RC}t \tag{9-15}$$

因为 $v_I < 0$,过零比较器输出为高电平,时钟控制门 G 被打开,于是,计数器在 CP 的作用下从 0 开始计数。设在 $t=t_1$ 时,计数器的最高位 MSB 为 1,即计数器的状态为 $100\cdots0$,此时 $t_1 = 2^{n-1}T$(T 为时钟 CP 周期)。

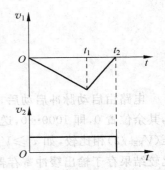

图 9.18 双积分 A/D 中积分器和比较器的电压输出波形

第二阶段,计数器 MSB 位上的正跳变通过控制电路使开关 S 接通,与 v_I 极性相反的大小为 $|v_I| < |v_F|$ 的参考电压 $-v_F$ 加到积分器的输入端,使积分器开始向相反方向进行第二次积分,同时使计数器复 0。第二阶段积分器的输出电压应为

$$v_I = -\frac{v_I}{RC}t_1 - \frac{1}{RC}\int_{t_1}^t (-v_F)\mathrm{d}t \tag{9-16}$$

电压输出波形如图 9.18 所示,它由 $-\dfrac{v_I}{RC}t_1$ 开始上升,直到当 $t=t_2$ 时,积分器输出 $v_I=$ 0,此时过零比较器输出 $v_2=0$,时钟控制门 G 被关闭,计数器停止计数。在第二阶段结束时可知

$$v_I = -\frac{v_I}{RC}t_1 - \frac{1}{RC}\int_{t_1}^{t_2}(-v_F)\mathrm{d}t = 0 \tag{9-17}$$

于是有

$$v_I = v_F\frac{t_2 - t_1}{2^{n-1}T} \tag{9-18}$$

如果计数器第二阶段计数的结果为 N,那么 $t_2-t_1=NT$,则

$$v_I = \frac{Nv_F}{2^{n-1}} \tag{9-19}$$

式(9-19)表明,计数器第二次计数结果 N 与输入模拟信号 v_I 成一定比例,如果取 $v_F=2^{n-1}$V,则 $N=v_I$,计数器所计的数在数值上就等于被测电压,所以它可作为 A/D 转换后的数字输出。

双积分式 A/D 转换器的工作性能稳定,它的数字输出与积分电阻 R、积分电容 C、时钟频率无关;双积分式 A/D 转换器另一特点是具有很强的抗干扰能力。双积分式 A/D 转换器的最大缺点是转换速度较慢。

9.2.3 A/D 转换器的主要技术指标

A/D 转换器的主要技术指标是转换精度和转换速度。转换精度常用分辨率和转换误差表述。

1. 转换精度

（1）分辨率

分辨率是 A/D 转换器对输入信号的分辨能力。对于 n 位 A/D 转换器,其分辨率为满量程输入的 $1/2^n$,如 ADC0809 的分辨率为 8 位,表明它能分辨满量程输入的 $1/2^8$。

例 9.1 已知 8 位 A/D 转换器的基准电压 $V_{REF}=5.12$V,求当输入 $v_I=3.8$V 时的数字输出。

解：根据题意可知,A/D 转换器的基准电压就是输入信号的最大值。

$$分辨率 = \frac{V_{Imax}}{2^8} = \frac{V_{REF}}{2^8} = \frac{5.12}{256} = 0.02(\text{V})$$

输入 $v_I=3.8$V 时的数字量输出为

$$D_O = \frac{3.8}{0.02} = 190 = (10111110)_2$$

（2）转换误差

转换误差是 A/D 转换器实际输出的数字量与理论值上的输出数字量之间的差别,常用 LSB 的倍数表示。例如,转换误差 $\leqslant \pm$LSB/2,表示实际输出的数字量与理论上应得的输出数字量之间的误差小于最低有效位的半个字。

2. 转换速度

转换速度是指完成一次 A/D 转换所需的时间,即指 A/D 转换器从转换信号到来开始,

到输出端得到稳定的数字信号结束所经过的时间。A/D 转换器的转换速度主要取决于转换电路的类型,并行比较型 A/D 转换器的转换速度最快,逐次渐近型 A/D 转换器的转换速度次之,双积分式 A/D 转换器的转换速度最慢。在实际应用中,应从系统数据总的位数、精度要求、输入模拟信号的范围等多方面综合考虑 A/D 转换器的选用。

9.2.4　A/D 转换器典型应用

ADC0809 是 8 位逐次渐近型 A/D 转换器。它属于 CMOS 器件,输出电平与 TTL 电平兼容,并且输出设置有三态输出锁存器,便于同微机接口。图 9.19 是 ADC0809 的内部逻辑结构图。由图可知,它由一个 8 路模拟开关,输入为 $IN_0 \sim IN_7$,一个地址锁存器与译码器,一个 8 位 A/D 转换器和一个三态输出锁存器组成。多路开关可选通 8 个模拟通道,允许 8 路模拟量分时输入,共用 A/D 转换器进行转换。三态输出锁存器用于锁存 A/D 转换完的数字量,当 OE 为高电平才可以从三态输出锁存器中取走转换完的数据,可以与单片机直接相连。图中 ST 为启动脉冲,CLK 为时钟,EOC 为转换结束标志,$D_0 \sim D_7$ 为 8 位数据输出,A、B、C 为地址输入,ALE 为地址锁存允许,OE 为允许输出控制,$\pm V_{REF}$ 为基准参考电压。

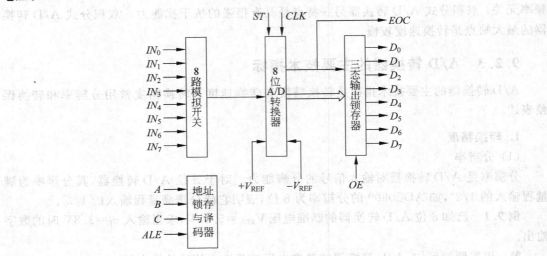

图 9.19　ADC0809 的内部逻辑结构

习题

1. D/A 转换器的电路结构有哪些类型? 各有何特点?

2. 影响 D/A 转换器转换精度的主要因素有哪些?

3. 比较并行比较型 A/D 转换器、逐次渐近型 A/D 转换器和双积分式 A/D 转换器的各自特点,它们各适于哪些情况下使用。

4. 什么是量化误差? 它是怎样产生的?

5. 已知输入模拟信号的最高频率为 8kHz,要将输入的模拟信号转换成数字信号,必须经过哪几个步骤? 采样信号的最低频率是多少,才能保证从采样信号中恢复被采样的信号?

6. 4 位权电阻网络 D/A 转换器如图题 6 所示,输入为 $D_3D_2D_1D_0$,试推导输出电压与输入量 $D_3D_2D_1D_0$ 的关系。

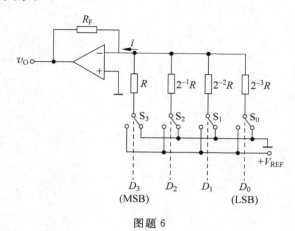

图题 6

7. 当图题 6 中权电阻 $R=4\text{k}\Omega$,$R_F=R/2^4$,$V_{REF}=-8\text{V}$ 时,试求 v_O 的输出范围及当输入 $D_3D_2D_1D_0=1010$ 时的输出电压。

8. 在图题 6 中,已知 $V_{REF}=-6\text{V}$,$R=48\text{k}\Omega$,当 $D_3D_2D_1D_0=1100$ 时 $v_O=1.5\text{V}$,试确定 R_F 的值。

9. 已知某 D/A 转换器满刻度输出电压为 10V,若要求 1mV 的分辨率,其 D/A 转换器至少是多少位?

10. 如果要将最大幅值为 20.46V 的模拟信号转换为数字信号,要求模拟信号每变化 20mV 能使数字信号最低位(LSB)发生变化,那么选用多少位的转换器?

11. 如果一个理想的 3 位 A/D 转换器输出满刻度时(全为 1),输入模拟电压为 10V,则当输入电压为 7V,分别用四舍五入的量化方法和只舍不取的量化方法,其输出二进制代码分别为多少?

12. 在 8 位倒 T 电阻网络 D/A 转换器中,$R_F=\dfrac{1}{2}R$,$V_{REF}=-10\text{V}$,当数字量 $D=01110110$ 时,试求其输出电压 v_O。

13. 对于一个 12 位的逐次渐近型 A/D 转换器,如果时钟频率 $f_{cp}=10\text{MHz}$,则完成一次 A/D 转换所需的时间是多少?

14. 在 4 位逐次渐近型 A/D 转换器中,D/A 转换器满量程输出为 5V,若输入模拟电压 $v_I=4.25\text{V}$,试求转换后的二进制码数字输出,并作出转换过程中逐次渐近寄存器中状态转换图。

15. 双积分式 A/D 转换器中输入电压 v_I 和参考电压 v_F 在极性和数值上应满足什么关系? 如果 $|v_I|>|v_F|$,电路能完成模数转换吗? 为什么?

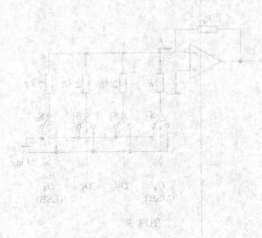

下篇

硬件描述语言Verilog HDL

第10章

初步了解Verilog HDL

10.1 引言

在早期的电路设计中,工程师们通常使用原理图设计方法,当电路图中的元件多达百个以上时,无论是画图还是分析都会有一定的难度,在集成电路设计中,也是如此。于是就出现了硬件描述语言(HDL),它类似于高级程序设计语言,它是一种以文本形式描述数字系统硬件结构和行为的语言,用它可以表示逻辑电路图、逻辑表达式,还可以表示更复杂的数字逻辑系统所完成的逻辑功能。数字电路系统的设计者利用这种语言可以从上层到下层、从抽象到具体逐步描述自己的设计思想,用一系列分层次的模块来表示极其复杂的数字系统。最近十几年来,HDL 在逻辑电路设计中得到了广泛应用,HDL 逐渐取代了原理图设计方法。使用硬件描述语言,设计者能更好地从功能和行为上表述自己的设计,还可以加上注解,以便在以后的设计中重复使用。在具体设计之前,通过抽象的功能描述,可以找到灵活的系统结构,并发现设计的问题所在。

Verilog HDL 是硬件描述语言的一种,可用于各种级别的逻辑设计,如用于从系统级、算法级、门级、寄存器级到开关级的多层次的数字电路系统建模。Verilog HDL 是于 1983年由 Gateway Design Automation 公司为其模拟器产品开发的硬件建模语言,那时它只是一种专用语言。由于它在模拟、仿真器产品的广泛作用,所以 Verilog HDL 作为一种便于使用且实用的语言逐渐为众多设计者所接受。Verilog HDL 于 1995 年成为 IEEE 标准,即Verilog HDL 1364—1995。

10.2 Verilog HDL 和 VHDL 比较

Verilog HDL 和 VHDL 都是用于逻辑设计的硬件描述语言,并且都成为 IEEE 标准。其共同点在于：能形式化地抽象表示电路的行为和结构；支持逻辑设计中层次与范围的描述；可借用高级语言的精巧结构简化电路行为的描述；具有电路仿真与验证机制以保证设计的正确性；支持电路描述由高层到低层的综合转换；硬件描述电路与实现工艺无关；便于文档管理；易于理解和设计重用。

　　Verilog HDL 和 VHDL 有各自的特点，Verilog HDL 于 1983 年就已推出，因而 Verilog HDL 拥有广泛的设计群体，比 VHDL 有丰富的资源；Verilog 语言是在 C 语言的基础上发展而来的，两者有许多相似之处，它是一种非常容易掌握的硬件描述语言。而掌握 VHDL 设计技术就比较困难。目前版本的 Verilog HDL 和 VHDL 在行为级抽象建模的覆盖范围方面也有所不同。一般认为 Verilog HDL 在系统抽象方面比 VHDL 强一些。Verilog HDL 较为适合算法级、寄存器级、门级、开关级设计，而 VHDL 更适合特大型的系统级设计。

10.3　Verilog HDL 的主要特点和功能

　　(1) 描述基本逻辑门，例如 and、or 和 nand 等基本逻辑门都内置在语言中，可方便地进行门级结构描述。

　　(2) 描述基本开关模型，例如 NMOS、PMOS 和 CMOS 等基本开关都内置在语言中，可进行开关级建模。

　　(3) 用户定义原语(UDP)创建的灵活性。用户定义的原语既可是组合逻辑，也可以是时序逻辑。

　　(4) 可指定设计中端口到端口的时延及路径时延和设计的时序检查。

　　(5) 灵活多样的电路描述风格。可进行行为描述，可进行数据流描述，也可进行结构描述，支持混合建模，在一个设计中各个模块可以在不同的设计层次上建模和描述。

　　(6) Verilog HDL 中有两种数据类型：线网数据类型和寄存器数据类型。

　　(7) 设计的规模可以是任意的，语言不对设计的规模施加任何限制。

　　(8) Verilog HDL 的描述能力可以通过使用编程语言接口(PLI)进一步扩展。

　　(9) 同一语言可用于生成模拟激励和指定测试的验证约束条件，例如输入值的指定。

　　(10) 允许外部函数访问 Verilog HDL 模块内信息，允许设计者与模拟器交互的例程集合。

　　(11) 能在多个层次上对所设计的系统加以描述，从开关级、门级、寄存器传输级到算法级、系统级，都可胜任。

　　(12) Verilog HDL 具有内置逻辑函数，例如 &(按位与)和 |(按位或)。

　　(13) Verilog HDL 内有很多高级编程语言结构，例如条件语句、赋值语句和循环语句等。

　　(14) Verilog HDL 可对并发行为和定时行为进行建模。

　　(15) Verilog HDL 提供强有力的文件读写能力。

　　(16) Verilog HDL 在某些特定情况下是非确定性的，即相同的程序在不同的模拟器上可能产生不同的结果。

10.4 采用 Verilog HDL 的设计流程简介

现代集成电路制造工艺技术的改进,使得在一个芯片上集成数十万个器件成为可能。但很难设想仅由一个设计师独立设计如此大规模的电路而不出现错误。一个完整的硬件设计任务首先由总设计师划分为若干个可操作的模块,编制出相应的模型,通过仿真加以验证后,再把这些模块分配给下一层的设计师。

在基于 EDA 技术的设计中,通常有两种设计思路:一种是自顶向下的设计思路,一种是自底向上的设计思路。

Top-down 设计,即自顶向下的设计。这种设计方法首先从系统设计入手,在顶层进行功能框架图的划分和结构设计。在功能上进行仿真、纠错,并用硬件描述语言对高层次的系统行为进行描述,然后用综合工具将设计转化为具体门电路网表,其对应的物理实现可以是 PLD 器件或专用集成电路。由于设计的主要仿真和调试过程是在高层次上完成的,这一方面有利于早期发现结构设计上的错误,避免设计工作的浪费,同时也减少了逻辑功能仿真的工作量,提高了设计的一次成功率。图 10.1 是这种设计方式的示意图。如图 10.1 所示,在 Top-down 的设计过程中,需要 EDA 工具的支持,有些步骤的设计必须经过"设计-验证-修改设计-再验证"的过程,不断反复,直到得到的结果能够完全实现所要求的逻辑功能,并且在速度、功耗、价格和可靠性方面实现较为合理的平衡。

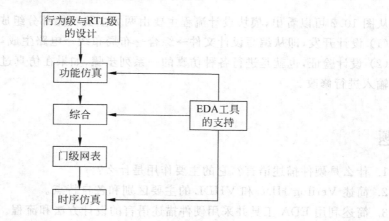

图 10.1 Top-down 设计方式

Bottom-up 设计,即自底向上的设计,这是一种传统的设计思路。这种设计方式,一般是设计者选择标准集成电路,或者将各种基本单元逐级向上组合,直到设计出满足自己需要的系统为止。这样的设计方法不仅效率低、成本高,而且容易出错。

在数字系统的设计中,主要采用 Top-down 的设计思想,而以 Bottom-up 设计为辅。在不同的层次做具体模块的设计所用的方法也有所不同,在高层次上往往编写一些行为级的模块通过仿真加以验证,其主要目的是系统性能的总体考虑和各模块的指标分配,并非具体电路的实现,因而综合及其以后的步骤往往不需进行。而当设计的层次比较接近底层时,行为描述往往需要用电路逻辑来实现。图 10.2 所示为 HDL 设计流程。

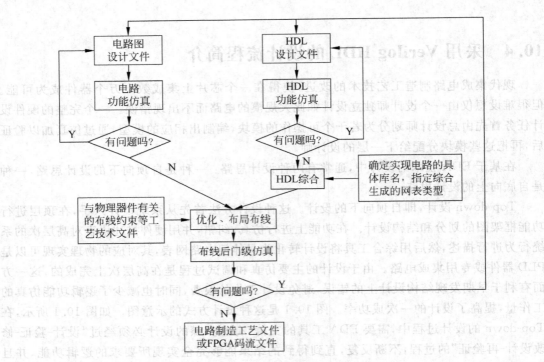

图 10.2   HDL 设计流程图

从图 10.2 可以看出,模块设计流程主要由两大主要功能部分组成:

(1) 设计开发,即从编写设计文件→综合→布局布线→电路生成,这样一系列步骤。

(2) 设计验证,也就是进行各种仿真的一系列步骤,如果在仿真过程中发现问题就返回设计输入进行修改。

习题

1. 什么是硬件描述语言? 它的主要作用是什么?
2. 简述 Verilog HDL 和 VHDL 的主要区别和各自特点。
3. 简述利用 EDA 工具并采用硬件描述语言的设计方法和流程。
4. 简述 Top-down 设计方法和硬件描述语言的关系。

第11章

Verilog HDL模块的结构

用 Verilog HDL 描述的电路设计就是该电路的 Verilog HDL 模型,也称为模块。模块是 Verilog HDL 的基本描述单位,用于描述某个设计的功能或结构及其与其他模块通信的外部端口。每个 Verilog HDL 设计的系统都由若干模块组成,它的实际意义是:代表硬件电路的逻辑实体;每个模块都实现特定的功能;模块之间是并行运行的;模块可以是分层的,高层模块通过调用、连接低层模块来实现复杂功能;各个模块连接完成整个系统需要用一个顶层模块。Verilog HDL 模块的基本结构如图 11.1 所示。Verilog 模块结构完全嵌在 module 和 endmodule 关键字之间,每个 Verilog 程序包括 4 个主要部分:模块声明、端口定义、数据类型说明和逻辑功能描述。

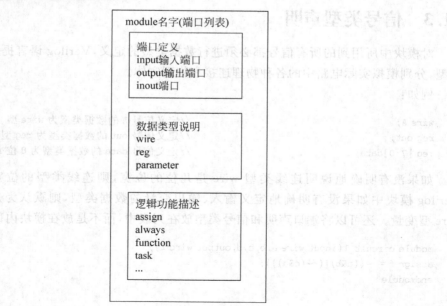

图 11.1　Verilog 模块的基本结构

11.1　模块声明

模块声明包括模块名字、模块输入、输出端口列表。模块定义格式如下：

```
module 模块名(端口 1,端口 2,端口 3,…);
```

模块名是模块唯一性的标识符。模块结束的标志关键字为 endmodule。

11.2　端口定义

对模块的输入输出端口必须进行明确说明,其格式为：

```
input 端口名 1,端口名 2,…,端口名 n;        //输入端口
output 端口名 1,端口名 2,…,端口名 n;       //输出端口
inout 端口名 1,端口名 2,…,端口名 n;        //输入输出端口
```

端口是模块与外界连接和通信的信号线,有三种类型,分别是输入端口(input)、输出端口(output)、输入输出双向端口(inout)。

定义端口时应注意以下几点：

(1) 每个端口除了要声明是输入、输出还是双向端口外,还要声明其数据类型,是 wire 型、reg 型,还是其他类型；

(2) 输入和双向端口不能声明为寄存器型号；

(3) 在测试模块中不需要定义端口。

11.3　信号类型声明

对模块中所用到的所有信号都必须进行数据类型的定义,Verilog 语言提供了各种信号类型,分别模拟实际电路中的各种物理连接和物理实体。

例如：

```
wire A;                     //定义信号 A 的数据类型为 wire 型
reg out;                    //定义信号 out 的数据类型为 reg 型
reg [7:0]data;              //定义信号 data 的数据类型为 8 位 reg 型
```

如果没有明确地说明连线类型 wire 是几位的位宽,则连线类型的位宽为 1 位。在 Verilog 模块中如果没有明确地定义输入、输出变量的数据类型,则默认为是位宽为 1 的 wire 型变量。还可以将端口声明和信号类型放在列表中,而不是放在模块内部,例如：

```
module circult_1(input wire a,b,c,d,output wire f);
assign f = ～((a&b)|(～(c&d)));
endmodule
```

11.4　逻辑功能描述

模块中最重要的部分是逻辑功能描述,有多种方法可在模块中描述和定义逻辑功能。

(1) 用 assign 连续赋值语句

如:

assgin a = b&c;

assign 语句一般用于组合逻辑的赋值,这种方法的句法很简单,assign 后再加一个方程式即可。上例中的方程式描述了一个有两个输入的与门。

(2) 用 always 过程语句块

如:

```
always @ (posedge cp)
begin   if (clr) q <= 0;
        else q <= d;
end
```

always 既可用于描述组合逻辑,也可描述时序逻辑。本例中用 always 块生成了一个带同步清零端的 D 触发器。always 块可用很多种描述手段表达逻辑,本例用了 if...else 语句表达逻辑关系。如按一定的风格编写 always 块,可以通过综合工具把源代码自动综合成用门级结构表示的组合或时序逻辑电路。

(3) 用实例元件

采用实例元件的方法类似在电路图输入方式下调入图形符号完成设计,这种方法侧重于电路的结构描述。在 Verilog 语言中,可通过以下几种方式描述电路的结构。

① 调用 Verilog 库元件;

② 调用开关级元件;

③ 在多层次结构电路设计中,调用低层实例化模块。

如:

and u1(q,a,b);

本例描述了一名为 u1 的与门,其输入为 a、b,输出为 q。要求每个实例的名字(u1)必须是唯一的,以避免与其他调用与门的实例混淆。

例 11.1　图 11.2 所示为一简单的门电路,该电路的 Verilog 模块如下:

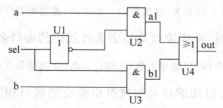

图 11.2　2 选 1 多路器

```
module mux2to1(a,b,sel,out);
   input a,b,set;                          //定义输入信号
   output out;                             //定义输出信号
   wire selnot,a1,b1;                      //定义内部节点信号数据类型
   //以下对电路的逻辑功能进行描述
   not U1(selnot,sel);
   and U2(a1,a,selnot);
   and U3(b1,b,sel);
   or U4(out,a1,b1);
   endmodule
```

设计人员可以选用这三种描述方式中的任意一种或混合几种描述电路的逻辑功能,并且在程序中排列的先后顺序是任意的,但描述的逻辑功能是同时执行的,是并发的。在 always 模块内,逻辑是按照指定的顺序执行的。always 块中的语句称为顺序块语句,两个或更多的 always 模块都是同时执行的,而模块内部的语句是顺序执行的。

11.5　模块的调用

模块是分层的,高层可以通过调用、连接低层模块的实例实现复杂功能。

例 11.2　采用二个模块的三态门选择器,其 Verilog 程序如下:

```
module trist1(sout,sin,ena);
input sin,ena;
output sout;
   mytri tri_inst(.out(sout), .in(sin), .enable(ena));
endmodule
module mytri(out,in,enable);
input in, enable;
output out;
   assign out = enable?in:'bz;
endmodule
```

在这个例子中存在着两个模块:模块 trist1 引用由模块 mytri 定义的实例部件 tri_inst,模块 trist1 是上层模块;模块 mytri 则称为子模块。在引用模块时其端口可以用两种方法连接:

(1) 在引用时,严格按照模块定义的端口顺序来连接,不用标明原模块定义时规定的端口名,例如:

模块名　实例名(连接端口 1 信号名,连接端口 2 信号名,连接端口 3 信号名,…);

(2) 在引用时用“.”符号,标明原模块是定义时规定的端口名,例如:

模块名　实例名(.端口 1 名(连接信号 1 名),.端口 2 名(连接信号 2 名),…);

这样表示的好处在于可以用端口名与被引用模块的端口相对应,而不必严格按端口顺序对应,提高了程序的可读性和可移植性。

在例 11.2 中,.out 和.in、.enable 都是模块 mytri 的端口名,而 tri_inst 则是与 mytri 完

全一样的模块实例。在实例部件 tri_inst 中，带"."表示被引用的模块，名称必须与被引用模块 mytri 的端口定义一致，小括号中表示在本模块中与之相连的线路。

在实例引用中，如果端口没有连接信号相连，可以为悬空端口，用","隔开，如：

```
DFF d2(QS, ,D, ,CK);
```

模块 DFF 有 5 个端口，实例 d2 的第 2、4 个端品为悬空。

11.6　模块的测试

Verilog 模块可以分为两种类型：一种是为了让模块最终能生成电路结构；另一种只是为了测试所设计的电路其逻辑功能是否正确。

完成程序描述之后为了确认这个模型是否正确，应当对模块进行测试，即从模块输入端输入信号，再从输出端得到输出信号，对这些输入、输出信号进行分析可以检查模型是否正确。描述测试信号的变化和测试过程的模块也叫做测试平台，它可以对电路的模块（无论是行为的或结构的）进行动态的、全面的测试。通过观测被测试模块的输出信号是否符合要求，可以调试和验证逻辑系统的设计和结构是否正确，并发现问题及时修改。测试程序应当是被测模块的高层模块，它没有 I/O 端口，而且内部有被测模块的实例。

例 11.3　检查所设计的与非门模块是否能实现与非门的功能。

```
module test_nand;
  reg a,b;                          //定义两个寄存器变量 a 和 b
  wire out;                         //定义线网 out

  initial                           //产生测试信号
    begin
      a = 0;b = 0;
      #1 a = 1;
      #1 b = 1;
      #1 a = 0;
    end

  nand gate(a,b,out);               /* 模块 nand 实例,激励信号通过 a 和 b 端进入 nand
                                       模块,测试结果从 out 输出 */
endmodule
```

程序中 initial 引导的程序段，其后接 begin-end 结构，描述了 a 和 b 值的变化：先把 a 和 b 置0，然后"♯1"延迟一个时间单位之后，把 a 置1，再用"♯1"延迟一个时间单位之后，把 b 置1，再经过一个时延后将 a 置0。这样完成了激励信号的产生，延迟时间和信号值改变次数可以根据自己仿真的需要用简单的语句完成。

模块 test_nand 可以对 nand 模块进行逐步深入的完整测试。这种测试可以在功能（即行为）级上进行，也可以在逻辑网表（逻辑布尔表达式）和门级结构上进行。它们分别称为前（RTL）仿真、逻辑网表仿真和门级仿真。如果门级结构模块与具体的工艺技术对应起来，并加布局布线引入的延迟模型，此时进行的仿真称为布线后仿真，这种仿真与实际电路情况非常接近。

习题

1. 什么是 Verilog HDL 模块? 构成模块的关键词是什么? 每个 Verilog 程序模块包括哪几个主要部分?

2. 模块的端口分哪几种? 定义端口时应注意什么?

3. 在 Verilog 程序中,如果没有说明输入变量或输出变量的数据类型,试问它们的数据类型是什么?

4. 模块中的功能定义或描述由哪几类语句或语句块组成? 它们出现的顺序会不会影响功能的描述? 这几类描述中哪一种直接与电路结构有关?

5. 在引用实例模块时,如何在主模块中连接信号线?

第12章

Verilog HDL语言要素

为了对数字电路进行描述，Verilog HDL 规定了一套完整的语法结构，本章介绍
Verilog 的基本语法规则及要素。

12.1 标识符

给对象(如模块名、电路的输入与输出端口、变量等)取名所用的字符串称为标识符，标
识符通常由英文字母、数字、$符和下划线组成，并且规定标识符必须以英文字母或下划线
开始，不能以数字或$符开头。标识符区分大小写。例如，clk、count、COUNT、_net、R1_2、
FIVE$。

转义标识符可以在一条标识符中包含任何可打印字符。转义标识符以\(反斜线)开头，
以空白结束(空白可以是一个空格、一个制表字符或换行符)。例如，\7400、\ *.$、
\{ ****** }。

Verilog 定义了一系列保留字，叫做关键词，有其特定的和专有的语法作用，用户不能再
对这些关键词做新的定义。注意关键词必须是小写的，关键词不能作为标识符使用。

12.2 注释符

Verilog 支持两种形式的注释符：/ * … * /和//。其中/ * … * /为多行注释符，用于多
行注释；//为单行注释，以双斜线//开始到行尾结束为注释文字。注释只是为改善程序的
可读性，在编译时不起作用。

Verilog 语言可采用自由格式书写，其语句可以跨行编写，也可在一行内编写。空白(新
行、制表符和空格)没有特殊意义。

12.3　值集合

为了表示数字逻辑电路的逻辑状态,Verilog 规定了 4 种基本的逻辑值:

(1) 0:逻辑 0 或"假"。

(2) 1:逻辑 1 或"真"。

(3) x 或 X:未知。

(4) z 或 Z:高阻。

x 值和 z 值都是不区分大小写的。Verilog 中的常量由以上这 4 类基本值组成。

12.4　数据类型

数据类型是用来表示数字电路硬件中的数据储存和传送元素的。只有确定了数据的类型之后才能确定变量的大小并对变量进行操作。Verilog 提供了丰富的数据类型,Verilog 的数据分为常量和变量两类。

12.4.1　常量

在程序运行过程中,其值不能被改变的量称为常量。Verilog 有 3 类常量:整数型、实数型、字符串型。

(1) 整数型

Verilog 的整数常量有两种不同的表示形式:一是十进制数形式表示,例如,30、−2 都十进制数表示的常量。用这种方法表示的常量被认为是有符号的常量。二是使用带基数的形式表示常量,其格式为:

<+ / −><位宽>'<基数符号><数值>

其中<+/−>表示常量是正整数还是负整数,当常量为正整数时,前面的正号可以省略,负号不可以放在位宽和基数符号之间,也不能放在基数符号与数值之间;<位宽>定义了常量对应的二进制数的宽度,例如,一个 4 位二进制数字的位宽为 4,一个 4 位十六进制数字的位宽为 16(因为每个十六进制数要用 4 位二进制数表示);<基数符号>定义后面的<数值>的表示形式,在<数值>表示中,左边是最高有效位,右边为最低有效位。二进制数的基数符号为 b 或 B,十进制数的基数符号为 d 或 D,八进制数的基数符号为 o 或 O,十六进制数的基数符号为 h 或 H,例如:

```
3'b101                          //位宽为 3 的二进制数 101
5'o37                           //位宽为 5 的八进制数 37
8'he3                           //位宽为 8 的十六进制数 e3
```

下划线符号(_)可以随意用在整数或实数中,其数量本身没有意义,主要用来提高易读性,唯一的限制是下划线符号不能用作首字符。例如:

```
16'b1010_1011_1111_1010         //合法格式
```

8'b_0011_1010　　　　　　　//非合法格式

在 Verilog 语言中,一个 x 可以用来定义十六进制数的 4 位二进制数的状态,八进制数的 3 位,二进制数的 1 位,z 的表示方式与 x 类似。z 还有一种表达式是可以写作"?"。在使用 case 表达式时建议使用这种写法,以提高程序的可读性。例如:

```
4'b10x0          //位宽为 4 的二进制数从低位数起第 2 位为不定值
12'dz            //位宽为 12 的十进制数,其值为高阻值
12'd?            //位宽为 12 的十进制数,其值为高阻值
8'h4x            //位宽为 8 的十六进制数,其低 4 位值为不定值
```

（2）实数型

在 Verilog 中,实数就是浮点数,实数的表示方式有两种:一是使用简单的十进制记数法,例如,0.1,2.0,5.678,由数字和小数点组成（必须有小数点）;二是使用科学记数法,例如,23_5.1E2,3.6E2,5E-4,它们以十进制记数法表示分别是 23510.0,360.0 和 0.0005。科学记数法由数字和字符 e(E) 组成,e(E) 的前面必须有数字而且后面必须为整数。

（3）字符串型

字符串常量是由一对双引号括起来的字符序列。出现在双引号内的任何字符（包括空格和下划线）都被作为字符串的一部分。例如:"INTERNAL ERROR""REACHED_HERE"。字符串不允许分成多行书写。实际上,字符都会被转换成二进制数,而且这种二进制数是按特定规则编码的。在表达式和赋值语句中,字符串要转换成无符号整数,用一串 8 位 ASCII 码表示,每个 8 位 ASCII 码代表一个字符。例如字符串"INTERNAL ERROR",共有 14 个字符,存储这个字符的变量需要 8×14 位的存储空间,如下:

```
reg [1:8 * 14] Message;      //定义变量 Message 并分配存储空间
…
Message = "INTERNAL ERROR"
```

（4）参数型

为了将来修改程序的方便和改善可读性,Verilog 允许用参数定义语句定义一个标识符来代表一个常量,称为符号常量。定义的格式为:

parameter 参数名 1 = 常量表达式 1,参数名 2 = 常量表达式 2,… ;

parameter 为参数型数据的确认符。确认符后跟一个用逗号隔开的赋值语句表。在每一个赋值语句的右边必须是一个常数表达式。例如:

```
parameter msb = 7;
parameter BIT = 1,BYTE = 8,PI = 3.14;
parameter byte_size = 8,byte_msb = byte_size - 1;
```

参数型常数经常用于定义延迟时间和变量宽度。在模块或实例引用时,可通过参数传递改变在被引用模块或实例中已定义的参数。

12.4.2　变量

在程序运行过程中其值可以改变的量称为变量。在 Verilog 中有线网和寄存器两大类的变量,每种类型都有其在电路中的实际意义。

（1）线网型

线网型数据是硬件电路中元件之间实际连线的抽象,其特点是输出的值紧跟输入值的变化而变化。线网型的变量不能储存值,而且它必须受到驱动器(例如门或连接赋值语句 assign)的驱动。常用的线网型包括 wire 型和 tri 型。这两种变量都用于连接器件单元,它们具有相同的语法格式和功能。wire 型变量通常用来表示单个门驱动或连续赋值语句驱动的线网型数据,tri 型变量则用来表示多驱动的线网型数据。

wire 是最常用的线网型数据变量,Verilog 模块中的输入/输出信号没有明确指定数据类型时都被默认为 wire 型。wire 型信号可以用做任何方程式的输入,也可以用做"assign"语句和实例元件的输出。对综合器而言其取值可为 0,1,X,Z,如果 wire 型变量没有连接到驱动,其值为高阻态 z。

wire 型变量的定义格式如下:

wire [n-1:0] 数据名 1,数据名 2,…,数据名 i;

例如:

```
wire a,b;                //定义了两个 1 位的 wire 型变量 a 和 b
wire [7:0] databus;      //定义了一个 8 位的 wire 型变量 databus
wire [4:1] c,d;          //定义了两个 4 位的 wire 型变量 c 和 d
```

线网型还有 wand,wor,triand,trior,tritreg 等。

（2）寄存器型

寄存器型表示一个抽象的数据存储单元,它具有状态保持作用。寄存器型变量必须放在过程语句(如 initial、always)中,通过过程赋值语句赋值;在 always,initial 等过程块内被赋值的信号必须定义成寄存器型。注意:寄存器型变量并不意味着一定对应着硬件上的一个触发器或寄存器等存储元件,在综合器进行综合时,寄存器型变量会根据其被赋值的具体情况确定是映射成连线还是映射为存储元件。在未被赋值时,寄存器型的默认值为 x。

寄存器型数据包括 4 种类型,如表 12.1 所示。

表 12.1　常用的寄存器变量及其说明

类　型	功　能	是否可综合
reg	用于行为描述中对寄存型变量的说明	是
integer	32 位带符号的整数型变量	是
real	64 位带符号的实数型变量,默认值为 0	
time	64 位带符号的时间型变量	

表 12.1 中的 real 和 time 两种寄存器型变量都是纯数学的抽象描述,不对应任何具体的硬件电路,它们不能被综合。time 主要用于对模拟时间存储与处理,real 表示实数寄存器,主要用于仿真。

reg 型变量是最常用的寄存器型变量,reg 型数据常表示"always"模块内的指定信号,常代表触发器。在"always"模块内被赋值的每一个信号都必须定义成 reg 型。reg 型数据的格式如下:

reg [n-1:0] 数据名 1,数据名 2,…,数据名 i;

例如：

```
reg rega;                        //定义了一个1位reg型变量rega
reg [3:0] regb;                  //定义了一个4位reg型变量regb
reg [8:1] regc, regd;            //定义了两个8位reg型变量regc和regd
```

对于reg型数据，其赋值语句的作用如同改变一组触发器的存储单元的值。reg型数据的默认初始值是不定值。reg型数据可以赋正值，也可以赋负值。但当一个reg型数据是一个表达式中的操作数时，它的值被当作是无符号值，即正值。

integer型变量多用于表示循环变量，如用来表示循环次数等。每个integer型变量存储一个至少32位的整数值。integer型变量的定义与reg型变量相同。例如：

```
integer i,j;                     //定义两个整型变量i和j
```

integer型变量不能作为位向量访问。例如，对于上面的integer型变量i,i[6]和i[16:10]是非法的。

（3）memory型

Verilog通过对reg变量建立数组来对存储器建模，可以描述RAM存储器、ROM存储器和reg文件。数组中的每一个单元通过一个数组索引进行寻址。在Verilog语言中没有多维数组存在。memory型数据是通过扩展reg型数据的地址范围来生成的。其格式如下：

```
reg[n-1:0]存储器名[m-1:0];
```

或

```
reg[n-1:0]存储器名[m:1];
```

其中，reg[n-1:0]定义了存储器中每一个存储单元的大小，即该存储单元是一个n位的寄存器；存储器名后面的[m-1:0]或[m:1]则定义了该存储器中有多少个这样的寄存器。

例如：

```
reg [7:0] mema[255:0];
```

本例定义了一个名为mema的存储器，该存储器有256个8位存储器。该存储器的地址范围是0~255。一个由n个1位寄存器构成的存储器组是不同于一个n位的寄存器的，如：

```
reg [n-1:0] rega;                //一个n位的寄存器
reg mema [n-1:0];                //一个由n个1位寄存器构成的存储器组
```

一个n位的寄存器可以在一条赋值语句里进行赋值，而一个完整的存储器则不行，如：

```
rega = 0;                        //合法赋值语句
mema = 0;                        //非法赋值语句
```

如果想对memory中的存储单元进行读写操作，必须指定该单元在存储器中的地址，如：

```
mema[3] = 0;                     //给memory中的第3个存储单元赋值0
```

不允许对存储器进行位选择和域选择。不过可以首先将存储器的值赋给寄存器,然后对寄存器进行位选择和域选择。

习题

　　1. 下列标识符哪些是合法,哪些是错误的?

Cout,8sum,\a * b,_cout,\wait,initial, $ latch

　　2. Verilog 规定的几种基本逻辑值是什么?

　　3. reg 型和 wire 型变量有什么本质的区别? 如果 wire 型变量没有被驱动,其值是多少?

　　4. 由连续赋值语句(assign)赋值的变量能否是 reg 类型的?

　　5. 在 always 模块中被赋值的变量能否是 wire 类型的? 如果不能是 wire 类型,那么必须是什么类型的? 它们表示的一定是实际的寄存器吗?

　　6. 参数类型的变量有什么用处?

　　7. 能否对存储器进行位选择或域选择?

第13章

运算符与表达式

Verilog 提供了丰富的运算符,其运算符按其功能可分为算术运算符、关系运算符、等式运算符、逻辑运算符、位运算符、缩减运算符、条件运算符、移位运算符、拼接运算符等 9 类;如果按运算符所带操作数的个数来区分,可分为 3 类:单目运算符——运算符只带一个操作数,操作数放在运算符的右边;双目运算符——运算符可带两个操作数,操作数放在运算符的两边;三目运算符——运算符带 3 个操作数,这 3 个操作数用三目运算符分隔开。

13.1 算术运算符

常用的算术运算符有:

+:加法运算符或正值运算符,如 a+b,+3。

−:减法运算符或负值运算符,如 a−b,−3。

*:乘法运算符,如 a*3。

/:除法运算符,如 a/b。

%:模运算符或求余运算符,要求 % 两侧均为整数数据,如 7%3 的值为 1。

注意:

(1) 整数除法将截断所有小数部分,如 7/4 结果为 1。

(2) 模运算符将求出与第一操作数符号相同的余数,如 7%4 结果为 3,而−7%4 结果为−3。

(3) 如果算术运算符的操作数中出现 x 或 z,那么整个算术运算的运算结果为 x,如 'b10x1+'b1100 的结果为不确定数 'bxxxx。

13.2 关系运算符

关系运算符共有以下 4 种:

>:大于。

<：小于。

<＝：小于等于。

>＝：大于等于。

关系运算符是对两个操作数进行比较,如果比较结果为真,则结果为1,如果比较结果为假,则结果为0,关系运算符多用于条件判断。如果某个操作数中有 x 或 z,则关系是模糊的,返回是不定值 x;如果操作数的长度不同,那么长度较短的操作数在高位添 0 补齐。所有的关系运算符有着相同的优先级别。例如:

```
45 > 54                    //结果为假(0)
54 < 8'hxef                //结果为 x
'b1000 > = 'b01110         //结果为假(0)
```

13.3　等式运算符

等式运算符有 4 种:

＝＝:等于。

! ＝:不等于。

＝＝＝:全等。

! ＝＝:不全等。

这 4 种运算符都是双目运算符,得到的结果是逻辑值 1 或者是逻辑 0。"＝＝"和"! ＝"又称逻辑等式运算符,其结果由两个操作数的值决定,若操作数含有一位 x 或 z,则结果为不定值 x。"＝＝＝"和"! ＝＝"这两个运算符在对操作数进行比较时对某些位的不定值 x 和高阻值 z 也进行比较,两个操作数完全一致时,其结果才是 1,否则为 0,它常用于 case 表达式的判别,所以又称为"case 等式运算符"。例如:

```
opa = 'b11x0;
opb = 'b11x0;
```

那么:

```
opa === opb                //结果为真,其值为 1
opa == opa                 //结果为 x
```

如果运算符两端操作数的长度不相等,长度较小的操作数在高位添 0 补齐。例如:

```
2'b01 == 4'b0001           //结果为真
```

13.4　逻辑运算符

在 Verilog 语言中有 3 种逻辑运算符:

& &:逻辑与。

||：逻辑或。

!：逻辑非。

"&&"和"||"为双目运算符,它要求有两个操作数,如(a>b)&&(b>c),(a<b)||(b<c),"!"是单目运算符,只要有一个操作数,如!a。在逻辑运算符的运算中,若操作数是一位的,则逻辑运算的真值表如表13.1所示。

表 13.1　逻辑运算的真值表

a	b	!a	!b	a&&b	a||b
0	0	1	1	0	0
0	1	1	0	0	1
1	0	0	1	0	1
1	1	0	0	1	1

如果操作数不止一位,则应将操作数作为一整体来对待,即如果操作数全是0,则相当于逻辑0,但只要某一位是1,则操作数就应看做逻辑1。例如:

A = 'b0110   //A不全为0,则被当作逻辑1
B = 'b0011   //B不全为0,则被当作逻辑1

则:

A||B   //结果为1
A&&B   //结果为1
!A   //结果为0
!B   //结果为0

在逻辑运算中,如果任意一个操作数包含 x,其结果也为 x。逻辑运算符中"&&"和"||"的优先级别低于关系运算符,"!"高于算术运算符。

13.5　位运算符

位运算,即对两个操作数对应位分别进行逻辑运算。位运算符有5种:

~：取反(单目运算符)。

&：按位相与。

|：按位相或。

^：按位异或。

~^或^~：按位同或。

表13.2(a)、(b)、(c)、(d)、(e)所示为对于不同位运算符按位运算的结果。两个不同长度的数据进行位运算时,会自动地将两个操作数按右对齐,位数少的操作数会在高位添0补齐,例如:

'b0011 ^'b10000   //结果为'b10011

表 13.2　按位运算规则表

（a）按位与运算规则

&	0	1	x
0	0	0	0
1	0	1	x
x	0	x	x

（b）按位或运算规则

|	0	1	x
0	0	1	x
1	1	1	1
x	x	1	x

（c）按位异或运算规则

^	0	1	x
0	0	1	x
1	1	0	x
x	x	x	x

（d）按位同或运算规则

^~	0	1	x
0	1	0	x
1	0	1	x
x	x	x	x

（e）取反运算规则

~	结果
0	1
1	0
x	x

13.6　缩减运算符

缩减运算符包含以下几种：

&：缩位与。

~&：缩位与非。

|：缩位或。

~|：缩位或非。

^：缩位异或。

^~或~^：缩位同或。

缩减运算符是单目运算符，其运算规则类似于位运算规则，但其运算过程不同。位运算是对操作数的相应位进行运算，操作数是几位数，其运算结果也是几位数，而缩减运算则不同，缩减运算是对单个操作数进行递推运算，最后的运算结果是 1 位的二进制数。例如：

若 A＝5'b11001，则有：

```
&A = 0;                        //结果为 0
^~A = 1;                       //结果为 1
~|A = 0;                       //结果为 0
```

缩减异或运算符"^"可用于检查操作数中是否包含 x，例如：

```
data1 = 4'b01x1;
^data1 = x                     //结果为 x,说明操作数 data1 中包含有 x
```

13.7 条件运算符

条件运算符"?:"是一个三目运算符,可对 3 个操作数进行运算,其格式如下:

```
cond_eapr?expr1:expr2;
```

其中 cond_eapr 是条件表达式,其计算结果是真或假;expr1 和 expr2 是待选的执行表达式。如果 cond_eapr 为真,选择执行 expr1;如果 cond_eapr 为假,选择执行 expr2。如果 cond_eapr 为 x 或 z,那么两个待选择的表达式都要计算,然后把两个计算结果按位进行运算得到最终结果。例如:

```
out = (sel == 0)?a:b;          //如果 sel == 0 成立,则 out = a,否则 out = b
```

13.8 移位运算符

移位运算符是把操作数向左或向右移位若干位。移位运算符有 2 种:
a≪n:左移。
a≫n:右移。
Verilog 的移位运算符有两个操作数,a 代表要进行移位的数,n 代表要移位的次数。完成移位之后,因为移位而在操作数左端或右端出现的空位添 0。如果右侧操作数的值是 x 或 z,移位操作的结果为 x。例如:
若 A=5'b11001,则:

```
A≫2;          //结果为5'b00110,将 A 右移 2 位,用 0 添补移出的位
A≪2;          //结果为5'b00100,将 A 左移 2 位,用 0 添补移出的位
```

13.9 位拼接运算符

位拼接运算符:{ }。用这个运算符可将两个或多个信号的某些位拼接起来进行运算操作。其使用格式如下:

```
{信号 1 的某几位,信号 2 的某几位,…,信号 n 的某几位}
```

位拼接运算符是把某些信号的某些位详细地列出来,中间用逗号分开,最后用大括号括起来表示一个整体信号。例如:
若 A=1'b1,B=2'b10,C=2'b00,则

```
{B,C} = 4'b1000              //等同于将 B 和 C 全部位拼接起来
{A,B[1],C[0]} = 3'b110       //等同于将操作数 A 和 B 的第 1 位及 C 的第 0 位拼接起来
{A,B,C,3'b101} = 8'b11000101 //等同于将操作数 A、B、C 和 3'b101 拼接起来
```

对同一个操作数重复拼接可以使用双重大括号构成的运算符:{{ }},位拼接还可以用

嵌套的方式来表达,例如:

```
{4{A}} = 4'b1111
{2{A},2{B},C} = 8'b11101000
```

注意:参与拼接的操作数必须标明位宽。

13.10 优先级别

Verilog 的运算符优先级顺序如表 13.3 所示。

表 13.3   各运算符的运算级别

运　算　符	优　先　级　别
!　　～	
*　/　%	
+　－	
<<　>>	最高优先级别
<　<=　>　>=	
==　!=　===　!==	
&	
^　^～	最低优先级别
|	
&&	
||	
?:	

习题

1. 逻辑运算符与按位逻辑运算符有什么不同,它们各在什么场合使用?

2. 指出两种逻辑等式运算符的不同点。

3. 拼接符的作用是什么? 为什么说合理地使用拼接符可以提高程序的可读性和可维护性? 拼接符表示的操作其物理意义是什么?

4. 逻辑比较运算符小于等于"<="和非阻塞赋值符号"<="的表示是完全一样的,为什么 Verilog 在语句解释和编译时不会搞错?

5. 假设 A=4'b0101,B= A=4'b0111,按要求填写下列运算的结果:

(1) &A=　　　　　|A=　　　　　^A=　　　　　~^A=

(2) A&B=　　　　A|B=　　　　A^B=　　　　A~^B=

(3) A&&B=　　　A||B=　　　!A=

(4) {4{A},b[2]}=　　　{A[1],B[0],B}=

第14章

Verilog HDL行为语句

Verilog 支持许多高级行为语句,使其成为结构化和行为性的语言。它包括过程语句、块语句、赋值语句、条件语句、循环语句、编译预处理语句等,如表 14.1 所示。

表 14.1　Verilog HDL 行为语句

类　　别	语　　　句	是否综合
过程语句	initial	
	always	是
块语句	顺序块 begin-end	是
	并行块 fork-join	
赋值语句	连续赋值语句 assign	是
	过程赋值＝、<=	是
条件语句	if-else	是
	case、casex、casez	是
循环语句	for	是
	repeat	
	while	
	forever	
编译预处理语句	`define	是
	`include	是
	`timescale	
	`ifdef、`else、`endif	是

14.1　过程语句

Verilog 语言中的任何过程模块都从属于以下两种过程说明语句:

(1) initial 说明语句。

（2）always 说明语句。

一个程序模块可以有多个 initial 和 always 过程块。每个 initial 和 always 说明语句在仿真的一开始同时立即执行。initial 过程块中的语句只执行一次，而 always 块内的语句则是不断重复执行的，直到仿真过程结束。但 always 语句后跟着的过程块是否运行，则要看它的触发条件是否满足，如满足，则运行过程块一次，再次满足，则再运行一次。在一个模块中，使用 initial 和 always 语句的次数是不受限制的，它们都是同时开始运行的。always 过程语句是可综合的，在可综合的电路设计中广泛运用。

14.1.1 initial 过程语句

initial 语句的使用格式如下：

```
initial
  begin
      语句 1;
      语句 2;
        ⋮
  end
```

一个模块中可以有多个 initial 块，它们都是并行运行的，initial 块常用于测试文件和虚拟模块的编写，用来产生仿真测试信号和设置信号记录等仿真环境，它是面向模拟仿真的过程语句，通常不能被逻辑综合工具支持。

例 14.1 用 initial 过程语句对测试变量赋值。

```
module test;
reg a,b,c;
initial
  begin
    a = 0;b = 1;c = 0;
    #50 a = 1;b = 0;
    #50 a = 0.c = 1;
    #50 b = 1;
    #50 b = 0;c = 0;
    #50  $ stop;
  end
endmodule
```

这个例子对 a、b、c 进行了赋值，相当于描述了如图 14.1 所示的波形。

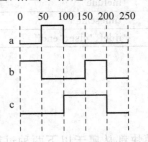

图 14.1　例 14.1 所定义的波形

例 14.2 用 initial 块对存储器变量赋初值。

```
initial
  begin
    for(addr = 0;addr < size;addr = addr + 1)
    memory[addr] = 0;                    //对 memory 存储器进行初始化
  end
```

这个例子中用 initial 语句在仿真开始时对各变量进行初始化,注意这个初始化过程不需要任何仿真时间,即在 0ns 时间内,便可以完成存储器的初始化工作。

14.1.2 always 过程语句

always 在仿真过程中是不断运行的,只要满足其触发条件,则运行过程块 1 次,如不断满足,则不断运行。其使用格式如下:

always <时序控制><过程语句>

时序控制形式可以是时延控制(即等待一个确定的时间),也可以是事件控制(即等待某一事件发生或某一条件为真)。always 语句由于其不断活动的特性,只有和一定的时序控制结合在一起才有用,如果没有时序控制,则这个 always 语句将会使仿真器产生死锁。例如:

例 14.3

always clk = ~clk;

这个 always 语句将会生成一个 0 时延的无限循环跳变过程,这时会产生仿真死锁。但如果加上时序控制,例如:

例 14.4

always #10 clk = ~clk;

这个 always 语句从时刻 0 开始,每隔 10 个单位时间把 clk 上的值翻转一次,这样就在 clk 上得到一个周期为 20 的周期波形。

例 14.3 和例 14.4 中的时序控制是时延控制,也可以是事件控制。其使用模板如下:

```
always @(事件控制表达式)
  begin
    过程语句;
  end
```

这里,事件控制表达式又称事件敏感列表,即等待确定的事件发生或某一特定的条件变为"真",它是执行后面过程赋值语句的条件。因此事件控制表达式应列出影响块内取值的所有信号。若有两个或两个以上信号时,它们之间用"or"连接。例如:

@(a)	//当信号 a 的值发生改变
@(a or b)	//当信号 a 或信号 b 的值发生改变
@(posedge clk)	//当 clk 的上升沿到来时
@(negedge clk)	//当 clk 的下降沿到来时
@(posedge clk or negedge rst)	//当 clk 的上升沿或 rst 的下降沿到来时

这里,posedge 为上升沿关键字,negedge 为下降沿关键字。

例 14.5 实现 4 选 1 数据选择器。

```
module mux4_1(out,in0,in1,in2,in3,sel);
input in0,in1,in2,in3;
input[1:0] sel;
output reg out;
always@(int or in1 or in2 or in3 or sel)  //敏感信号列表
    case(sel)
    2'b00:out = in0;
    2'b01:out = in1;
    2'b10:out = in2;
    2'b11:out = in3;
    default:out = 2'bx;
    endcase
endmodule
```

事件控制可以分为两种类型:一种为边沿敏感;另一种为电平敏感。例如:

```
always @(posedge clk or negedge clr)  //两个敏感信号都是边沿型
always @(a or b)                       //两个敏感信号都是电平敏感
always @(posedge clk or clr)           //不建议这样用,不宜将边沿敏感和电平敏感信号列在一起
```

另外电平敏感还可以使用关键字"wait",格式如下:

```
wait(condition)
    过程语句
```

其中,condition 是电平敏感事件。执行到 wait 时,检查 condition 定义的条件是否满足,如果满足就接着执行随后的过程语句;否则进入等待状态,直到条件满足为止。

例 14.6 两个使用 wait 的事件控制语句。

```
always
    wait(A > 12)       //等到 A 的值大于 12 时才执行
        A = 1;
always
    wait(en)           //等到 en 为真即 1 时才执行
        out = a;
```

若有两个或两个以上信号时,事件敏感列表中事件之间用"or"连接,也可以用逗号分隔敏感信号,例如:

```
always @(a or b)
always @(posedge clk or negedge clr)
```

可写为下面的形式:

```
always @(a , b)
always @(posedge clk , negedge clr)
```

在 always 过程块描述组合逻辑时,应在敏感信号列表中列出所有的输入信号,如果输入信号很多,那么编写敏感列表会很烦琐并且容易出错。针对这种情况,Verilog 提供了两

个特殊的符号：@ * 和@（ * ），它们都表示对其后面语句中所有输入信号的变化是敏感的。例如：

```
always @(a or b or cin)
  {cout,sum} = a + b + cin;
```

不用上述方法，用符号@（ * ）或@ * 来代替，可以把所有输入信号都自动包括进敏感列表。下面两种形式等同上述方法。

```
always @( * )
    {cout,sum} = a + b + cin;        //形式 1
always @ *
    {cout,sum} = a + b + cin;        //形式 2
```

一个模块中可以有多个 always 块，它们是并行运行的。如果这些 always 块是可以综合的，则表示的是某种结构；如果不可综合，则是电路结构的行为，因此多个 always 块并没有前后之分。

14.2　块语句

块语句的作用是将多条语句合并成一组，使它们像一条语句那样。Verilog 语言中的块语句有顺序块和并行块。块语句是由顺序块标识符 begin-end 或并行块 fork-join 界定的一组语句，当块语句只包含一条语句时，块标识符可以缺省。

14.2.1　顺序块

处于顺序块中的语句按书写顺序依次执行，其语法格式如下：

```
begin: 块名
        块内声明语句
        语句 1;
        语句 2;
        ⋮
        语句 n;
end
```

顺序块具有以下特点：

（1）顺序块中的语句是一条接着一条按顺序执行的，只有前面的语句执行完成之后才能执行后面的语句（除了带有内嵌延迟控制的非阻塞赋值语句）；

（2）如果语句包括延迟或事件控制，那么延迟总是相对于前面那条语句执行完成的仿真时间的。

例 14.7　顺序块。

```
//顺序块 1
reg a,b,c;
initial
begin
```

```
    b = a;
    c = b;
end
//顺序块 2：带延迟的顺序块
reg a;
initial
begin
    a = 1'b0;              //在仿真时刻 0 完成
  # 5 a = 1'b1;            //在仿真时刻 5 完成
  # 5 a = 1'b0;            //在仿真时刻 10 完成
  # 5 a = 1'b1;            //在仿真时刻 15 完成
  # 5 a = 1'b0;            //在仿真时刻 20 完成
  # 5 a = 1'b1;            //在仿真时刻 25 完成
  # 5 $ stop;             //在仿真时刻 30 模拟停止
end
```

顺序块 2 可产生一段周期为 10 个时间单位的信号波形。

14.2.2　并行块

并行块 fork-join 中的所有语句是并发执行的,其语法格式如下:

```
fork: 块名
      块内声明语句
      语句 1;
      语句 2;
       ⋮
      语句 n;
join
```

并行块具有以下特点:
(1) 块内语句并行执行,块内各语句的顺序是任意的;
(2) 语句执行的顺序是由各自语句内延迟或事件控制决定的;
(3) 语句中的延迟或事件控制是相对于块语句开始执行的时刻而言的。

顺序块和并行块之间的根本区别在于:当控制转移到块语句的时刻,并行块中所有的语句同时开始执行,语句之间的先后顺序是无关紧要的。例 14.7 带有延迟的顺序块可用例 14.8 带有延迟的并行块来代替,在两个例子中,除了在仿真 0 时刻开始执行以外,仿真结果是完全相同的。

例 14.8　并行块。

```
//并行块：带有延迟的并行块
reg a;
initial
fork
    a = 1'b0;              //在仿真时刻 0 完成
  # 5 a = 1'b1;            //在仿真时刻 5 完成
  # 10 a = 1'b0;           //在仿真时刻 10 完成
  # 15 a = 1'b1;           //在仿真时刻 15 完成
  # 20 a = 1'b0;           //在仿真时刻 20 完成
```

```
 #25 a = 1'b1;                      //在仿真时刻 25 完成
 #30 $ stop;                        //在仿真时刻 30 模拟停止
join
```

14.2.3　块语句的特点

块语句具有各自特点：嵌套块,命名块和命名块的禁用。

1. 嵌套块

块可以嵌套使用,顺序块和并行块能够混合在一起使用,例如:

例 14.9　嵌套块。

```
//嵌套块
initial
begin
  a = 1'b1;
  fork #5 b = 1'b0
      #10 c = {x,y};
  join
end
endmodule
```

2. 命名块

块可以具有自己的名字,即命名块。命名块的特点:

(1) 命名块中可以声明局部变量;

(2) 命名块是设计层次的一部分,命名块中声明的变量可以通过层次名引用进行访问;

(3) 命名块可以禁用,例如停止其执行。

例 14.10　显示命名块和命名块的层次引用。

```
//命名块
module t;
initial
begin:b1                            //名字为 b1 的顺序命名块
  integer i;                        //整型变量 i 是 b1 命名块的静态本地变量
                                    //可以用层次名 t.b1.i 被其他模块访问
  ⋮
end
```

Verilog 通过关键字 disable 提供了一种中止命名块执行的方法。disable 可以用来从循环中退出、处理错误条件以及根据控制信号来控制某些代码是否被执行。对块语句的禁用导致紧接在后面的那条语句被执行,相当于 C 语言中的 break。

例 14.11　命名块的禁用。

```
//从 flag 的低位开始查找到第一个值为 1 的位
reg [15:0]flag;
integer i;
initial
```

```
begin
  flag = 16'n0011_1011_0000_0000;
  i = 0;
  begin:b1                                   //while循环声明中的主模块是命名块 b1
    while(i < 16)
    begin
      if(flag[i])
        begin
          $ display("Encountered a TRUE bit at element number % d",i);
          disable b1;                        //在 flag 中找到了值为 1 的位,禁用 b1
        end
      i = i + 1;
    end
  end
end
```

14.3　赋值语句

Verilog 有以下两种赋值方式和赋值语句。

14.3.1　连续赋值语句

连续赋值语句用于对 wire 型变量进行赋值,它由关键词 assign 开始,后面跟着由操作数和运算符组成的表达式。可以使用连续赋值语句来描述组合逻辑,而不需要用门电路相互连线。关键字 assign 用来区分连续赋值语句和过程赋值语句。连续赋值语句不能出现在 always 和 initial 内。

例 14.12　连续赋值方式定义的 2 选 1 多路选择器。

```
module mux2_1(out,a,b,sel);
input a,b,sel
output out;
assign out = (sel == 0)?a:b;                 //如果 sel 为 0,则 out = a; 否则 out = b
endmodule
```

例 14.13　连续赋值方式定义的 4 位全加器。

```
module b_adder(a,b,cin,sum,cout);
input [3:0]a,b;
input cin;
output [3:0]sum;
output cout;
assign {cout,sum} = a + b + cin;
endmodule
```

14.3.2　过程赋值语句

过程赋值语句多用于对 reg 变量赋值。过程赋值语句有阻塞赋值和非阻塞两种方式。

1. 阻塞赋值方式

阻塞赋值符号为"＝"，如：

b = a;

阻塞赋值在该语句结束时就被立即完成赋值操作，即 b 的值在该条语句结束后立刻改变。如果在一个块语句中，有多条阻塞赋值语句，那么在前面的赋值语句没有完成之前，后面的语句不能被执行，仿佛被阻塞了一样，因此称为阻塞赋值方式。

例 14.14

```
begin
  b = a;
  c = b + 1;
end
```

例 14.14 执行过程：在 clk 的上升沿作用下，首先执行第一条语句，将 a 的值赋给 b，接着执行第二条语句，将 b 的值（等于 a 值）加 1 并赋给 c，执行完后，c 的值为 a＋1。

2. 非阻塞赋值语句

非阻塞赋值符号为"＜＝"，如：

b <= a;

非阻塞赋值语句的执行过程是：首先计算语句块内部所有右边表达式的值，然后完成对左边寄存器变量的赋值操作，这些操作是并行执行的，即 b 的值并不是立即改变的。

例 14.15

```
begin
    b <= a;
    c <= b + 1;
end
```

例 14.15 执行过程：在 clk 的上升沿作用下，首先计算所有表达式右边的值并分别存储在暂存器中，即 a 的值被保存在一个暂存器中，而 b＋1 的值被保存在另一个暂存器中，在 begin-end 之间所有非阻塞型赋值语句的右边表达式都被同时计算并存储后，对左边寄存器变量的赋值操作才会进行。这样，c 的值为 b 的原始值（而不是 a 的赋值）加 1。

阻塞赋值语句与非阻塞赋值语句的主要区别是完成赋值操作的时间不同，前者的赋值操作是立即执行的，即执行后一句时，前一句的赋值已经完成；而后者的赋值操作要到顺序块内部的多条非阻塞型赋值语句运算结束时，才同时并行完成赋值操作，一旦赋值操作完成，语句块的执行也就结束了。

为区分非阻塞赋值与阻塞赋值的区别，可看下面两例：

例 14.16　非阻塞赋值。

```
module non_block(a,b,c,clk);
input a,clk;
output b,c;
reg b,c;
```

```
always @(posedge clk)
  begin
    b <= a;
    c <= b;
  end
endmodule
```

例 14.17　阻塞赋值。

```
module non_block(a,b,c,clk);
input a,clk;
output b,c;
reg b,c;
always @(posedge clk)
  begin
    b = a;
    c = b;
  end
endmodule
```

将例 14.16 和例 14.17 两段代码用 QuartusⅡ软件进行综合和仿真,分别得到波形图,如图 14.2 和图 14.3 所示。

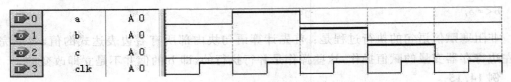

图 14.2　例 14.16 非阻塞赋值时序仿真波形图

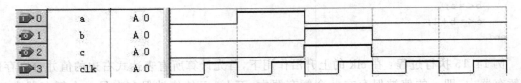

图 14.3　例 14.17 阻塞赋值时序仿真波形图

从图 14.2 和图 14.3 中可看出二者的区别:对于非阻塞赋值,c 的值落后 b 的值一个时钟周期,这是因为该 always 块中两条语句是同时执行的,因此每次执行完毕后,b 的值得到更新,而 c 的值仍是上一时钟周期的 b 值。对于阻塞赋值,c 的值和 b 的值一样,因为 b 的值是立即更新的,更新后又赋给了 c,因此 c 与 b 的值相同。

例 14.16 和例 14.17 综合后的电路分别如图 14.4 和图 14.5 所示。

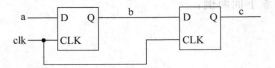

图 14.4　例 14.16 非阻塞赋值综合后的电路图

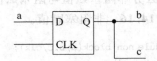

图 14.5　例 14.17 阻塞赋值综合后的电路图

在可综合的电路设计中,需要注意:时序电路建模时,用非阻塞赋值;用 always 块建立组合逻辑模型时,用阻塞赋值;在同一个 always 块中建立时序和组合逻辑电路时,用非阻塞赋值;在同一个 always 块中不要既用非阻塞赋值又用阻塞赋值;不要在一个以上的 always 块中为同一变量赋值;在赋值时不要使用♯0延迟。

14.4　条件语句

条件语句有 if-else 语句和 case 语句两种。条件语句必须在过程块语句中使用,即在 initial 或 always 语句引导的语句集合中使用,除这两种块语句引导的 begin-end 块中可以编写条件语句外,模块中的其他地方都不能编写。

14.4.1　if 语句

if 语句用来判定所给定的条件是否满足,是最常用的 2 选 1 条件判断结构,根据判定的结果决定执行给出的两种操作之一。Verilog 语言提供了 3 种形式的 if 语句:

(1) if-else 组合的结构,例如:

```
if(表达式)                    //二重选择的 if 语句
    语句 1;
else
    语句 2;
```

(2) 只有一条 if 语句的结构,例如:

```
if(表达式)                    //非完整性 if 语句
  语句
```

(3) if-else if-else 组合的结构,例如:

```
if(表达式 1)                  //多重选择的 if 语句
    语句 1;
else if(表达式 2) 语句 2;
else if(表达式 3) 语句 3;
⋮
else if(表达式 m) 语句 m;
else 语句 n;
```

在第 3 种结构中,最后一个 else 不能缺少。这 3 种形式的 if 语句后面都有表达式,一般为逻辑表达式或关系表达式。系统对表达式的值进行判断,若为 $0, x, z$,按假处理;若为 1,按真处理,执行指定的语句。if 语句是有优先级的,只要排在前面某个分支的条件满足就会执行那个分支,然后跳过整个 if 结构,另外,如果某个分支内的过程语句多于一条,应把它们放在 begin-end 块内,例如:

```
if (a > b)
    begin
      out1 = a;
      out2 = b;
```

```
        end
    else
        begin
            out1 = b;
            out2 = a;
        end
```

if 语句可以嵌套使用。在 if 语句中又包含一个或多个 if 语句称为 if 语句的嵌套。例如：

```
if(in1)
    begin
        if(~in2)
            out = 4'd2'
        else
            out = 4'd1;
    else
    begin
        if(~in2)
            out = 4'd8;
        else
            out = 4'd4;
    end
```

应当注意 if 与 else 的配对关系，else 总是与它上面最近的 if 配对。如果 if 与 else 的数目不一样，为了实现程序设计者的目的，可以用 begin-end 块语句来确定配对关系。例如：

```
if(表达式 1)
    begin
    if(表达式 2) 语句 1; (内嵌 if)
    end
else
    语句 2;
```

例 14.18 条件语句举例。

```
//第二种形式语句
if(en) out = 8'b11111111;

//第一种形式语句
if(rst)
    Q = 0;
else
    Q = D;

//第三种形式语句
if(sel == 0)
    y = a + b;
else if(sel == 1)
    y = a - b;
else if(sel == 2)
    y = a * b;
```

else y = a;

14. 4. 2 case 语句

case 语句是一种多分支选择语句,if 语句只有两个分支可供选择,而实际问题中常常需要用到多分支选择。Verilog 语言提供的 case 语句直接处理多分支选择。其语法形式如下:

```
case(控制表达式)
    分支表达式{,case 分支表达式}: 语句;
        ⋮
    default: 语句
endcase
```

控制表达式是条件表达式,用于检查后面分支表达式的值是否和它相符。分支表达式中"{,case 分支表达式}"是可选项,表示在同一个分支内可以出现多个分支项,彼此之间只需用逗号隔开就可以了,这表明可以在多种情况下只执行一个分支。当控制表达式的值与分支表达式的值相等时,就执行分支表达式后面的语句。如果所有的分支表达式的值都没有与控制表达式的值相匹配,就执行 default 后面的语句。default 项可有可无,一个 case 语句中里只准有一个 default 项,它包含了所有未定义的分支。例如:

例 14. 19 BCD 码-7 段数码管译码器。

```
module decode_7(a,b,c,d,e,f,g,D);
input [3:0]D;                              //输入四位 BCD 码
output a,b,c ,d,e,f,g,;
reg a,b,c ,d,e,f,g,;
always @( * )                             //使用通配符
  begin
    case(D)                               //用 case 语句进行译码
    4'd0:{a,b,c,d,e,f,g } = 7'b1111110;   //显示 0
    4'd1:{a,b,c,d,e,f,g } = 7'b0110000;   //显示 1
    4'd2:{a,b,c,d,e,f,g } = 7'b1101101;   //显示 2
    4'd3:{a,b,c,d,e,f,g } = 7'b1111001;   //显示 3
    4'd4:{a,b,c,d,e,f,g } = 7'b0110011;   //显示 4
    4'd5:{a,b,c,d,e,f,g } = 7'b1011011;   //显示 5
    4'd6:{a,b,c,d,e,f,g } = 7'b1011111;   //显示 6
    4'd7:{a,b,c,d,e,f,g } = 7'b1110000;   //显示 7
    4'd8:{a,b,c,d,e,f,g } = 7'b1111111;   //显示 8
    4'd9:{a,b,c,d,e,f,g } = 7'b1111011;   //显示 9
    default:{a,b,c,d,e,f,g } = 7'b1111110; //其他均显示 0
    endcase
  end
endmodule
```

例 14. 20 用 case 语句描述一个下降沿触发的 JK 触发器。

```
module JK_ff(clk,j,k,q);
input clk,j,k;
output reg q;
```

```
always @(negedge clk)
  begin
    case({j,k})
    2'b00:q <= q;                    //保持
    2'b01:q <= 1'b0;                 //置0
    2'b10:q <= 1'b1;                 //置1
    2'b11:q <= ~q;                   //翻转
    endcase
  end
endmodule
```

每一个 case 分项的分支表达式的值必须互不相同,否则会出现问题,即对表达式的同一个值,将出现多种执行方案,产生矛盾;执行完 case 分项后的语句,则跳出 case 语句结构,终止 case 语句的执行。在用 case 语句表达式进行比较的过程中,只有当信号对应位的值能明确进行比较时,比较才能成功。因此,要注意详细说明 case 分项的分支表达式的值;case 语句的所有表达式值的位宽必须相等,只有这样,控制表达式和分支表达式才能进行对应位的比较;case 语句是按顺序检查的。

casez 和 casex 语句是 case 语句的两种变体,在 casez 语句中,如果表达式某些位的值为高阻 z,那么对这些位的比较就不予考虑,因此只需关注其他位的比较结果。而在 casex 语句中,则把这种处理方式进一步扩展到对 x 的处理,即如果比较的双方有一方的某些位的值是 x 或 z,那么这些位的比较就不予考虑。此外,还有一种标识 x 或 z 的方式,即用表示无关值的符号"?"来表示,例如:

例 14.21 用 casez 描述的数据选择器。

```
module mux_casez(out,a,b,c,d,sel);
input a,b,c,d;
input[3:0] sel;
output reg out;
always@(*)
  begin
    casez(sel)
    4'b???1:out = a;
    4'b??1?:out = b;
    4'b?1??:out = c;
    4'b1???:out = d;
    endcase
  end
endmodule
```

在使用多条件分支语句时,需注意列出所有分支,否则,编译器认为条件不满足时,会引进一个锁存器保持原值。

例 14.22 隐含锁存器的 if 例子及修改。

在例 14.22 进行仿真时,if 语句保证了只有当 a 为 1 时,q 才为 d,那么当 a 为 0 时会怎么样呢? 在 always 块内,如果在给定的条件下变量没有赋值,这个变量将保持原值,也就是说会生成一个锁存器。在图 14.6 右边的 always 块,在 if 语句结构中加上了 else,这样整个程序模块综合后,不会生成锁存器。

```
always@(a or d)          always@(a or d)
  begin                    begin
   if(a) q = d;             if(a) q = d;
  end                       else q = 0;
                          end

有锁存器                   无锁存器
```

图 14.6　隐含锁存器及修改后无锁存器的 if 语句

例 14.23　隐含锁存器的 case 例子。

例 14.23 与例 14.22 类似,在图 14.7 左边框中,如果 sel 取 00 和 11 以外的值时 q 将赋予什么值? 在图左边框中的 Verilog 写的例子中,因为没有 default 分支语句,所以默认为 q 保持原值。因此在综合后的电路中就会自动生成锁存器。右边例子的代码中,case 语句有 default 项,明确指明了如果 sel 不取 00 或 11 时,应赋予 q 的值,因此综合后不会生成锁存器。

```
always@(sel or a or b)        always@(sel or a or b)
  case(sel)                     case(sel)
   2'b00:q <= a;                 2'b00:q <= a;
   2'b11:q <= b;                 2'b11:q <= b;
  endcase                        default:q <= 'b0;
                               endcase

有锁存器                       无锁存器
```

图 14.7　隐含锁存器及修改后无锁存器的 case 语句

if 条件语句没有 else 项或 case 多条件分支语句没有 default 项,称为不完整条件分支语句,这一点可用于设计时序电路,例如计数器的设计中,条件满足则加 1,否则保持不变;而在组合电路设计中,应避免这种隐含锁存器的存在。为包含所有分支,可在 if 语句最后加上 else,而在 case 语句最后加上 default 语句,这样就可以避免发生这种错误,使设计者更加明确目标,同时也增强了 Verilog 程序的可读性。

14.5　循环语句

在 Verilog HDL 中存在 4 种类型的循环语句,用来控制语句的执行次数,这 4 种语句分别为:

(1) forever:连续地执行;多用在 initial 块中,以生成时钟等周期性波形。

(2) repeat:连续执行一条语句 n 次。

(3) while:执行一条语句直到某个条件不满足。

(4) for:有条件的循环语句。

14.5.1　forever 语句

forever 语句的使用格式如下:

```
forever  begin
```

```
        语句或语句块;
      end
```

forever 循环语句常用于产生周期性的波形,用来作为仿真测试信号。它与 always 语句不同之处在于不能独立写在程序中,而必须写在 initial 块中。

14.5.2 repeat 语句

repeat 语句的使用格式如下:

```
repeat(循环次数表达式) begin
                语句或语句块;
            end
```

在下面的例子中,利用 repeat 循环语句和移位运算符实现了两个 8 位二进制乘法。

例 14.24 用 repeat 实现 8 位二进制的乘法。

```
module mult_repeat(result,a,b);
parameter size = 8;
input [size:1]a,b;
output [2*size:1] result;
reg [2*size:1] result,shift_a,shitf_b;
always@(a or b )
  begin
    result = 0;shift_a = a;shift_b = b;
    repeat(size)                        //size 为循环次数
      begin
      if(shift_b[1])                    //如果 shift_b 的最低位为 1,就执行下面的加法
      result = result + shift_a;
      shift_a = shift_a << 1;           //被乘数 a 左移一位
      shift_b = shift_b >> 1;           //乘数 b 右移一位
      end
    end
endmodule
```

14.5.3 while 语句

while 语句的使用格式如下:

```
while(循环执行条件表达式) begin
                语句或语句块
            end
```

while 语句在执行时,首先判断循环执行条件表达式是否为真,若为真,执行后面的语句或语句块,然后再次判断循环执行条件表达式是否为真,若为真,再执行一遍后面的语句,如此不断,直到条件表达式不为真。因此在执行该语句中,必须有一条改变循环执行条件表达式的值的语句。

例 14.25　对某个 8 位二进制数中值为 1 的位进行计数。

```
module counter(count,a);
input[7:0]a;
output reg[3:0]count;
reg[8:1]at;
reg[3:0]ct;
always@(a)
  begin
    at = a;
    count = 0;
    ct = 8;
    while(ct > 0)begin
      if(at[1])count = count + 1;
      begin ct = ct − 1;at = at ≫ 1;end
    end
  end
endmodule
```

14.5.4　for 语句

for 语句的使用格式如下:

```
for(循环变量初值; 循环结束条件; 循环变量增值)
语句;
```

先给出循环变量初值,然后根据循环结束条件进行判断,若其值为真,则执行 for 语句中指定的内嵌语句,最后循环变量增值,继续根据循环结束条件判断增值以后的变量值,直到变量为假,结束循环,执行 for 语句下面的语句。例如,用 for 语句来实现前面例 14.24 的 8 位二进制乘法。

例 14.26　用 for 语句实现 2 个 8 位二进制乘法。

```
module mult_for(result,a,b);
parameter size = 8;
input [size:1]a,b;
output [2 * size:1] result;
reg [2 * size:1] result;
integer i;
always@(a or b )
  begin
    result <= 0;
    for(i = 1;i < size;i = i + 1)          //size 为循环次数
      if(b[i])                             //如果 shift_b 的最低位为 1,就执行下面的加法
        result = result + (a ≪ 1);
  end
endmodule
```

for 循环语句实际相当于采用 while 循环语句建立以下的循环结构:

```
begin
  循环变量赋初值
  while(循环结束条件)
```

```
begin
    执行语句;
    循环变量增值;
    end
end
```

这样对于需要 8 条语句才能完成的一个循环控制,for 循环语句只需两条即可。

14.6　编译预处理语句

编译预处理语句是 Verilog HDL 编译系统的一个组成部分。在编译时,通常先对这些语句进行预处理,然后将预处理的结果和源程序一起进行通常的编译处理。在 Verilog HDL 语言中,为了和一般的语句相区别,这些预处理语句以符号"'"开头,这个符号位于主键盘左上角,其对应的上键盘字符为"～",这个符号不同于单引号"'"。这种预处理语句的有效作用范围为定义命令之后到本文件结束或到其他命令定义替代该命令之处。Verilog HDL 提供了十几条编译预处理语句:'accelerate,'autoexpand_vectornets,'celldefine,'default_nettype,'define,'else,'endcelldefine,'endif,'endprotect,'endprotected,'expand_vectornets,'ifdef,'include,'noaccelerate,'noexpand_vectornets,'noremove_gatenames,noremove_netnames,'nounconnected_drive,'protect,'protecte,'remove_gatenames,'remove_netnames,'reset,'timescale,'unconnected_drive。

下面对常用的'define,'include,'timescale 等进行介绍。

14.6.1　宏替换'define

'define 语句用于将一个简单的标志符代替一个复杂的名字或字符串,其一般形式为:

'define　标识符(宏名)　字符串(宏内容)

如:

'define result ina + inb + inc + ind

它的作用是指定标识符 result 来代替 ina+inb+inc+ind,在编译预处理时,把程序中在该命令以后所有的 result 都替换成 ina+inb+inc+ind。这种方法使用户能以一个简单的名字替代一个字符串或用一个有含义的名字来代替没有含义的数字和符号。例如:

'define BYTESIZE 8
reg['BYTESIZE:1] busdata;

关于宏替换的几点说明:

(1) 宏名可以用大写字母表示,也可以用小写字母表示。建议使用大写字母,以与变量名相区别。

(2) 在引用已定义的宏名时,必须在宏名的前面加上符号"'",表示该名字是一个宏定义的名字。

(3) 宏定义的语句末不加分号。如果加了分号会连分号一起进行替换。

(4) 'define 命令可以出现在模块定义里面,也可以出现在模块定义外面。通常,'define

命令写在模块定义的外面,作为程序的一部分,在此程序内有效。

(5) 采用宏定义,可以简化程序的书写,也便于修改。

(6) 在进行宏定义时,可以引用已定义的宏名,可以层层置换。

(7) 宏名和宏内容必须在同一行中进行声明。

例 14.27

```
module test;
  reg a,b,c;
  wire out;
  'define aa a + b
  'define cc c + 'aa
    assign out = 'cc;
endmodule
```

例 14.28

```
module
  'define typ_nand nand #5          //定义 typ_nand 为延时 5 个单位时间与非门
    'typ_nand g1(q2,n10,n11);
    ⋮
endmodule
```

例 14.27 中在进行宏定义时引用了已定义的宏名,例 14.28 经过展开后,该语句为:

```
nand #5 g1(q2.n10,n11);
```

注释行不会作为被置换的内容。

14.6.2 文件包含 'include

文件包含处理是一个源文件可以将另外一个源文件的全部包含进来,即将另一个文件包含在本文件之中。其格式为:

```
'include "文件名"
```

使用'include 语句应注意以下几点:

(1) 一个'include 语句只能指定一个被包含的文件。

(2) 'include 语句可以出现在源程序的任何地方,被包含的文件若与包含文件不在同一个子目录下,必须指明其路径名。

(3) 文件包含允许多重包含,如果文件 1 包含文件 2,而文件 2 要用到文件 3 的内容,则可以在文件 1 用两个'include 命令分别包含文件 2 和文件 3,而且文件 3 应出现在文件 2 之前。

(4) 'include 语句一般只用于仿真,多数综合器并不支持该语句。

例 14.29 文件的包含。

文件 ex1.v 的内容:

```
module ex1(a,b,out);
input a,b;
output out;
wire out;
assign out = a ^ b;
```

```
endmodule
```

文件 ex2.v 的内容：

```
'include "ex1.v"
module ex2(c,d,e,out);
input c,d,e;
output out;
wire out_a;
wire out;
ex1 aaa(.a(c),.b(d),.out(out_a));
assign out = e&out_a;
endmodule
```

在本例中，文件 ex2.v 用到了 ex1.v 中的模块 ex1 的实例模块，通过文件包含处理来调用，模块 ex1 实际上是作为模块 ex2 的子模块来被调用的。在经过编译预处理后，文件 ex2.v 实际相当于下面的程序文件 ex2.v：

```
module ex1(a,b,out);
input a,b;
output out;
wire out;
assign out = a^b;
endmodule

module ex2(c,d,e,out);
input c,d,e;
output out;
wire out_a;
wire out;
ex1 aaa(.a(c),.b(d),.out(out_a));
assign out = e&out_a;
endmodule
```

14.6.3　时间尺度 'timescale

在 Verilog HDL 模型中，所有时延都用单位时间表述。'timescale 命令用来说明该命令后的模块的时间单位和时间精度。'timescale 命令的格式如下：

```
'timescale<时间单位>/<时间精度>
```

在该命令中，时间单位是用来定义模块中仿真时间和延迟时间的基准单位。时间精度用来声明该模块的仿真时间的精确程度，该参量用来对延迟时间值进行取整操作，因此又称该参量为取整精度。时间精度值不能大于时间单位值。在'timescale 命令中，用于说明时间单位和时间精度值的数字必须是整数，其有效数字为 1,10,100，单位为秒(s)、毫秒(ms)、微秒(μs)、纳秒(ns)、皮秒(ps)、飞秒(fs)。

例 14.30

```
'timescale 1ns/100ps
module andfunc(y,a,b);
input a,b;
```

```
output y;
and #(5.22,6.17) A1(y,a,b);
endmodule
```

在本例中,编译指令定义时延 1ns 为单位时间,时延精度为 1/10ns 即 100ps。因此,在模块 andfunc 中,所有的时间值应为 1ns 的整数倍,且以 0.1ns 为时间精度。时延值 5.22 对应 5.2ns,时延值 6.17 对应 6.2ns。如果用下面的 'timescale 编译指令代替上例中的编译指令,

```
'timescale 10ns/1ns
```

那么 5.22 对应 52ns,6.17 对应 62ns。

'timescale 编译指令在模块说明外部出现,并且影响后面所有的时延值,直至遇到另一个 'timescale 或 'resetall 指令。

14.6.4 条件编译 'ifdef、'else、'endif

条件编译是指当满足条件时对一组语句进行编译,而当条件不满足时则编译另一部分。条件编译命令有如下两种使用形式:

(1) 'ifdef 宏名

```
  语句块
'endif
```

这种形式的意思是:若宏名在程序中被定义过(用 'define 语句定义),则紧跟着的语句块参与源文件的编译,否则,该语句块将不参与源文件的编译。

(2) 'ifdef 宏名

```
  语句块 1
'else
  语句块 2
'endif
```

这种形式的意思是:若宏名在程序中被定义过(用 'define 语句定义),则语句块 1 将参与源文件的编译,否则,语句块 2 将参与源文件的编译。

例 14.31 条件编译举例。

```
module compile(out,a,b);
input a,b;
output out;
'ifdef add                      //宏名 add
  assign out = a + b;
'else
  assign out = a - b;
'endif
endmodule
```

在本例中,如果在程序中定义了"'define add",则执行"assign out＝a＋b;"操作,若没有该语句,则执行"assign out＝a－b;"操作,默认情况下,则执行"assign out＝a－b;"操作。

'ifdef 指令可出现在设计的任何地方。设计者可以有条件地编译语句、模块、语句块、

声明和其他编译指令。'else 指令是可选项。一个 'else 指令最多可以匹配一个 'ifdef。一个 'ifdef 可以匹配任意数量的 'elsif 命令。'ifdef 总是用相应的 'endif 来结束。

14.7 任务与函数

task 和 function 说明语句分别用来定义任务和函数,利用任务和函数可以把一个大的程序模块分解成许多小的任务和函数,以便调试,并且简化程序结构,使程序明白易懂。

14.7.1 任务与函数结构之间的差异

任务和函数主要的不同有以下几点:

(1) 一个任务可以含有时间控制结构,而函数则没有,即任何用 #、@,或 wait 来标识的语句,它只能与主模块共用一个仿真时间单位。

(2) 一个任务可以有输入和输出变量,而一个函数必须至少有一个输入量,没有任何输出量,函数结构通过自身的名字返回一个值,而任务则不返回值。

(3) 任务块的引发是通过一条语句,而函数只有当它被引用在一表达式中时才会生效。即 Verilog HDL 模块使用函数时是把它当作表达式中的操作符,这个操作的结果值就是函数的返回值。

(4) 函数不能启动任务,而任务能启动其他任务和函数。

14.7.2 任务

任务(task)定义如下:

```
task <任务名>;        //注意无端口列表
    <端口及数据类型声明语句>
    <语句 1>
    <语句 2>
    ⋮
    <语句 n>
endtask
```

任务调用的格式如下:

```
<任务名>(端口 1,端口 2, … ,端口 n);        //任务调用和定义时的端口变量要一一对应
```

例 14.32 任务举例。

```
module alutask(code,a,b,c);
input [1:0]code;
input[3:0] a,b;
output reg [4:0]c;
task my_and;                        //任务定义,无端口列表
    input [3:0] a,b;                //a,b,out 名称的作用域范围为 task 任务内部
    output [4:0]out;
    integer i;
        begin
```

```
            for(i = 3;i > = 0;i = i - 1)
                out[i] = a[i]&b[i];              //按位与
            end
    endtask
    always@(code or a or b)
    begin
        case(code)
        2'b00:my_and(a,b,c);      /*调用任务 my_and,需注意端口列表的顺序与任务定义时一致,
                                     这里的 a,b,c 分别对应任务定义中的 a,b,out */
        2'b01:c = a|b;                           //或
        2'b10:c = a - b;                         //相减
        2'b11:c = a + b;                         //相加
        endcase
    end
endmodule
```

　　任务是通过调用来执行的,而且只有在调用时才执行,如果定义了任务,但在整个程序中都没有调用它,那么这个任务是不会执行的。调用某个任务时可能需要它处理某些数据并返回操作结果,所以任务应当有接收数据的输入端和返回数据的输出端。在使用任务时,应注意:

　　(1)任务定义与调用须在一个模块内。

　　(2)定义任务时,没有端口列表,但需要紧接着进行输入/输出端口和数据类型的说明。

　　(3)当任务被调用时,任务被激活。任务调用与模块调用一样通过任务名调用实现。

　　(4)一个任务可以调用别的任务和函数,可以调用的任务和函数不受限制。

14.7.3　函数

　　函数(function)定义与任务定义一样,可以出现在模块内的任何位置,其形式如下:

```
function <返回值的类型或范围>(函数名);
    <端口说明语句>
    <端口类型说明语句>
    begin
    <语句 1>
    <语句 2>
        ⋮
    <语句 n>
    end
endfunction
```

　　其中,<返回值的类型或范围>是可选项,如默认,则返回值为一位寄存器类型数据。函数的定义蕴含声明了与函数同名的、函数内部的寄存器。在函数定义时,将函数返回值所使用的寄存器名称设为与函数同名的内部变量,因此函数名被赋予的值是函数的返回值。

　　函数的调用是通过将函数作为表达式中的操作数来实现的,调用格式如下:

```
<函数名>(<表达式>, …,<表达式>)
```

　　例 14.33　阶乘函数的定义和调用。

```
module fact_func(clk,n,result,rst);
```

```
input rst,clk;
input[3:0] n;
output reg[31:0] result;
always @(posedge clk)
    begin
        if(!rst) result <= 0;
        else result <= 2 * factorial(n);      //调用 factorial 函数
    end
function[31:0] factorial;                      //阶乘函数定义(无端口列表)
input[3:0] a;
reg[3:0] i;
begin
    factorial = a?1:0;
    for(i = 2;i <= a;i = i + 1)
        factorial = i * factorial;             //阶乘运算
end
endfunction
endmodule
```

在使用函数时,应注意:

(1) 函数定义与调用须在一个模块内。

(2) 函数只允许有输入变量且必须至少有一个输入变量,输出变量由函数名本身担任。

(3) 定义函数时,没有端口列表,但调用时,需列出端口名列表,端口名的排序和类型必须与定义时一致,这一点与任务相同。

(4) 函数不能调用任务,而任务可以调用别的任务和函数,且调用任务和函数个数不受限制。

14.7.4 常用的系统任务和函数

Verilog HDL 提供了一些已经定义好的任务和函数,即系统任务和函数,通过直接调用这些系统任务或系统函数可以方便地完成某些操作。这些系统任务和函数主要用于仿真。系统任务和系统函数有一些共同点:一般以符号"$"开头,例如 $monitor,$readmemh 等;一般在 initial 或 always 过程块中调用系统任务和函数;用户可以通过编程语言接口(PLI)将自己定义的系统任务和函数加到语言中,以进行仿真和调试。本节介绍常用的系统任务和函数。

1. 显示任务 $ display 和 $ write

显示任务是将特定信息输出到标准输出设备,$display 输出结束后能自动换行,而 $write 不能,如果想在一行里输出多个信息,可以使用 $write。$display 和 $write 的使用格式为:

```
$display("格式控制符",输出变量名列表);
$write ("格式控制符",输出变量名列表);
```

显示任务格式是用双引号括起来的字符串,它由格式说明和普通字符组成。格式说明由"%"和格式字符组成,格式字符及其说明如表 14.2 所示。

表 14.2　格式字符及说明

格式控制符	说　　明
%h 或%H	以十六进制形式显示
%d 或%D	以十进制形式显示
%o 或%O	以八进制形式显示
%b 或%B	以二进制形式显示
%c 或%C	以 ASCII 形式显示
%v 或%V	显示 net 型数据的驱动强度
%m 或%M	显示层次名
%s 或%S	以字符串形式显示
%t 或%T	以当前的时间格式显示

普通字符需要原样输出。例如：

$display("a = % h b = % h c = % h",a,b,c);

如果 a,b,c 为 1,2,3,那么上面的输出结果为：

a = 1 b = 2 c = 3

普通字符中有一些特殊的字符可以通过表 14.3 中的转换序列输出。表中的字符形式用于格式字符串参数,用来显示特殊的字符。

表 14.3　转义字符及功能

转义字符	功　　能
\n	换行
\t	TAB 键
\\	符号\
\"	符号"
\ddd	八进制 ddd 对应的 ASCII 字符
%%	符号%

例如：

$display("\\\t% % \n\"\123");　　　　　//八进制数 123 就是字符 S

其输出结果为：

\ %
"S

2. 探测任务 $ strobe 和监控任务 $ monitor

探测任务用于在指定时间显示仿真数据,只有在模拟时间发生改变时,并且所有的事件都已处理完毕后,才输出结果。监控任务将连续监控指定的参数,只要参数表中的参数值发生变化,整个参数表就在当前仿真时刻结束时显示。它们的使用格式与显示任务相同。

例如：

```
$ strobe("The DFF value is %b at time %t ,Q, $ time");
```

$ strobe 任务将输出当前 D 触发器的 Q 值和当前仿真时刻。下面是一种可能的输出：

```
The DFF value is 0 at time 30
$ monitor("a = %d b = %d at time",a,b, $ time);
```

只要 a 或 b 的值发生变化，都会在变化时刻将值输出一次。如果发生变化的时刻是30，那么其输出结果为：

```
a = 1 b = 2 at time 30
```

3. 文件输出任务

Verilog HDL 提供了许多输入/输出类的任务，可将结果输出到文件中。这类任务有 $ fdisplay、$ fwrite、$ fmonitor、$ fstrobe、$ fopen 和 $ fclose。$ fopen 用于打开某个文件并准备写操作，$ fclose 用于关闭文件，它们的格式如下：

```
integer file_pointer = $ fopen("文件名");
```

$ fopen 将返回关于文件名的整数（指针），并把它赋给整型变量 file_pointer。与之相对应的是，系统函数 $ fclose 可以通过文件指针关闭文件，其格式如下：

```
$ fclose(file_pointer);
```

而 $ fdisplay、$ fwrite、$ fmonitor 等系统任务则用于把文本写入文件。其格式如下：

```
$ fdisplay(file_pointer,变量名列表);
$ fmonitor(file_pointer,变量名列表);
```

例如：

```
Vec_file = $ fopen("file1.out");                      //打开文件 file1.out,指针 Vec_file 指向这个文件
$ fdisplay(Vec_file,"The simulation is %t", $ time);  //把信息通过指针写入文件 file1.out
$ fclose(Vec_file);                                   //关闭文件 file1.out
```

4. 文件输入任务 $ readmemb 和 $ readmemh

把文本文件中的数据读到存储器阵列中，以对存储器变量进行初始化。此文本文件的内容可以是二进制格式（用 $ readmemb）的，也可以是十六进制格式（用 $ readmemh）的。其格式如下：

```
$ readmemb("文件名",存储器名,起始地址,结束地址);
$ readmemh("文件名",存储器名,起始地址,结束地址);
```

其中，起始地址和结束地址可以默认，如果默认起始地址，则表示从存储器的首地址开始存储。如果默认结束地址，则表示一直存储到存储器的结束地址。例如：

```
reg[0:3] mem_a[0:63];                     //定义一个 64 个地址的存储器 mem_a
initial
    $ readmemb("filex.bin",mem_a,15,30);
```

它的含义是指从文件"filex.bin"中读取的第一个数据放在存储器 mem_a 的地址 15,下一个数据存储地址为 16,并以此类推,直到地址 30。

5. 仿真控制任务 $ finish 和 $ stop

系统任务 $ finish 和 $ stop 用于对仿真过程进行控制,分别表示结束仿真和中断仿真,其使用格式如下:

```
$ stop;
$ stop(n);
$ finish;
$ finish(n);
```

n 是 $ finish 和 $ stop 的参数,可以是 0,1,2 等值,0 表示不输出任何信息,1 表示给出仿真时间和位置,2 表示给出仿真时间和位置及其他一些运行统计数据。当仿真执行到 $ stop 时,仿真器挂起,暂停仿真,这时仿真器可以接收交互命令。而当仿真执行到 $ finish 时,仿真器退出,结束整个仿真过程,返回主操作系统。例如:

```
initial #500 $ stop;                      //500 个时间单位后,仿真停止
```

6. 仿真时间 $ time

仿真时间函数是一个使用较多的系统函数,仿真时间函数用于返回当前仿真时间。$ time 可以返回一个 64 位的整数表示当前仿真时刻值,该时刻是以模块的仿真时间尺度为基准的。例子见 $ monitor 例。

7. 随机函数 $ random

$ random 是产生随机数的系统函数,每次调用该系统函数将返回一个 32 位的随机数,该随机数是一个带符号的整数。其用法如下:

```
$ random % b;
```

其中 b>0。它给出一个范围在 $(-b+1):(b-1)$ 中的随机数,例如:

```
reg[23:0]rand;
rand = $ random % 60;
```

这个例子给出了一个范围在 $-59 \sim +59$ 之间的随机数。

14.8　时延概念

连续赋值语句中经常出现时延,时延就是给出一个值,程序执行到此就会暂停下来,等待此值规定的若干单位时间(单位时间的大小是默认值或由预处理指令"'timescale"定义),然后再继续执行后面的语句。定义时延的形式是使用符号"#",例如"#3"就表示在此等待 3 个单位时间。

时延可单独作为一句,例如:

```
#3;                              //在此等待 3 个单位时间
```

时延可内嵌在连续赋值语句中,跟在关键词 assign 之后。如果在连续赋值语句中没有定义时延,则默认时延值为 0,右端表达式的值会立即赋给左侧线网。如果在连续赋值语句中定义了时延值,例如:

```
assign#6 c = a||b;
```

它表示右端表达式的计算结果要经过 6 个单位时间的时延之后才能给等号左侧的线网目标赋值,如图 14.8 所示。

假设在时刻 5,b 的值发生变化,则计算等号右端的表达式,并且在时刻 11(从时刻 5 开始 6 个单位时间)时把结果值赋给 c。

在整个时延过程中,如果等号右端表达式的值再次发生变化,那么时延结束时应把最新的值赋给等号左侧的线网。例如:

```
assign #4 a = b;
```

如图 14.9 所示,在时刻 5,b 从 0 变为 1,那么根据连续赋值语句中的时延定义,应该在时刻 9 把新的值 1 赋给 a,但因为 b 在时刻 8 又变为 0,所以到时刻 9 时,赋给 a 的是 b 的最新值 0。同样,因为值变化快于时延间隔,所以 b 在时刻 18 的值变化也无法反映在 a 上。

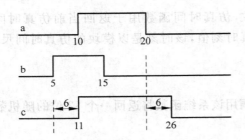

图 14.8　连续赋值语句中的时延

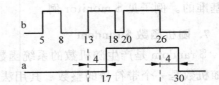

图 14.9　值变化大于时延间隔

上述例子的时延值只出现了一个,事实上这只是一个"上升时延"。连续赋值语句中的时延可以指定 3 类时延值:上升时延、下降时延和关闭时延。其语法如下:

```
assign #(rise,fall,turn-off) LHS_target = RHS_expression;
```

其中 rise 是上升时延,fall 是下降时延,turn-off 是关闭时延。例如:

```
assign Bus = Memaddr[7:4];    //没有定义时延,则所有时延都是 0;
assign #4 c = a||b;           /* 只有 1 个时延值,表示上升时延、下降时延和关闭时延都是 4 */
assign #(4,8) a = b;          /* 有 2 个时延值,上升时延是 4,下降时延是 8,关闭时延是 4 和 8 之
                                 中的较小值,即 4 */
assign #(4,8,6) a = b;        /* 有 3 个时延值,上升时延是 4,下降时延是 8,关闭时延是 6 */
```

时延可以单独成句,也可以放在连续赋值语句中,而且还可放在线网声明中即线网时延,例如:

```
wire #5 a;                    //时延位于线网声明中
```

如果对于上例线网 a,用下面的连续赋值语句为其赋值：

assign #2 a = b&c;

其执行过程如图 14.10 所示。

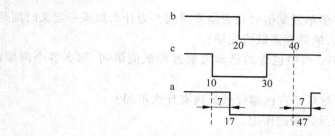

图 14.10 带有赋值时延的线网时延

假定在时刻 10,b 的值发生变化,计算右端表达式。若计算结果与原来的值不同,则应该在 2 个单位时间的时延后(即时刻 12)把新值赋给 a,但是因为定义了线网时延,所以实际对 a 的赋值发生在时刻 17(10+2+5)。同样,在时刻 40,c 的值变化要等到时刻 47 时才能赋给 a。

用连续赋值语句为线网时延的操作过程是首先进行赋值时延(assign 时延),然后进行线网时延,然后把值赋给线网变量。注意,如果时延在线网声明赋值中出现,那么这个时延不是线网时延,而是赋值时延。例如：

wire #2 a = b-c;   //#2 是赋值时延

习题

1. initial 语句与 always 语句的关键区别是什么？
2. 用带电平敏感列表触发条件的 always 块表示组合逻辑时,应该用哪一种赋值？
3. 用带时钟沿触发条件的 always 块表示时序电路时,应该用哪一种赋值？
4. 如何产生连续的周期性时钟？
5. 举例说明顺序块和并行块的不同。
6. 如果在顺序块中,前面有条语句是无限循环,下面的语句能否进行？
7. 如果在并行块中发生上述情况,会如何呢？
8. 阻塞赋值和非阻塞赋值有什么本质不同？举例说明它们的不同点。
9. 为什么建议在编写 Verilog 模块程序时,如果用到 if 语句建议大家把配套的 else 情况也考虑在内？
10. 用 if 语句；elseif 语句；elseif 语句；…else 语句和用 case endcase 表示不同条件下的多个分支是完全相同的,还是有什么不同？
11. 如果 case 语句的分支条件没有覆盖所有可能的组合条件,定义了 default 项和没有定义 default 项有什么不同？
12. 仔细阐释 case,casex 和 casez 之间的不同。

13. forever 语句如果运行了,在它下面的语句能否运行? 它位于 begin end 和位于 fork join 块有什么不同?

14. forever 语句、repeat 语句能否独立于过程块而存在,即能否不在 initial 或 always 块中使用?

15. 用 for 循环为存储器许多单元赋值时是否需要时间? 为什么如果不定义时间延迟,它可以不需要时间就把不管多大的储存器赋值完毕?

16. 在第 14 题中,如果 initial 块中包含的是非阻塞过程赋值语句,那么各个问题的答案是什么?

17. Verilog 的编译预处理与 C 语言的编译预处理有什么不同?

18. 请阐释 'timescale 编译预处理的作用。

19. 简单叙述任务和函数的不同点。

第15章

Verilog HDL模型的不同抽象级别描述

用 Verilog HDL 描述的电路就是该电路的 Verilog HDL 模型。Verilog HDL 既是一种行为描述语言,也是一种结构描述语言。所谓不同抽象级别,实际是指同一物理电路,可以在不同层次上描述它,既可用电路的功能来描述,即行为描述,又可用元件和它们之间的连线来描述,即结构描述。无论描述电路功能行为的模块或描述元件的模块都可由 Verilog 语言来建立电路的模型。Verilog HDL 是一种能够在多个层级对数字系统进行描述的语言,Verilog HDL 模型是实际电路不同的抽象。这些抽象级别和它们所对应的模型共有 5 种:

(1) 系统级(System Level):用语言提供的高级结构能够实现待设计模块的外部性能模型。

(2) 算法级(Algorithmic Level):用语言提供的高级结构能够实现算法运行的模型。

(3) 寄存器传输级(Register Transfer Level,RTL):描述数据在寄存器之间的流动和如何处理、控制这些数据流动的模型。

(4) 门级(Gate Level):描述逻辑门及逻辑门之间连接的模型。

(5) 开关级(Switch Level):描述元件中三极管和储存节点以及它们之间连接的模型。

其中,前 3 种属于行为描述,第 4 种与逻辑电路有确定的映射关系,前 4 种是多数设计所采用的方式,第 5 种与具体的物理电路有对应关系。这 5 种不同抽象级别从高到低越来越接近硬件。

一个复杂数字系统的完整 Verilog HDL 模型由若干个 Verilog HDL 模块构成,每一个模块又可以由若干个子模块构成。Verilog HDL 允许设计者在一个模块中用多种不同级别的描述。通常以 3 种方式来描述逻辑电路:结构描述、行为描述、数据流描述。

15.1 门级结构描述

所谓结构描述,是指调用 Verilog 语言内置的基本门级元件以及低层的实例化模块来描述逻辑电路中的元件以及元件之间的连接关系。

15.1.1 Verilog HDL 内置基本门

一个逻辑电路由许多逻辑门和开关所组成,因此用基本逻辑门的模型来描述逻辑电路结构是最直观的。Verilog HDL 提供了有关门类型的关键字有 26 个,其中 12 个基本门级元件模型,如表 15.1 所示。Verilog HDL 还允许用户定义基本元件,即 UDP(User Defined Primitive),定义起来也很方便,这给设计者提供了更多的设计空间。这里省略介绍有关 UDP 的知识。

表 15.1 Verilog 语言内置的 12 个基本门级元件

元 件 符 号	功 能 说 明	元 件 符 号	功 能 说 明
and	多输入端的与门	nand	多输入端的与非门
or	多输入端的或门	nor	多输入端的或非门
xor	多输入端的异或门	xnor	多输入端的异或非门
buf	多输出端的缓冲器	not	多输出端的反相器
bufif1	控制信号高电平有效的三态缓冲器	notif1	控制信号高电平有效的三态反相器
bufif0	控制信号低电平有效的三态缓冲器	notif0	控制信号低电平有效的三态反相器

门级元件的输出、输入必须为线网类型的变量。当使用这些元件进行逻辑仿真时,仿真软件会根据程序的描述给每个元件中的变量分配逻辑 0、逻辑 1、不确定态 x 和高阻态 z 这 4 个值之一。表 15.2、表 15.3 分别是 and、nand 和 or、xor 的真值表。nor 和 xnor 的真值表略。and、nand、or、nor、xor 和 xnor 是具有多个输入端的逻辑门,它们的共同点是:只允许有一个输出,但可以有多个输入。注意,多输入门的输出不可能为高阻态。

表 15.2 and、nand 的真值表

and		输入 1				nand		输入 1			
		0	1	x	z			0	1	x	z
输入 2	0	0	0	0	0	输入 2	0	1	1	1	1
	1	0	1	x	x		1	1	0	x	x
	x	0	x	x	x		x	1	x	x	x
	z	0	x	x	x		z	1	x	x	x

表 15.3 or、xor 的真值表

or		输入 1				xor		输入 1			
		0	1	x	z			0	1	x	z
输入 2	0	0	1	x	x	输入 2	0	0	1	x	x
	1	1	1	1	1		1	1	0	x	x
	x	x	1	x	x		x	x	x	x	x
	z	x	1	x	x		z	x	x	x	x

buf、not 是具有多个输出端的逻辑门,它们的共同点是:只允许有多个输出,但只有一个输入,其逻辑真值表如表 15.4 所示。三态门的真值表略。

表 15.4　buf、not 真值表

buf	输	入			not	输	入		
	0	1	x	z		0	1	x	x
输出	0	1	x	x	输出	1	0	x	x

基本门元件的调用格式如下：

门类型<实例调用名>(<端口列表>);

门类型是门声明语句所必须的，它可以是 Verilog HDL 语法规定的 26 种门类型中的任意一种，实例调用名是在本模块中引用的这种类型的门，可以省略。其中普通门的端口列表按下面的顺序列出：

```
(输出,输入1,输入2,输入3,…);              //紧跟在左括号的第一个是输出,其余是输入
```

例如：

```
and a1(out,in1,in2,in3);                 //三输入与门,其名字为 a1
and a2(out,in1,in2);                     //二输入与门,其名字为 a2
```

对于三态门，则按以下顺序列出输入/输出端口：

```
(输出,输入,使能控制端);
```

例如：

```
bufif1 b1(out,in,en);                    //高电平使能的三态门
```

对于 buf 和 not 两种元件的调用，需注意它们只允许有一个输入，但可以有多个输出。例如：

```
not n1(out1,out2,in);                    /* 一个输入 in,两个输出 out1,out2,紧跟右括号的是
                                            输入,其他是输出 */
buf b1(out1,out2,out3,in);               /* 一个输入 in,三个输出 out1,out2,out3,紧跟右括号
                                            的是输入,其他是输出 */
```

15.1.2　门结构描述举例

图 15.1 所示是 2-4 线译码器的逻辑图，对于该电路，用 Verilog 语言门级结构描述如下：

例 15.1　调用门元件实现 2-4 线译码器。

```
module _2to4decoder(Y,A1,A0,E);
input A1,A0,E;                           //定义输入信号
output [3:0]Y;
wire A1not,A0not,Enot;                   //定义电路内部节点信号
not n1(A1not,A1),
    n2(A0not,A0),
    n3(Enot,E);
nand n4(Y[0],A1not,A0not,Enot),
     n5(Y[1],A1not,A0,Enot),
```

```
            n6(Y[2],A1,A0not,Enot),
            n7(Y[3],A1,A0,Enot);
endmodule
```

图 15.2 是用基本门实现的 4 选 1 数据选择器的逻辑图。同样,用 Verilog 语言门级结构描述如下:

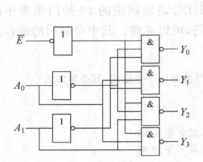

图 15.1   2-4 线译码器的逻辑图

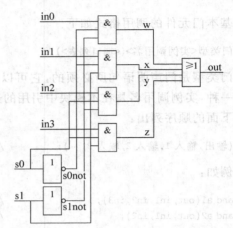

图 15.2   用基本门实现的 4 选 1 数据选择器的逻辑图

例 15.2   调用门元件实现 4 选 1 数据选择器。

```
module mux4_1(out,in0,in1,in2,in3,s0,s1);
input in0,in1,in2,in3,s0,s1;
output out;
wire s0not,s1not,w,x,y,z;
not n1(s0not,s0),
    n2(s1not,s1);
and a1(w,in0,s0not,s1not),
    a2(x,in1,s0not,s1),
    a3(y,in2,s0,s1not),
    a4(z,in3,s0,s1);
  or (out,w,x,y,z);
endmodule
```

15.1.3   分层次的电路设计

结构描述不仅指调用 Verilog 语言内置的基本门级元件,它还包括调用低层的实例化模块来描述逻辑电路中的元件以及元件之间的连接关系,这种将两个或多个模块组合起来描述电路逻辑功能称为分层次的电路设计。如果数字系统比较复杂,可以把系统分为几个模块,每个模块再分为几个子模块,以此类推,直到易于实现为止。以图 15.3 所示 4 位全加器电路为例,4 位串行进位全加器可以被认为是一个顶层模块,它由 4 个 1 位全加器的子模块构成,而每个 1 位全加器又可以由两个半加器和一个或门构成,图 15.3 明确地表示了构成 4 位全加器的 3 个层次。如果采用自顶向下的设计方法,首先定义 4 位串行进位全加器这个顶层模块,然后定义 1 位的全加器,最后定义底层的半加器子模块。如果采用自底向上的设计方法，首先定义半加器子模块，再调用 2 个半加器和 1 个或门构成 1 位全加器模块，最后调用 1 位全加器模块组合成顶层的 4 位全加器模块。按照自底向上的方法描述 4 位全加器模块如例 15.3 所示。

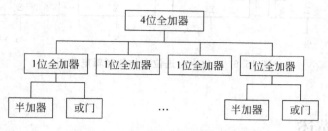

图 15.3　4 位全加器的层次结构框图

例 15.3　4 位全加器的 Verilog 描述。

```
//半加器的 Verilog 描述(半加器的逻辑图参见图 15.4)
module halfadd(s,c,a,b);
input a,b;
output c,s;
xor (s,a,b);
and(c,a,b);
endmodule
//1 位全加器的 Verilog 描述(1 位全加器的逻辑图参见图 15.5)
module fulladd(s,co,a,b,ci);
input a,b,ci;
output,s,co;
wire s1,d1,d2;                      //内部节点
halfadd ha1(s1,d1,a,b);            //调用半加器
halfadd ha2(s,d2,s1,ci);
or g1(co,d1,d2);
endmodule
//4 位全加器的 Verilog 描述(4 位全加器的逻辑电路图参见图 15.6)
module _4bit_fulladd(s,c3,a,b,c_1);
input [3:0]a,b;
input c_1;
output[3:0]s;
output c3;
wire c0,c1,c2;                      //内部进位信号
fulladd fa0(s[0],c0,a[0],b[0],c_1);
        fa1(s[1],c1,a[1],b[1],c0);
        fa2(s[2],c2,a[2],b[2],c1);
        fa3(s[3],c3,a[3],b[3],c2);
endmodule
```

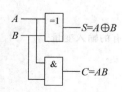

图 15.4　半加器的逻辑图

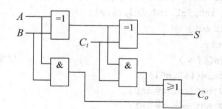

图 15.5　全加器逻辑电路图

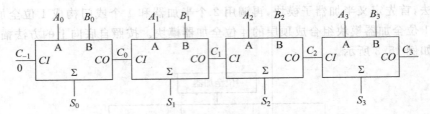

图 15.6　4 位串行进位全加器逻辑电路图

15.2　行为描述

结构描述作为一种比较低层的方法,是对电路具体结构的描述;而行为描述是对电路功能的描述,不涉及具体结构,当描述一个设计实体的行为时,无须知道具体电路的结构,只需要描述清楚输入与输出信号的行为,而不必关注设计功能的门级实现。可综合的 Verilog 行为描述多采用 always 结构,后面跟着一系列过程赋值语句,给寄存器类型的变量赋值。这种行为描述方式既适合时序逻辑电路的设计,又适合组合逻辑电路的设计。

例 15.4　用行为描述实现 2-4 线译码器。

```
module _2to4decoder(Y,A1,A0,E);
input A1,A0,E;                          //定义输入信号
output [3:0]Y;
reg [3:0]Y;
always@( * )
    if(~E) Y = 4'b1111;
    else
    begin
        case{(A1,A0)}
        2'b00:Y < = 4'b1110;
        2'b01:Y < = 4'b1101;
        2'b10:Y < = 4'b1011;
        2'b11:Y < = 4'b0111;
        default:Y < = 4'bx;
        endcase
    end
endmodule
```

例 15.5　用行为描述实现 4 选 1 数据选择器。

```
module mux4_1(out,in0,in1,in2,in3,s0,s1);
input in0,in1,in2,in3,s0,s1;
output out;
reg out;
always@( * )                            //使用通配符表示所有的输入变量
    case{(s1,s0)}
    2'b00:out < = in0;
    2'b01:out < = in1;
    2'b10:out < = in2;
```

```
        2'b11:out <= in3;
        default:out <= 1'bx;
        endcase
    endmodule
```

例 15.4 的行为和例 15.1 的功能是完全一致的,实际上它们是同一物理电路的两种不同的描述方法。门级描述表示的是电路结构,它是布线的依据。设计的目的是产生行为和功能准确的电路结构,行为描述比较直观。用一种工具把比较直观的行为模块自动转化为门级结构,再经过 Verilog 语言的仿真测试验证其正确,这就是前端设计。这种能把行为级的 Verilog 模块自动转化为门级结构的工具称作综合器。

采用行为描述方式设计电路,可以降低设计难度。行为描述只需表示输入与输出之间的关系,不需要任何结构方面的信息。设计者只需写源代码,选取电路的优化工作由 EDA 软件自动完成,在电路规模较大或者需要描述复杂的逻辑关系时,应首先考虑用行为描述方式设计电路。

15.3　数据流描述

对于基本的单元逻辑电路,使用 Verilog 语言提供的门级元件模型描述电路非常方便。但随着电路复杂度的增加,使用的逻辑门较多时,门级描述工作效率降低。数据流描述主要用在较高的抽象级别描述电路的逻辑功能,通过逻辑综合软件,自动地将数据流描述转为门级电路。

数据流描述方式主要使用连续赋值语句,多用于描述组合逻辑电路,它由 assign 开始,后面跟着由操作数和运算符组成的逻辑表达式。

例 15.6　数据流描述的 4 选 1 数据选择器。

```
module mux4_1(out,in0,in1,in2,in3,s0,s1);
input in0,in1,in2,in3,s0,s1;
output out;
assign out = (in0&~s1&~s0)|(in1&~s1&s0)|(in2&s1&~s0)|(in3&s1&s0);
endmodule
```

例 15.7　数据流描述 2-4 线译码器。

```
module _2to4decoder(Y,A1,A0,E);
input A1,A0,E;                          //定义输入信号
output [3:0]Y;
assign Y[0] = ~(~A1&~A0&~E);
assign Y[1] = ~(~A1&A0&~E);
assign Y[2] = ~(A1&~A0&~E);
assign Y[3] = ~(A1&A0&~E);
endmodule
```

连续赋值语句的执行过程是只要逻辑表达式右边变量的逻辑值发生变化,则等式右边表达式的值就会立即被计算出来并赋给左边的变量。在 assign 语句中,左边变量的数据类型必须是 wire 型。

　　数据流描述有时也表示行为,有时也含有结构信息,因此,描述形式究竟属于哪一种模式很难界定,但不会影响对具体描述的应用。

15.4　组合逻辑电路的 Verilog 建模

　　组合逻辑是一种在任何时刻的输出仅决定于当时输入信号的逻辑。组合逻辑电路在数字系统中起着基本组件的作用。常用的组合逻辑电路有编码器、译码器、数据选择器、数据比较器和运算电路等,对于组合逻辑部件电路结构和性能的基本了解,是设计复杂数字逻辑系统的基础。下面首先介绍组合逻辑电路的 Verilog 建模。

15.4.1　编码器

　　用一个二进制代码表示特定含义的信息称为编码。具有编码功能的逻辑电路称为编码器。编码器分为普通编码器和优先编码器。当多个输入信号有效(请求编码)时,优先编码器只对优先级别最高的信号进行编码。因为优先编码器具有识别请求信号的优先级别的特点,因而得到了广泛的应用。

　　例 15.8　采用多重选择 if 语句的 8-3 线优先编码器的 Verilog 建模(功能参照优先编码器 CD4532)。

```
module encoder1(Y,I,EI,GS,EO);
input [7:0]I;
input EI;
output reg GS,EO;
output reg [2:0]Y;
always@(*)
    begin
    if(~EI) begin y = 3'b000; GS = 0; EO = 0; end
    else if(I == 8'b00000000) begin y = 3'b000; GS = 0; EO = 1; end
    else if(I[7]) begin y = 3'b111; GS = 1; EO = 0; end
    else if(I[6]) begin y = 3'b110; GS = 1; EO = 0; end
    else if(I[5]) begin y = 3'b101; GS = 1; EO = 0; end
    else if(I[4]) begin y = 3'b100; GS = 1; EO = 0; end
    else if(I[3]) begin y = 3'b011; GS = 1; EO = 0; end
    else if(I[2]) begin y = 3'b010; GS = 1; EO = 0; end
    else if(I[1]) begin y = 3'b001; GS = 1; EO = 0; end
    else begin y = 3'b000; GS = 1; EO = 0; end
    end
endmodule
```

　　例 15.9　采用数据流描述 8-3 线优先编码器。

```
module encoder1(Y,I,EI,GS,EO);
input [7:0]I;
input EI;
output GS,EO;
output [2:0]Y;
assign {GS,EO,Y} = ~EI?5'b00000:(I == 8'b00000000)?5'b01000:I[7]? 5'b10111:
```

```
            I[6]? 5'b10110:I[5]? 5'b10101: I[4]? 5'b10100: I[3]? 5'b10011:
            I[2]? 5'b10010: I[1]? 5'b10001:5'b10000;
endmodule
```

15.4.2 译码器

译码是编码的逆过程,其功能是将具有特定含义的二进制码转换成对应的输出信号,具有译码功能的逻辑电路称为译码器。常用的译码器有二进制译码器、二-十进制译码器和显示译码器。

例 15.10 采用数据流描述 3-8 线译码器(功能参照 3-8 线译码器 74138)。

```
module decoder1(Y,E,A);
input [2:0] E,A;
output [7:0]Y;
wire B;
assign B = E[2]&~E[1]&~E[0];
assign Y[0] = ~(~A[2]&~A[1]&~A[0]&E);
assign Y[1] = ~(~A[2]&~A[1]&A[0]&E);
assign Y[2] = ~(~A[2]&A[1]&~A[0]&E);
assign Y[3] = ~(~A[2]&A[1]&A[0]&E);
assign Y[4] = ~(A[2]&~A[1]&~A[0]&E);
assign Y[5] = ~(A[2]&~A[1]&A[0]&E);
assign Y[6] = ~(A[2]&A[1]&~A[0]&E);
assign Y[7] = ~(A[2]&A[1]&A[0]&E);
endmodule
```

例 15.11 采用行为描述 3-8 线译码器。

```
module decoder2(Y,E,A);
input [2:0] E,A;
output [7:0]Y;
reg [7:0]Y;
wire B;
assign B = E[2]&~E[1]&~E[0];
always@( * )
begin
if(~B) Y = 8'b11111111;
else
    case(A)
    3'b000:Y = 8'b11111110;
    3'b001:Y = 8'b11111101;
    3'b010:Y = 8'b11111011;
    3'b011:Y = 8'b11110111;
    3'b100:Y = 8'b11101111;
    3'b101:Y = 8'b11011111;
    3'b110:Y = 8'b10111111;
    3'b111:Y = 8'b01111111;
    default:Y = 8'b11111111;
    endcase
end
endmodule
```

15.4.3 数据选择器

经过选择,把多路数据中的某一数据传送到公共数据线上,实现数据选择功能的逻辑电路称为数据选择器。常用的数据选择器有 4 选 1、8 选 1 和 16 选 1 等。

例 15.12 采用 case 语句描述 8 选 1 数据选择器(功能参照 8 选 1 数据选择器 74151)。

```verilog
module mux8_1(Y,E,S,D);
input E;
input [2:0]S;
input [7:0]D;
output reg Y;
always@( * )
    begin
    if(~E) Y = 0;
    else
        case(S)
        3'b000:Y = D[0];
        3'b001:Y = D[1];
        3'b010:Y = D[2];
        3'b011:Y = D[3];
        3'b100:Y = D[4];
        3'b101:Y = D[5];
        3'b110:Y = D[6];
        3'b111:Y = D[7];
        default:Y = 0;
        endcase
    end
endmodule
```

15.4.4 数值比较器

在数字系统中,常需要对两个数的大小进行比较。数值比较器就是对两个二进制数 A,B 进行比较的逻辑电路,比较结果有 A>B,A<B 和 A=B 三种情况。

例 15.13 采用 if 语句描述 4 位数据比较器(功能参照 4 位数值比较器 7485)。

```verilog
module comp4(F,A,B,I);
input [3:0]A,B;
input [2:0]I;
output reg [2:0]F;
always@( * )
    begin
    if(A > B) F = 3'b100;            //F[2]为 1 表示 A > B
    else if(A < B) F = 3'b010        //F[1]为 1 表示 A < B
    else
        casex(I)
        3'b??1: F = 3'b001;          //F[0]为 1 表示 A = B
        3'b100:F = 3'b100;
        3'b010:F = 3'b010;
        3'b110:F = 3'b000;
```

```
        3'b000:F = 3'b110;
        default:F = 'bx;
        endcase
    end
endmodule
```

15.4.5 算术运算电路

算术运算是数字系统的基本功能。常用的算术运算电路有加法器、减法器和乘法器。

例 15.14 4 位带进位端的加法器的设计。

```
module add_4(cout,sum,a,b,cin);
input [3:0]a,b;
input cin;
output cout;
ouput [3:0] sum;
assign {cout,sum} = a + b + cin;
endmodule
```

例 15.15 8 位乘法器的设计。

```
module mul_8(q, a,b);
input [7:0]a,b;
output [15:0]q;
assign q = a * b;
endmodule
```

15.4.6 ROM 的设计

在数字系统中,按照结构特点分类,只读存储器 ROM(Read Only Memory)属于组合逻辑电路。在使用中,ROM 中的数据只能读出而不能写入,但掉电后数据不会丢失,因此 ROM 常用来存放固化的程序和数据。

例 15.16 10×8 位的 ROM 设计,其中 ROM 存储 0~9 的平方。

```
module rom(data, addr);
input[3:0] addr;
output[6:0]data;
function[6:0] romout;
    input[3:0] addr;
    case(addr)
        0:romout = 0;   1:romout = 1;
        2:romout = 4;   3:romout = 9;
        4:romout = 16   5:romout = 25
        6:romout = 36;   7:romout = 49;
        8:romout = 64;   9:romout = 81;
        default:romout = 7'bzzzzzzz;
    endcase
endfunction
assign data = romout(addr);
endmodule
```

15.4.7 总线和总线操作

总线是运算部件之间数据流通的公共通道。适当的总线位宽配合适当并行度的运算逻辑和步骤就能显著地提高专用信号处理逻辑电路的运算能力。各运算部件和数据寄存器组可以通过带控制端的三态门与总线连接。通过对控制端的控制来确定在某一时间片段内，总线被哪几个部件使用。

例 15.17 根据图 15.7 三态数据总线的开关逻辑图，运用 Verilog 描述一个简单的与总线有接口的模块。

```verilog
module Sample_of_bus(Databus,link_bus,wrute);
inout[11:0]Databus;                    //12 位宽的总线双向端口
input link_bus;                        //向总线输出数据的控制电平
reg[11:0]outsigs;                      //模块内 12 位宽的数据寄存器
reg[13:0]insigs;                       //模块内 14 位宽的数据寄存器

assign Databus = (link_bus)?outsigs:12'hzzz;
                        //当 link_bus 为高电平时通过总线把储存在 outsigs 的计算结果输出
always@(posedge write)                 //每当 write 信号上跳沿时
    begin
        insigs <= Databus * 3;         //把总线上数据乘以 3 存入 insigs
    end
endmodule
```

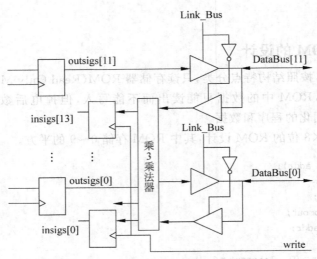

图 15.7　三态数据总线的开关逻辑图

15.5　时序逻辑电路的 Verilog 建模

时序逻辑电路任何时刻的输出不仅决定于当时的输入信号，还与电路当前所处的状态有关。时序逻辑电路由多个触发器和多个组合逻辑块组成。时序逻辑电路最重要的标志是具有时钟脉冲信号,在时钟脉冲信号的上升沿或下降沿的控制下,时序逻辑电路发生状态变化。常用的时序逻辑电路有触发器、寄存器、计数器等。

15.5.1　触发器

触发器是存储电路的基本部件。

例 15.18　带异步清 0/异步置 1 的 D 触发器。

```
module Dff_rs(q,clk,d,clr,set);
input clk,d,set,clr;
output reg q;
always @(posedge clk,negedge clr,negedge set)
    begin if(!clr) q<=1'b0;
        else if(!set) q<=1'b1;
        else q<=d;
    end
endmodule
```

异步置位与复位是与时钟无关的。当异步置位与复位到来时它们立即置触发器的输出为 1 或 0,不需要等到时钟沿到来才置位或复位。把它们列入 always 块的事件控制括号内就能触发 alwasys 块的执行。

同步置位与复位是指只有在时钟的有效跳变沿时刻,信号才能使触发器置位或复位。因此不要把置位信号和复位信号列入 always 块的事件控制表达式,因为当它们有变化时不应触发 always 块的执行。相反,always 块的执行应由时钟有效跳变沿触发,是否置位或复位应在 always 块中首先检查置位信号和复位信号的电平。所以置位信号和复位信号的维持时间必须大于时钟沿的间隔时间,否则置位和复位不能每次都能有效地完成置位和复位工作。

例 15.19　带同步清 0/同步置 1 的 JK 触发器。

```
module JKF_rs(q,clk,j,k, clr,set);
input clk,j,k,set,clr;
output reg q;
always @(posedge clk)
    begin if(!clr) q<=1'b0;
        else if(!set) q<=1'b1;
        else case({j,k })
            00:q<=q;
            01:q=1'b0;
            10:q=1'b1;
            11:q=~q;
            default:q=1'bz;
            endcase
    end
endmodule
```

15.5.2　移位寄存器

移位寄存器除了具有存储数码的功能以外,还具有移位功能。移位是指寄存器里的数据能在时钟脉冲的作用下,依次向左或向右移。能使数据向左移的寄存器称为左移移位寄存器,能使数据向右移的寄存器称为右移移位寄存器,能使数据向左移也能向右移的寄存器称为双向移位寄存器。

例 15.20 8 位双向移位寄存器的 Verilog HDL 设计。

```
module shitd_rl(q,d,load,clk,clr,s,dir,dil);
input[7:0]d;
input load,clk,clr,s,dir,dil;
output reg [7:0]q;
always @(posedge clk)
    begin
        if(~clr) q = 8'b000000000
        else if (load) q = d;
            else if (s) begin
                    q = q >> 1;        //实现右移操作
                    q[7] = dir; end
            else begin
                    q = q << 1;        //实现左移操作
                    q[0] = dil; end
    end
endmodule
```

15.5.3 计数器

在数字系统中,计数器可以统计输入脉冲的个数,实现计时、计数、分频、定时、产生节拍脉冲和序列脉冲。常用的计数器包括二进制计数器、十进制计数器、加法计数器、减法计数器和加减计数器。

例 15.21 带计数使能端和同步置数及同步复位的 8 位二进制加减计数器的 Verilog HDL 设计,其中 ena 是高电平有效的同步使能端,clr 是低电平有效的同步复位端,load 是高电平有效的同步置数端,updown 是加减控制端,当 updown=0 时,计数器作加法操作,当 updown=1 时,计数器作减法操作。

```
module updowncnt8(q,cout,d,load,ena,clk,clr,updown);
input[7:0] d;
input load,ena,clk,clr,updown;
output reg [7:0] q;
output cout;
always @(posedge clk)
    begin
        if(~clr) q = 'b00000000;
        else if (load) q = d;
        else if (ena)
            if(~updown) q = q + 1;
            else q = q - 1;
        else q = q;
    end
assign cout = (~updown)?&q:|q;
endmodule
```

15.5.4　FIFO 缓冲器

FIFO(First In First Out)是一种按照先进先出原则存储数据的缓冲器,它与普通存储器的区别在于 FIFO 不需要外部读写地址线,使用方便。FIFO 一般用于在不同时钟、不同数据宽度的数据之间进行交换,以达到数据匹配的目的。

FIFO 的数据存储读写是靠满/空标志协调的,当向 FIFO 写数据时,如果 FIFO 已满,则 FIFO 应给出一个满标志信号,以阻止继续对 FIFO 写数据,避免引起数据溢出;当从 FIFO 读数据时,如果 FIFO 中存储的数据已空,则 FIFO 应给出一个空标志信号,以阻止继续从 FIFO 读数据,避免引发错误。

例 15.22　用 Verilog 设计一个同步双端口 8×128(数据宽度为 8bit,长度为 128)FIFO 存储器。

```verilog
module fifo1(ff,ef,data,q,clr,clk,we,re);
input clk,clr;                            //时钟信号和低电平有效的异步清零
input we,re;                              //高电平有效的写使能和读使能
input[width-1:0] data;
output ff,ef;                             //高电平有效的满标识信号和低电平有效的空标识信号
output reg[width-1:0] q;
reg[width-1:0] mem_data[depth-1:0];
reg[addr-1:0] waddr,raddr;
reg ff,ef;
parameter width = 8,depth = 8,addr = 3;

always @(posedge clk or negedge clr)
    begin if(~clr) waddr = 0
        else if(we) waddr = waddr + 1;    //写地址指针
    end

always @(posedge clk)
    begin if(we) mem_data[waddr] = data;  //写寄存器
    end
always @(posedge clk or negedge clr)
    begin if(~clr) raddr = 0;
        else if(re) raddr = raddr + 1;    //读地址指针
    end
always @(posedge clk)
    begin if(re) q = mem_data[raddr];     //读寄存器
    end
always @(posedge clk or negedge clr)
    begin if (~clr) ff = 1'b0;
        else if ((we & !re) &&((waddr == raddr - 1) || ((waddr == depth - 1) && (raddr = 1'b0))))
                ff = 1'b1;                 //满标识,高电平有效
        else ff = 1'b0;
    end
always @(posedge clk or negedge clr)
    begin if (~clr) ef = 1'b0;
        else if ((!we & re) &&((waddr == raddr + 1) || ((raddr == depth - 1) && (waddr = 1'b0))))
                ef = 1'b0;                 //空标识,低电平有效
```

```
            else ff = 1'b1;
      end
   endmodule
```

习题

1. Verilog HDL 的模型共有哪几种级别?

2. 每种类型的 Verilog HDL 各有什么特点?主要用于什么场合?

3. 编写两路每路为 1 位信号的 2 选 1 多路器的行为模块,再编写它的结构模块,然后编写测试模块分别对这两个模块进行测试,观测仿真运行的结果,编写实验报告。

4. 分别用结构描述和行为描述方式设计一个基本的 D 触发器,在此基础上,采用结构描述的方式,用 8 个 D 触发器构成一个 8 位移位寄存器。

5. 同一物理电路的行为模块仿真验证与结构模块的仿真验证在意义上有什么不同?

6. 如果让你编写两路每路为 8 位信号的 2 选 1 多路器的结构模块是不是感觉麻烦?编写行为模块是不是很方便?

7. 用什么方法可以把行为模块转换为结构模块?

8. 写出 8 位加法器和 8 位乘法器的逻辑表达式,比较用超前进位逻辑和不用超前进位逻辑的延迟。

9. 用 Verilog 编写一个将带符号二进制的 8 位原码转换成 8 位补码的电路,并基于 Quartus Ⅱ 软件进行综合和仿真。

10. 编写 4 位串/并转换程序。

11. 编写 4 位除法电路程序。

12. 编写同步模 5 计数器程序,有进位输出和异步复位端。

13. 编写一个 8 路彩灯控制程序,要求彩灯有以下 3 种演示花型:

(1) 8 路彩灯同时亮灭;

(2) 从左至右逐个亮(每次只有 1 路亮);

(3) 8 路彩灯每 4 路灯亮,4 路灯灭,且亮灭相间,交替亮灭。

在演示过程中,只有当一种花型演示完毕才能转向其他演示花型。

第16章

Verilog HDL有限状态机的设计

有限状态机(Finite State Machine,FSM)是时序电路设计中经常采用的一种方式,尤其适用于设计数字系统的控制模块,用 Verilog HDL 的 case、if-else 等语句能很好地描述基本状态机的设计。

状态机可以认为是组合逻辑和寄存器逻辑的特殊组合,它一般包括两个部分:组合逻辑部分和寄存器逻辑部分。寄存器用于存储状态,组合电路用于状态译码和产生输出信号。状态机的下一个状态及输出不仅与输入信号有关,而且还与寄存器当前所处的状态有关。根据输入、输出及状态之间的关系,状态机可分为两类:一类是摩尔型状态机,如图 16.1 所示,其输出值只取决于当前状态,与输入值无关;另一类是米里型状态机,如图 16.2 所示,其输出不但和当前状态有关,还和输入值有关。

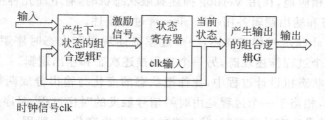

图 16.1 摩尔型状态机

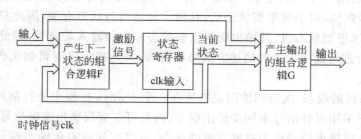

图 16.2 米里型状态机

实用的状态机一般都设计为同步时序方式,它在时钟信号的触发下,完成各个状态之间的转换,并产生相应的输出。状态机有 3 种表示方法:状态图、状态表和流程图,这 3 种表示方法是等价的,相互之间可以转换。其中,状态图是最常用的表示方式。如图 16.3 所示是米里型状态图,圈中的每个圆圈表示状态机的一个状态,而每个箭头表示状态之间的一次转移,引起转换的输入信号及产生的输出信号标注在箭头上。

图 16.3 米里型状态图的表示

对于有限状态机的设计,一般遵循以下步骤:

(1) 逻辑抽象。根据所设计电路的功能画出状态转移图。就是把给出的一实际逻辑关系表示为时序逻辑函数,可以用转换表描述,也可以用状态图描述。

(2) 状态化简。状态化简建立在状态等价的基础上,如果在状态转换图中出现这样两个状态,它们在相同的输入下转换到同一状态,并得到一样的输出,则称为等价状态。显然等价状态是重复的,可以合并为一个。电路的状态数越少,存储电路也就越简单。状态化简的目的在于将等价状态尽可能地合并,以得到最简的状态转换图。

(3) 状态分配。状态分配又称为状态编码,通常有很多的编码方法,编码方案选择得当,设计的电路可以简单。在实际设计时,须综合考虑电路复杂与电路性能之间的折中。

(4) 选定触发器的类型并求出状态方程、驱动方程和输出方程。

(5) 按照方程得出逻辑图。用 Verilog HDL 描述有限状态机,可以充分发挥硬件描述语言的抽象建模能力。使用 always 块语句和 case、if-else 等语句即可方便实现。

16.1 有限状态机的 Verilog 描述

在状态机设计中主要包含 3 个对象:①当前状态,称为现态。②下一个状态,称为次态。③输出逻辑。相应地,在用 Verilog 描述有限状态机时,有下面几种描述方式:

(1) 现态、次态和输出逻辑各用一个 always 过程描述。

(2) 使用两个 always 过程来描述,一个过程描述现态和次态时序逻辑,另一个过程描述输出逻辑。或一个过程描述现态,另一个过程描述次态和输出逻辑。

在比较复杂的状态机设计过程中,往往把状态的变化与输出分成两部分来考虑。在使用这种方法描述时,相当于一个过程是由时钟信号触发的时序过程,时序过程对状态机的时钟信号敏感,当时钟发生有效跳变时,状态机的状态发生变化,一般用 case 语句检查状态机的当前状态,然后用 if 语句决定下一状态;另一个过程是组合过程,在组合过程中根据当前状态给输出信号赋值,对于摩尔型状态机,其输出只与当前状态有关,因此只需用 case 语句描述即可,对于米里型状态机,其输出则与当前状态和当前输入均有关,因此可以用 case 语句和 if 语句组合进行描述。这种描述方式结构清晰,并且把时序逻辑和组合逻辑分开进行描述,便于修改。

(3) 将状态机的现态、次态和输出逻辑放在一个 always 过程中进行描述。这样做带来的好处是相当于采用时钟信号来同步输出信号,因此可以克服输出逻辑信号出现毛刺,这种情况一般使用在以输出信号作为控制逻辑的场合,可以有效地避免输出信号带有毛刺而产生错误的控制逻辑的问题。但这种描述方式的输出逻辑会比其他描述方式的输出逻辑延迟一个时钟周期时间。

"101"序列检测器的状态图如图 16.4 所示,下面分别用上述三种描述方法对其进行描述。

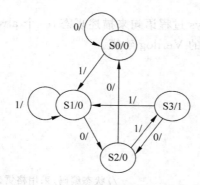

图 16.4　"101"序列检测器的状态转换图

例 16.1　对现态、次态和输出逻辑各用一个过程来描述"101"序列检测器的 Verilog 建模。

```
module fsm1(z,clk,clr,x);
input clk,clr,x;
output reg z;
reg[1:0]state,next_state;
parameter S0 = 2'b00,
          S1 = 2'b01,
          S2 = 2'b11,
          S3 = 2'b10;               //状态编码,采用格雷码方式
always @(posedge clk or posedge clr)
    begin
        if(clr) state <= S0;        //异步复位,S0 为起始状态
        else state <= next_state;
    end
always @(state or x)                //该过程产生下一次态
    begin
        case(state)
            S0:begin if(x) next_state <= S1;
                     else next_state <= S0; end
            S1:begin if(x) next_state <= S1;
                     else next_state <= S2; end
            S2:begin if(x) next_state <= S3;
                     else next_state <= S0; end
            S3:begin if(x) next_state <= S1;
                     else next_state <= S2; end
            default:next_state <= S0;
        endcase
    end
always @(state)                     //该过程产生输出逻辑
    begin case(state)
            S3:z = 1'b1;
```

```
                default:z = 1'b0;
            endcase
        end
endmodule
```

例 16.2 使用一个 always 过程语句来描述现态,一个 always 过程语句来描述次态和输出逻辑的"101"序列检测器的 Verilog 建模。

```
module fsm2(z,clk,clr,x);
input clk,clr,x;
output reg z;
reg[1:0]state,next_state;
parameter S0 = 2'b00,
          S1 = 2'b01,
          S2 = 2'b11,
          S3 = 2'b10;                      //状态编码,采用格雷码方式
always @(posedge clk or posedge clr)
    begin
        if(clr) state <= S0;              //异步复位,S0 为起始状态
        else state <= next_state;
    end
always @(state or x)                       //该过程产生下一状态和输出
    begin
        case(state)
            S0:if(x) begin next_state <= S1;z = 1'b0;end
                    else begin next_state <= S0;z = 1'b0; end
            S1:if(x) begin next_state <= S1; z = 1'b0;end
                    else begin next_state <= S2; z = 1'b0; end
            S2:if(x) begin next_state <= S3; z = 1'b0; end
                    else begin next_state <= S0; z = 1'b0; end
            S3:if(x) begin next_state <= S1; z = 1'b1; end
                    else begin next_state <= S2; z = 1'b1; end
            default: begin next_state <= S0; z = 1'b0; end
        endcase
    end
endmodule
```

例 16.3 对现态、次态和输出逻辑用一个 always 过程来描述"101"序列检测器的 Verilog 建模。

```
module fsm3(z,clk,clr,x);
input clk,clr,x;
output reg z;
reg[1:0]state,next_state;
parameter S0 = 2'b00,
          S1 = 2'b01,
          S2 = 2'b11,
          S3 = 2'b10;                      //状态编码,采用格雷码方式
always @(posedge clk or posedge clr)
    begin
        if(clr) state <= S0;              //异步复位,S0 为起始状态
```

```
        else case(state)
            S0:if(x) begin next_state <= S1;z = 1'b0;end
                    else begin next_state <= S0;z = 1'b0; end
            S1:if(x) begin next_state <= S1; z = 1'b0;end
                    else begin next_state <= S2; z = 1'b0; end
            S2:if(x) begin next_state <= S3; z = 1'b0; end
                    else begin next_state <= S0; z = 1'b0; end
            S3:if(x) begin next_state <= S1; z = 1'b1; end
                    else begin next_state <= S2; z = 1'b1; end
            default: begin next_state <= S0; z = 1'b0; end
        endcase
    end
endmodule
```

16.2　状态编码

16.2.1　常用的状态编码

在状态机设计中,有一个重要的问题是状态的编码,常用的编码方式有二进制编码、格雷码、约翰逊码和独热码等几种。

1. 二进制码

二进制编码采用自然二进制编码的顺序编码每个状态。如有 4 个状态:S0、S1、S2 和 S3,其二进制编码每个状态所对应的码字为 00,01,10 和 11。它的缺点是从一个状态转换到相邻状态时,有可能多位同时发生变化。容易产生毛刺,引发逻辑错误。

2. 格雷码

格雷码具有相邻代码之间仅有 1 位取值不同的特点,因而格雷码编码时,在状态的顺序转换中,相邻状态每次只有 1 位发生变化。这样减少了瞬变的次数,减少了产生毛刺和一些暂态的可能。

3. 约翰逊码

在约翰逊计数器的基础上引出约翰逊码,约翰逊计数器是一种移位计数器,采用的是把输出的最高位取反,反馈到最低位触发器的输入端。约翰逊码每相邻两个码字间也是只有 1 个比特位不同。如果有 6 个状态 S0~S5,用约翰逊码则为 000,001,011,111,110,100。

4. 独热码

独热码是采用 n 位二进制来编码具有 n 个状态的状态机。如有 4 个状态:S0、S1、S2 和 S3,其独热码编码每个状态所对应的码字为 1000,0100,0010 和 0001。采用独热码,虽然多用了触发器,但有效地节省和简化了译码电路。在触发器资源丰富的 FPGA 或 ASIC 设计中,采用独热码既可使电路性能得到保证,又充分利用其触发器数量多的优势。

16.2.2　状态编码的定义

在 Verilog 语言中,有两种方式定义状态编码,分别用 parameter 和 'define 语句实现,如有 4 个状态：S0、S1、S2 和 S3,其定义的码字分别为 00、01、11、10,可采用下面两种方式。

1. 用 parameter 参数定义

```
parameter S0 = 2'b00, S10 = 2'b01, S2 = 2'b11, S3 = 2'b10;

    ⋮
case(state)
    S0: … ;                        //调用
    S1: … ;
    ⋮
```

2. 用 'define 语句定义

```
'define S0 2'b00                    //不要加分号"; "
'define S1 2'b01
'define S2 2'b11
'define S3 2'b10
case(state)
    'S0: … ;                       //调用
    'S1: … ;
    ⋮
```

注意两种方式定义与调用时的区别,一般情况下,更倾向于采用第一种方式进行状态编码定义。

例 16.4　采用独热码和'define 语句的"101"序列检测器的 Verilog 建模。

```
'define S0 4'b0001
'define S1 4'b0010
'define S2 4'b0100
'define S3 4'b1000
module fsm4(z,clk,clr,x);
input clk,clr,x;
output reg z;
reg[3:0]state,next_state;
always @(posedge clk or posedge clr)
    begin
        if(clr) state <= S0;            //异步复位,S0 为起始状态
        else state <= next_state;
    end
always @(state or x)
begin
    case(state)
        'S0:begin if(x) next_state <= S1;
                  else next_state <= S0; end
        'S1:begin if(x) next_state <= S1;
                  else next_state <= S2; end
        'S2:begin if(x) next_state <= S3;
                  else next_state <= S0; end
        'S3:begin if(x) next_state <= S1;
                  else next_state <= S2; end
```

```
            default: next_state <= S0;
         endcase
   end
   always @(state)
   begin
      case(state)
      `S3: z = 1'b1;
      default: z = 1'b0;
      endcase
   end
endmodule
```

16.3　有限状态机设计要点

状态机设计需要注意几个问题,包括起始状态的选择、复位和多余状态的处理等。注意这些事项,这样设计的模块是可以综合成电路结构的。

(1)起始状态的选择。起始状态是指电路复位后所处的状态,选择一个合理的起始状态将使整个系统简洁、高效。为了能综合出有效的电路,用 Verilog HDL 描述的状态机应明确地由唯一时钟触发。

(2)状态机的置位与复位。异步置位和复位是与时钟无关的。当异步置位与复位到来时它们立即分别置触发器的输出为 1 或 0,不需要等到时钟沿到来才置位或复位。把它们列入 always 块的事件控制括号内就能触发 always 块的执行。事件控制语法如下:

always @(<沿关键词　时钟信号 or 沿关键词　复位信号 or 沿关键词　置位信号>)

同步置位与复位是指只有在时钟的有效跳变沿时刻置位或复位。因此不要把置位信号和复位信号列入 always 块的事件控制表达式,因为当它们有变化时不应触发 always 块的执行。always 块执行应只由时钟有效跳变沿触发,是否置位或复位就在 always 块中首先检查置位信号和复位信号的电平,因此,置位信号和复位信号的电平维持时间必须大于时钟沿的间隔时间,否则置位和复位不能每次都能有效地完成置位和复位的工作。事件控制语法如下:

always @(<沿关键词　时钟信号>)

例 16.5　带异步高电平有效复位端和同步低电平有效置位端的 D 触发器的 Verilog建模。

```
module d_ff(q,qb,d, clk,set,reset);
input d,clk,set,reset;
output q,qb;
reg q ,qb;
always @(posedge clk or posedge reset)
   if(reset) begin q <= 0;qb <= 1;end
      else if(!set) begin q <= 1;qb <= 0;end
      else begin q <= d;qb <= ~d;end
endmodule
```

（3）建议采用 case 条件分支语句来建立状态机的模型。因为这样语句表达清晰明了，可以方便地从当前状态分支转向下一状态。在 case 语句中用 default 分支决定如果进入无效状态所采取的措施。

（4）状态必须明确赋值。通常使用参数（parameters）或宏定义（define）语句加上赋值语句来实现。

例 16.6　采用有限状态机设计一个彩色控制器，要求控制 20 个 LED 灯实现如下的演示花型：①从两边往中间逐个亮；全灭。②从中间往两边逐个亮；全灭。③循环执行上述过程。

```
/ * 引脚锁定基于 DE2 * /
module liushuiled(clk50,reset,z);
input clk50,reset;
output reg[17:0] z;
reg [4:0] state;
reg [23:0] count;
wire clk4;
parameter s0 = 'd0, s1 = 'd1, s2 = 'd2, s3 = 'd3, s4 = 'd4, s5 = 'd5, s6 = 'd6, s7 = 'd7, s8 = 'd8, s9
 = 'd9, s10 = 'd10, s11 = 'd11, s12 = 'd12, s13 = 'd13, s14 = 'd14, s15 = 'd15, s16 = 'd16, s17 = '
d17, s18 = 'd18, s19 = 'd19;
alwsys@(posedge ckl50)                          //从 50MHz 分频产生 4Hz 时钟信号
  begin if(count == 12500000) count <= 0;
           else count <= count + 1;
  end
assign clk4 = count[23];                         //产生 4Hz 时钟信号
always@(posedge ckl4)
  begin if(reset) state <= s0;                   //同步复位
        else case(state)
             s0:state <= s1; s1:state <= s2;
             s2:state <= s3; s3:state <= s4;
             s4:state <= s5; s5:state <= s6;
             s6:state <= s7; s7:state <= s8;
             s8:state <= s9; s9:state <= s10;
             s10:state <= s11; s11:state <= s12;
             s12:state <= s13; s13:state <= s14;
             s14:state <= s15; s15:state <= s16;
             s16:state <= s17; s17:state <= s18;
             s18:state <= s19; s19:state <= s0;
             default:state <= s0;
             endcase
        end
    alwsys@(state)                               //此过程产生输出逻辑
        begin case(state)
             s0:z <= 18b'000000000000000000;      //全灭
             s1:z <= 18b'100000000000000001;      //从两边往中间逐个亮
             s2:z <= 18b'110000000000000011;
             s3:z <= 18b'111000000000000111;
             s4:z <= 18b'111100000000001111;
             s5:z <= 18b'111110000000011111;
             s6:z <= 18b'111111000000111111;
```

```
        s7:z<=18b'111111100001111111;
        s8:z<=18b'111111110011111111;
        s9:z<=18b'111111111111111111;
      s10:z<=18b'000000000000000000;       //全灭
      s11:z<=18b'000000001100000000;       //从中间往两边逐个亮
      s12:z<=18b'000000011110000000;
      s13:z<=18b'000000111111000000;
      s14:z<=18b'000001111111100000;
      s15:z<=18b'000011111111110000;
      s16:z<=18b'000111111111111000;
      s17:z<=18b'001111111111111100;
      s18:z<=18b'011111111111111110;
      s19:z<=18b'111111111111111111;
      default: z<=18b'000000000000000000;
      endcase
    end
  endmodule
```

习题

1. 常用的状态编码有哪些? 举例说明状态分配对状态机电路的复杂度和速度的影响。

2. 一般情况下状态机中的状态变量的作用是什么? 是否可以把状态变量中的某些位指定为状态机的输出,直接用来控制逻辑开关? 这样做有什么优点? 有什么缺点?

3. 如何用 always 块语句编写纯组合逻辑电路? 在哪些情况下会生成不想要的锁存器?

4. 用 Verilog 语言把标准的可综合的带同步复位端的同步状态机的样板模块表达出来。

5. 用 Verilog 语言把标准的可综合的带异步复位端的同步状态机的样板模块表达出来。

6. 上述两种不同的同步状态机有什么不同? 如果输入的复位脉冲很窄,哪种状态机不能可靠复位?

7. 设计一个"1001"串行数据检测器。其输入、输出如下所示:

输入 x: 000 101 010 010 011 101 001 110 101

输出 z: 000 000 000 010 010 000 001 000 000

8. 用状态机设计一个交通灯控制器。设计要求: A 路和 B 路,每路都有红、黄、绿三种灯,持续时间为: 红灯 45s,黄灯 5s,绿灯 40s。A 路和 B 路灯的状态转换是:

(1) A 红,B 绿(持续时间 40s);

(2) A 红,B 黄(持续时间 5s);

(3) A 绿,B 红(持续时间 40s);

(4) A 黄,B 红(持续时间 5s)。

9. 设计一个汽车尾灯控制电路。已知汽车左右两侧各有 3 个尾灯,如图题 9 所示,要求控制尾灯按如下规则亮灭:

图题 9

（1）汽车沿直线行驶时，两侧的指示灯全灭；

（2）右转弯时，左侧的指示灯全灭，右侧的指示灯按 000，100，010，001，000 循环顺序点亮；

（3）左转弯时，右侧的指示灯全灭，左侧的指示灯按右侧同样的循环顺序点亮；

（4）如果直行时刹车，两侧的指示灯全亮；如果在转弯时刹车，转弯这一侧的指示灯按上述的循环顺序点亮，另一侧的指示灯全灭。

参 考 文 献

[1]   MORRIS MANO, MICHAEL CILETTI. 数字设计与 Verilog 实现(英文版)[M]. 5 版. 北京:电子工业出版社, 2017.
[2]   THOMAS FLOYD. 数字电子技术(英文版)[M]. 10 版. 余璆, 改编. 北京:电子工业出版社, 2011.
[3]   JOHN WAKERLY. Digital Design: Principles and Practices[M]. 5th ed. Pearson Education Asia, Higher Education Press, 2017.
[4]   杜建国. Verilog HDL 硬件描述语言[M]. 北京:国防工业出版社, 2004.
[5]   夏宇闻. Verilog 数字系统设计教程[M]. 北京:北京航空航天大学出版社, 2008.
[6]   [美]托茨. 数字系统:原理及应用(影印)[M]. 11 版. 北京:科学出版社, 2012.
[7]   唐志宏, 韩振振. 数字电路与系统[M]. 北京:北京邮电大学出版社, 2008.
[8]   韩永贞, 龚克西, 许其清. 数字电子技术[M]. 2 版. 南京:东南大学出版社, 2008.
[9]   杨建宁, 郑洁, 汪洋. 数字电子技术[M]. 南京:东南大学出版社, 2007.
[10] 刘培植, 胡春静, 郭琳, 等. 数字电路与逻辑设计[M]. 北京:北京邮电大学出版社, 2009.
[11] 吴晓渊, 徐维, 何一鸣, 等. 数字电子技术教程[M]. 北京:电子工业出版社, 2006.
[12] 康华光, 秦臻, 张林. 电子技术基础 数字部分[M]. 6 版. 北京:高等教育出版社, 2014.
[13] 林红, 张士军. 数字电路与逻辑设计[M]. 2 版. 北京:清华大学出版社, 2009.
[14] 刘培植. 数字电路与逻辑设计[M]. 北京:北京邮电大学出版社, 2009.
[15] 石建平. 数字电子技术[M]. 北京:国防工业出版社, 2011.
[16] 杨志忠, 卫桦林. 数字电子技术基础[M]. 2 版. 北京:高等教育出版社, 2009.
[17] 艾永乐, 付子义. 数字电子技术基础[M]. 北京:中国电力出版社, 2008.
[18] 范爱平, 周常森. 数字电子技术基础[M]. 北京:清华大学出版社, 2008.
[19] 胡锦. 数字电路与逻辑设计[M]. 3 版. 北京:高等教育出版社, 2010.
[20] 陈文楷. 数字电子技术基础[M]. 北京:机械工业出版社, 2010.
[21] 杨颂华. 数字电子技术基础[M]. 2 版. 西安:西安电子科技大学出版社, 2009.
[22] 黄健文, 章鸣嫒. 现代数字电路基础[M]. 北京:机械工业出版社, 2010.
[23] 阎石. 数字电子技术[M]. 5 版. 北京:高等教育出版社, 2011.